深層学習
教科書

ディープラーニング
G 検定
ジェネラリスト

第3版

公式テキスト

一般社団法人 **日本ディープラーニング協会** 監修

山下隆義、猪狩宇司、今井翔太、巣籠悠輔、瀬谷啓介、
徳田有美子、中澤敏明、藤本敬介、古川直裕、松尾豊、松嶋達也 著

JN028131

SE
SHOEISHA

本書内容に関するお問い合わせについて

このたびは翔泳社の書籍をお買い上げいただき、誠にありがとうございます。弊社では、読者の皆様からのお問い合わせに適切に対応させていただくため、以下のガイドラインへのご協力をお願い致しております。下記項目をお読みいただき、手順に従ってお問い合わせください。

●ご質問される前に
弊社Webサイトの「正誤表」をご参照ください。これまでに判明した正誤や追加情報を掲載しています。

　　　　正誤表　https://www.shoeisha.co.jp/book/errata/

●ご質問方法
弊社Webサイトの「書籍に関するお問い合わせ」をご利用ください。

　　　　書籍に関するお問い合わせ　https://www.shoeisha.co.jp/book/qa/

インターネットをご利用でない場合は、FAXまたは郵便にて、下記"翔泳社 愛読者サービスセンター"までお問い合わせください。
電話でのご質問は、お受けしておりません。

●回答について
回答は、ご質問いただいた手段によってご返事申し上げます。ご質問の内容によっては、回答に数日ないしはそれ以上の期間を要する場合があります。

●ご質問に際してのご注意
本書の対象を超えるもの、記述個所を特定されないもの、また読者固有の環境に起因するご質問等にはお答えできませんので、予めご了承ください。

●郵便物送付先およびFAX番号
送付先住所　〒160-0006　東京都新宿区舟町5
FAX番号　　03-5362-3818
宛先　　　　（株）翔泳社 愛読者サービスセンター

はじめに

　ディープラーニング（深層学習）は、2012年ごろから画像認識の分野で注目されて以来、さまざまなイノベーションを生み出し続けてきた。顔認証や画像診断、自動運転など、多くの領域でディープラーニングを用いた画像認識技術が実用化されている。また、近年、注目を集める生成AIは、ディープラーニングの技術の一部に位置づけられる。ChatGPTなどの大規模言語モデル、あるいはさまざまな画像や動画の生成AIは、すべて深層のニューラルネットワークを使っている。ディープラーニングは、ここ10年以上にわたって、驚くべき技術を提供し続け、社会に変化をもたらし続けている。

　こうした変化はまだ始まったばかりであり、この先にも次々と大きな技術の進展があるだろう。なぜなら、我々の知能が成し遂げているさまざまな機能に比べ、いまのディープラーニングが可能にしていることは、まだごく一部にすぎないからである。生成AIによって、言葉や画像を扱うさまざまな処理がディープラーニングで実現できることが示された。知識処理や推論についても、大規模言語モデルをうまく使えば、相当な程度まで実現できる。しかし、我々がもつ知能は、さらに奥深く、現在の生成AIでもできないことはたくさんある。人間の知能のさまざまな側面が今後、ディープラーニングの文脈の上で新たに描き直され、我々に知能に関しての新しい洞察をもたらすと同時に、技術の新しい飛躍が何度も社会に変化をもたらすはずである。

　ディープラーニングは、直訳すると「深い学習」であるが、この「深い」が意味することは大変大きい。深い多層の関数がもたらす表現力は強力である。そうした表現がさまざまな知的な処理を可能にする。時代を振り返ると、ディープラーニングは、電気、内燃機関、コンピュータ、インターネットなどと並ぶ、社会を劇的に変化させる技術のひとつであり、シンプルな原理で大きな社会的・産業的変化をもたらすことになるだろう。

　こうした変化を起こし、主導していくために、やらないといけないことはたくさんある。事業の創出、新しい産業の促進、諸制度の整備、人材の育成、教育の充実。10年後、20年後からみたときに、やるべきことをやるべきタイミングでやっておかなければならない。こうした想いから、日本ディープラーニング協会は2017年に設立された。そして、その初期の重要なミッションは、人材の育成であり、誰もが学べるような仕組みの整備であると考え、G検定・E資格を実施し、これまでに累計約8.8万人の合格者を輩出している。（2024年3月時点）

　本書は、ディープラーニングとは何か、その概観と動向、それをビジネスに活かすにはどうすれば良いかなどが書かれている。今回の改訂版では、生成AIの登場にあわせて、基盤モデルや言語モデルといった生成AIに必要となる技術を追加した。また、技術の進化に合わせ、ディープラーニングの知識、また、ディープラーニングの実社会応用、法律・倫理等について、学びやすいように内容を見直している。本書が、そしてG検定が、ディープラーニングや生成AIを学び、活用したい人にとって、よい道標になれば幸いである。日本全体に、ディープラーニングや生成AIを活用する動きがさらに加速し、新しい未来が広がることを期待している。

一般社団法人 日本ディープラーニング協会

代表理事 松尾 豊

CONTENTS

第6章 ディープラーニングの応用例　　253

Appendix 事例集　産業への応用 ─────────── 399

試験の概要

ディープラーニングに関する知識を有し、事業活用する人材（ジェネラリスト＝G検定）と、ディープラーニングを実装する人材（エンジニア＝E資格）の育成を目指すために設けられた検定・資格試験です。

各々に必要な知識やスキルセットを定義し、資格試験を行うとともに、協会が認定した事業者がトレーニングを提供します。日進月歩する技術であることから、検定・資格実施年毎に実施年号を付与しています。

本書は、JDLA試験のうちG検定（ジェネラリスト）を受験する方に向けた対策テキストです。

■ G検定とは

G検定の概要は次の通りです。

内容	ディープラーニングの基礎知識を有し、適切な活用方針を決定して、事業活用する能力や知識を有しているかを検定する。
受験資格制限	なし
試験時間	120分
試験形式	知識問題（多肢選択式・200問程度）、オンライン実施（自宅受験）
出題問題	シラバスより出題
試験時期	年6回実施予定
試験の申込方法	受験チケットの購入（団体経由申し込みを除く）。詳細は、公式サイト「G検定申し込み方法」を参照

人工知能とは
- 人工知能の定義、人工知能分野で議論される問題

人工知能をめぐる動向
- 探索・推論、知識表現とエキスパートシステム、機械学習、ディープラーニング

機械学習の概要
- 教師あり学習、教師なし学習、強化学習、モデルの選択・評価

ディープラーニングの概要
- ニューラルネットワークとディープラーニング、活性化関数、誤差関数、正則化、誤差逆伝播法、最適化手法

ディープラーニングの要素技術
- 全結合層、畳み込み層、正則化層、プーリング層、スキップ結合、回帰結合層、Attention、オートエンコーダ、データ拡張

ディープラーニングの応用例
- 画像認識、自然言語処理、音声処理、深層強化学習、データ生成、転移学習・ファインチューニング、マルチモーダル、モデルの解釈性、モデルの軽量化

AIの社会実装に向けて
- AIプロジェクトの進め方、データの収集・加工・分析・学習

AIに必要な数理・統計知識
- AIに必要な数理・統計知識

AIに関する法律と契約
- 個人情報保護法、著作権法、特許法、不正競争防止法、独占禁止法、AI開発委託契約、AIサービス提供契約

AI倫理・AIガバナンス
- 国内外のガイドライン、プライバシー、公平性、安全性とセキュリティ、悪用、透明性、民主主義、環境保護、労働政策、その他の重要な価値、AIガバナンス

ここで掲載している情報は、2024年4月現在のものです。受験をする際には、必ず最新情報を確認してください。

■ 日本ディープラーニング協会（JDLA）とは

ディープラーニングに関する資格試験を運営している日本ディープラーニング協会（JDLA）は、ディープラーニングを中心とする技術による日本の産業競争力の向上を目指し、松尾豊（東京大学教授）を理事長として、2017年6月に設立されました。

ディープラーニングを事業の核とする企業およびディープラーニングに関わる研究や人材育成に注力している有識者が中心となり、産業活用促進、人材育成、公的機関や産業への提言、国際連携、社会との対話など、産業の健全な発展のために必要な活動を行っています。

CDLE（Community of Deep Learning Evangelists）について

JDLAでは、合格者が実際にビジネスの場で活躍することが、ディープラーニングの社会実装につながると考え、試験合格者のみが参加できるコミュニティ"CDLE（シードル）"を運営しています。JDLA事務局からの招待制で運営しているSlackは、合格者同士の情報交換や学び合いの場となっています。

また、JDLA主催の「合格者の会」や全国各地でのCDLEメンバーによるMeet UpやLT会、JDLAの正会員社や有識者も参加する「CDLEハッカソン」や「CDLE勉強会」も実施しています。

一般社団法人 日本ディープラーニング協会（JDLA）

▶ https://www.jdla.org/certificate/general/

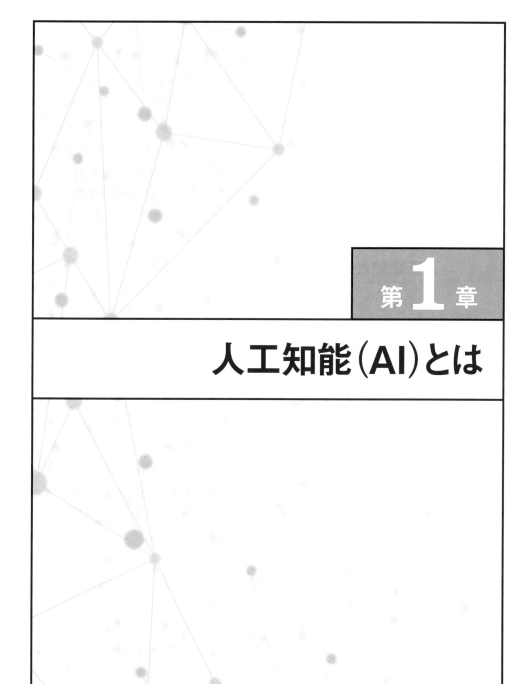

第 **1** 章

人工知能（AI）とは

1-1. 人工知能（AI）とは

人工知能のイメージは、人によって大きく異なります。本節では、人工知能の定義に触れ、その理由を探ります。また、大まかな分類、AI効果、ロボットとの違いなどについても学びます。

1. 人工知能の定義

1.1 人工知能とは何か

「人工知能（Artificial Intelligence）」という言葉は、1956年にアメリカで開催されたダートマス会議において、著名な人工知能研究者であるジョン・マッカーシーが初めて使った言葉です。この会議以降「人工知能」というものが学術的な研究分野の1つとして認められていったといわれています。

「人工知能」が、推論、認識、判断など、人間と同じ知的な処理能力を持つ機械（情報処理システム）であるという点については、大多数の研究者の意見は一致しているといってよいでしょう。しかし、「人工知能とは何か」については、専門家の間でも共有されている定義は未だにありません。なぜなら、そもそも「知性」や「知能」自体の定義がないため、「人間と同じ知的な処理能力」の解釈が、研究者によって異なるからです。

たとえば、「人間と同じ知的な処理能力」を実現するに当たり、人間の右脳と左脳の機能を実現する必要があるのか、また、感情、心、価値観、パーソナリティーなどは人工知能の実現に必要な要素なのか、といったことについて、研究者の数だけ解釈が存在するのです。

「人工知能とは何か」という質問に対する興味深い回答例として、少なくとも会話上は自らを人工知能であると自認しているChatGPT（注）の回答を 図1.1 に掲載しました。ただし、「人工知能とは何か」という同じ質問に

対して、ChatGPTは多様な回答を返します。これは、人工知能という分野が広範囲にわたり、研究者によって多様なアプローチと応用が存在することを、ChatGPTが学習しているからでしょう。

（注）ChatGPT は AI の非営利研究機関である OpenAI が開発したチャットサービスです。

👤 あなた

それでは、人工知能であると自認しているあなた自身に質問します。

質問：人工知能とは何でしょうか？

🌼 ChatGPT

人工知能（AI）とは、コンピュータやコンピュータ制御されたロボットなどの機械が、人間と同様の知能を示す行動を実現する技術やその研究分野を指します。具体的には、学習、推論、問題解決、知覚、言語理解などの能力を機械に実装しようとする試みです。

AIは大きく分けて2つのタイプに分類されます：

1. **汎用人工知能（AGI、Strong AI）**：人間と同等かそれ以上の知能を持ち、自律的に思考し、理解し、学ぶことができるAI。現在のところ、このレベルのAIは実現されていません。
2. **応用人工知能（ANI、Weak AI）**：特定のタスクを実行するために設計されたAI。例えば、音声認識、画像認識、自動運転、検索エンジンなどがこれに該当します。私（ChatGPT）はこのカテゴリに属します。

AIはさまざまな手法や技術を使用します。最も一般的なのは機械学習、特に深層学習です。これは大量のデータからパターンを学習し、それを新しいデータに適用する方法です。また、自然言語処理（NLP）、コンピュータビジョン、ロボット工学など、特定のタスクに特化した分野も存在します。

図1-1 『人工知能とは何か？』：ChatGPTとの対話

1.2 人工知能の大まかな分類

　専門家の間でさえ人工知能の定義が定まっていないのですから、一般人の人工知能に対するイメージはなおさら曖昧です。

　人工知能として一般的にイメージしやすいのは、お掃除ロボットや自動運転自動車などのように、自ら考えて行動しているように見えるもの、つまり、周囲の状況によって自動的に振る舞いを変えるものでしょう。人工知能の有名な書籍である『エージェントアプローチ人工知能』（共立出版）でも、周囲の状況（入力）によって行動（出力）を変えるエージェント（プログラム）として人工知能を捉えています。このような視点から人工知能をレベル別に分類したものが以下の4つです（ 図1.2 ）。

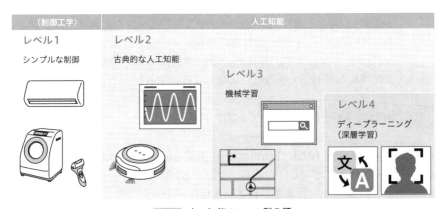

図1.2　人工知能のレベル別分類

■ レベル1：単純な制御プログラム

　エアコンの温度調整、洗濯機の水量調整、電気シェーバーの深剃り調整など、あらかじめ単純な振る舞いがハードウェアやソフトウェアで決まっている製品がこのカテゴリに分類されます。これらの製品では、すべての振る舞いがあらかじめ決められており、その通りに動くだけです。これは制御工学やシステム工学と呼ばれる分野で長年培われた技術で、さまざまな製品で古くから利用されています。

■ レベル2：古典的な人工知能

　掃除ロボットや診断プログラムなど、探索・推論、知識データを利用することで、状況に応じて極めて複雑な振る舞いをする製品がこのカテゴリに属します。古典的な人工知能ですが、特定の分野で高い有用性を示し、広く実用化されている技術です。ディープラーニングにつながる人工知能の研究は、もともとこのレベルのものを人工知能として研究するところから始まっています。

■ レベル3：機械学習を取り入れた人工知能

　検索エンジンや交通渋滞予測など、非常に多くのサンプルデータをもとに入力と出力の関係を学習した製品がこのカテゴリに属します。このカテゴリは、パターン認識という古くからの研究をベースに発展し、2000年代に入りビッグデータの時代を迎え、ますます進化しています。古典的な人工知能に属している製品も、近年この方式に移行しているものが数多くあります。

■ レベル4：ディープラーニングを取り入れた人工知能

　機械学習では、学習対象となるデータの、どのような特徴が学習結果に大きく影響するか（これを特徴量と呼びます）を知ることはとても重要です。たとえば、土地の価格を予想するための学習を行う際には、「土地の広さ」という特徴が重要だとあらかじめ分かっていると、非常に効率よく学習できます。この特徴量と呼ばれる変数を、自動的に学習するサービスや製品がこのカテゴリに属します。ディープラーニングは、特徴量を自動的に学習する技術であり、画像認識、音声認識、自動翻訳などの分野で活用が進んでいます。これらは、従来の技術では人間レベルの能力を機械で実現することが難しいとされてきた分野です。実際、ディープラーニングの応用により、将棋や囲碁などの難易度が非常に高いゲームで世界トップレベルのプロ棋士を負かすレベルに到達しており、本物そっくりの画像や人間レベルの自然な文章を生成する技術も開発されています。

1.3 AI効果

　人工知能で何か新しいことが実現され、その原理が分かってしまうと、「それは単純な自動化であって知能とは関係ない」と結論付ける人間の心理的な効果を**AI効果**と呼びます。

　多くの人は、人間特有の知能であると思っていたものが機械で実現できてしまうと、「それは知能ではない」と思いたくなるようです。時代とともに「人工知能」のイメージが変化してしまうのも興味深い現象で、この効果により人工知能の貢献は少なく見積もられすぎていると主張するAI研究者もいます。

1.4 人工知能とロボットの違い

　人工知能とロボットの研究をほぼ同じものと考えている人は少なくありません。しかし、専門家の間ではこの2つは明確に異なります。簡単にいえば、**ロボットの脳に当たる部分**が人工知能になります。

　脳以外の部分を研究対象としているロボットの研究者は人工知能の研究者ではありませんし、人工知能の研究はロボットの脳だけを対象としているわけではありません（**図1.3**）。たとえば、将棋や囲碁のようなゲームでは、物理的な身体は必要ありません。つまり、人工知能の研究とは**「考える（知的な処理能力）」という「目に見えないもの」**を中心に扱っている学問だと考えてよいでしょう。

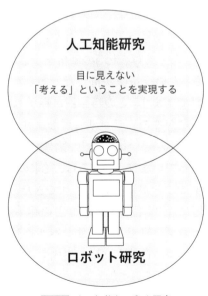

人工知能研究

目に見えない
「考える」ということを実現する

ロボット研究

図1.3　人工知能とロボット研究

1-2. 人工知能研究の歴史

人工知能の研究は、ブームと冬の時代を繰り返しながら発展してきました。本節では、汎用コンピュータであるエニアック（ENIAC）の誕生以降の人工知能研究の歴史について学びます。

1. 人工知能研究の歴史

1.1 世界初の汎用コンピュータの誕生

　1946年、アメリカのペンシルバニア大学でエニアック（ENIAC）という17,468本もの真空管を使った巨大な電算機が開発されました。これが世界初の汎用電子式コンピュータとされています（図1.4）。圧倒的な計算力を持つエニアックの誕生は、いずれコンピュータが人間の能力を凌駕するだろうという可能性を見出すきっかけとなりました。

図1.4　エニアック

1.2 ダートマス会議

　人工知能という言葉は、エニアックの誕生からちょうど10年後の1956年にアメリカで開催されたダートマス会議において初めて使われました。

ダートマス会議には、マーヴィン・ミンスキー、ジョン・マッカーシー、アレン・ニューウェル、ハーバート・サイモン、クロード・シャノンなど、後に人工知能や情報理論の研究で重要な役割を果たす著名な研究者たちも参加しました（図1.5）。知的に行動したり、思考したりするコンピュータ・プログラムの実現可能性について議論されました。

　特にニューウェルとサイモンは、世界初の人工知能プログラムといわれるロジック・セオリストをデモンストレーションし、コンピュータを用いて数学の定理を自動的に証明することが実現可能であることを示しました。これはコンピュータが四則演算などの数値計算しかできなかったものであった当時、画期的なことでした。

図1.5　ダートマス会議に参加した著名人

（https://www.scienceabc.com/innovation/what-is-artificial-intelligence.htmlより引用）

1.3 人工知能研究のブームと冬の時代

　人工知能研究は、これまで「ブーム」と「冬の時代」を何度か繰り返してきています。ここでは、人工知能の歴史を大まかにたどってみましょう（図1.6）。

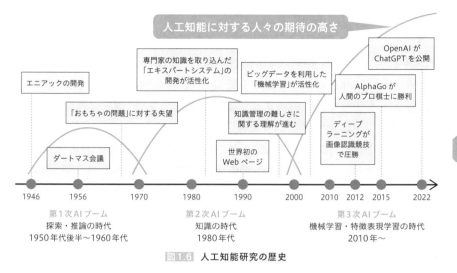

人工知能に対する人々の期待の高さ

OpenAI が
ChatGPT を公開

専門家の知識を取り込んだ
「エキスパートシステム」の
開発が活性化

ビッグデータを利用した
「機械学習」が活性化

エニアックの開発

AlphaGo が
人間のプロ棋士に勝利

「おもちゃの問題」に対する失望

知識管理の難しさに
関する理解が進む

ディープ
ラーニングが
画像認識競技
で圧勝

ダートマス会議

世界初の
Web ページ

1946　1956　　1970　　1980　　1990　　2000　2010 2012 2015　2022

第1次 AI ブーム
探索・推論の時代
1950年代後半〜1960年代

第2次 AI ブーム
知識の時代
1980年代

第3次 AI ブーム
機械学習・特徴表現学習の時代
2010年〜

図1.6 人工知能研究の歴史

■ 第1次AIブーム（探索・推論の時代：1950年代後半〜1960年代）

コンピュータによる「探索」や「推論」の研究が進み、特定の問題に対して解を提示できるようになったことがブームの要因です。東西冷戦下のアメリカでは、特に英語―ロシア語の機械翻訳が注目されました。しかし、迷路や数学の定理の証明のような簡単な問題（「**トイ・プロブレム（おもちゃの問題）**」）は解けても、複雑な現実の問題は解けないことが明らかになった結果、ブームは急速に冷め、1970年代には人工知能研究は冬の時代を迎えます。

■ 第2次AIブーム（知識の時代：1980年代）

コンピュータに「知識」を入れると賢くなるというアプローチが全盛を迎え、データベースに大量の専門知識を溜め込んだ**エキスパートシステム**と呼ばれる実用的なシステムがたくさん作られました。日本では、政府によって「**第五世代コンピュータ**」と名付けられた大型プロジェクトが推進されました。しかし、知識を蓄積・管理することの大変さが明らかになってくると、1995年ごろからAIは再び冬の時代に突入します。

■ **第3次AIブーム（機械学習・特徴表現学習の時代：2010年〜）**

　ビッグデータと呼ばれる大量のデータを用いることで、人工知能が自ら知識を獲得する機械学習が実用化されました。また、知識を定義する要素（特徴量と呼ばれる対象を認識する際に注目すべき特徴を定量的に表したもの）を人工知能が自ら習得するディープラーニング（深層学習）が登場したことが、ブームの背景にあります。2012年にディープラーニングを用いたチームが画像認識競技で圧勝したことや2015年に人間の碁のチャンピオンにディープラーニングを用いた人工知能であるAlphaGoが勝利するなど、象徴的な出来事が続きました。これらの出来事は、人間を超える「超知性」の誕生（シンギュラリティー）の可能性に対する懸念を広め、不安と期待をさらに高めました。

　2010年代中頃から、ディープラーニングの応用はさらに広がりを見せ、ディープラーニングを駆使して、創造的な画像や音楽、文章などを生み出す「生成AI」という分野の研究が活性化しました。画像生成の分野では、実在するかのような錯覚を覚えるほど精巧な画像や動画の生成が可能になり、その進歩は目を見張るものがあります。自然言語処理の分野では、大量の言語データを効率的に学習し、それを基に自然な文章を生成できる「大規模言語モデル（Large Language Model, 略してLLM）」と呼ばれる技術や、それを応用したサービスが次々と開発されました。中でも、人間のように自然な会話が可能な「ChatGPT」というサービスは、その革新性とAIに詳しくない多くの一般人を巻き込んだという点で特に注目に値します。2022年に米国の非営利研究機関であるOpenAIがこのサービスを公開すると、わずか2ヶ月程度でアクティブユーザー数が1億人を突破し、生成AIの技術を利用しない社会はもはや想像できないという認識が世界中に広がりました。この背景を受け、一部の専門家は、ChatGPTの登場を機にAIブームが新たな局面、「第4次AIブーム（生成AIの時代）」に突入したと考えています。

　大まかに言うと、第1次AIブームは「探索・推論の時代」、第2次AIブームは「知識の時代」、第3次AIブームは「機械学習と特徴表現学習の時代」であ

ると言えるでしょう。ただし、より正確には、この3つは互いに重なり合っています。たとえば、第2次ブームの主役である知識表現も、第3次ブームの主役である機械学習も、本質的な技術の提案は、第1次ブームのときに既に起こっており、逆に、第1次ブームで主役だった探索や推論も、第2次ブームで主役だった知識表現も、今でも重要な研究として継続されています（ 図1.7 ）。

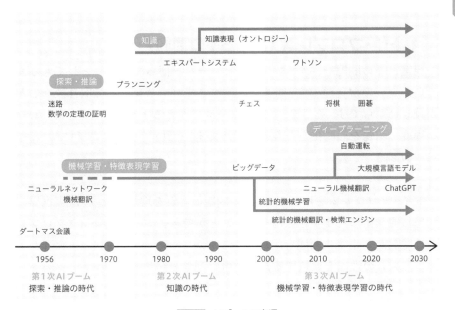

図1.7 AIブームの変遷

1-3. 人工知能分野の問題

本節では、人工知能の研究で議論されている問題を取り上げ、人工知能の実現可能性について考察を深めます。

1. 人工知能分野の問題

1.1 トイ・プロブレム（おもちゃの問題）

現実世界の問題を、いきなりコンピュータを使って解こうとしてもうまくいかないのが普通です。問題が複雑すぎてコンピュータで取り扱うことが難しいからです。そこで、コンピュータで扱えるように、本質を損なわない程度に問題を簡略化したものを考えます。それがトイ・プロブレム（おもちゃの問題）です。

トイ・プロブレムを用いることで、問題の本質を理解したり、現実世界の問題に取り組んだりする練習をすることができます。また、トイ・プロブレムは簡潔かつ正確に問題を記述することができるので、複数の研究者がアルゴリズムの性能を比較するために用いることもできます。

たとえば、2つの部屋を移動できる掃除ロボットの問題を解くことを考えてみましょう（図1.8）。ロボットはRoom1またはRoom2にいると考える場合、現実世界のロボットはこの2つの部屋の間を連続的に移動するということを無視しています。また、トイ・プロブレムではロボットは確実に掃除するという設定でも、現実世界では掃除に失敗する可能性がありますし、掃除した部屋が再び汚れてしまうこともあり得ます。

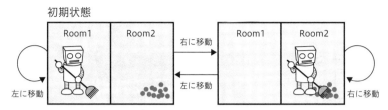

初期状態

| Room1 | Room2 | 右に移動 | Room1 | Room2 |

左に移動　左に移動　右に移動

図1.8 現実世界を簡略化した世界

　第1次AIブームの時代、一見すると知的に見えるさまざまな問題をコンピュータが次々に解いていきました。たとえば、難解な数学の定理を証明したり、迷路やパズルを解いたり、チェスや将棋で人間との勝負に挑戦するなど大きな成功を収めました。しかし、これらは非常に限定された状況で設定された問題、いわゆるトイ・プロブレムであり、人工知能ではそのような問題しか解けないということが次第に明らかになっていきました。私たちが普段直面するような現実世界の問題は、トイ・プロブレムよりもずっと複雑なのです。

1.2 フレーム問題

　フレーム問題は、1969年にジョン・マッカーシーとパトリック・ヘイズが提唱した人工知能における重要な問題です。未だに本質的な解決はされておらず、人工知能研究の最大の難問とも言われています。

　フレーム問題は、「今しようとしていることに関係のあることがらだけを選び出すことが、実は非常に難しい」ことを指します。哲学者のダニエル・デネットは次のような例を用いてこのフレーム問題の説明をしています。

　洞窟の中には台車があり、その上にはロボットを動かすバッテリーがありますが、その横に時限爆弾が仕掛けられています（**図1.9**）。ロボットは動くためにバッテリーが必要であるため、洞窟からバッテリーを取ってくるように命じられます。

図1.9 洞窟からバッテリーを持ち出すロボット

　ロボット1号は、洞窟からバッテリーを取ってくることに成功しますが、バッテリーを持ち出すと爆弾も一緒に運び出してしまうことを知らなかったため、時限爆弾も一緒に持ってきてしまい、爆弾が爆発してしまいます（図1.10）。

図1.10 1号：爆弾も一緒に持ち出して爆発

　そこで、ロボット2号を作りました。ロボット2号は、爆弾も一緒に持ち出してしまうかどうかを判断できるように、「自分が行った行動の結果、副次的に何が起きるかを考慮する」ように改良されました。すると、ロボット2号はバッテリーを前に考え始め、「もし台車を動かしても、洞窟の天井は落ちてこない」「もし台車を動かしても、洞窟の壁の色は変わらない」「もし台車を動かしても、洞窟の地面や壁に穴があいたりしない」……と、ありとあらゆることが起きる可能性を考えたせいで時間切れになり、爆弾が爆発してしまいました（図1.11）。

図1.11 2号：持ち出す方法を考えすぎて爆発

　そこで、さらにロボット3号が作られました。ロボット3号は、「目的を遂行する前に、目的と無関係なことは考慮しないように」改良されました。すると、ロボット3号は関係あることとないことを仕分ける作業に没頭してしまい、無限に考え続け、洞窟に入る前に動作しなくなってしまいました（**図1.12**）。「洞窟の天井が落ちてこないかどうかは今回の目的と関係あるだろうか」「壁の色は今回の目的と関係あるだろうか」「洞窟の地面や壁に穴があいたりしないかどうかは今回の目的と関係あるだろうか」……と、目的と関係ないことも無限にあるため、それらをすべて考慮しているうちに時間切れになり、自分のバッテリーが切れてしまったのです。

図1.12 3号：持ち出す方法の方法を考えすぎて爆発

（例）洞窟の中には台車があり、台車の上にバッテリーと時限爆弾がある。
バッテリーを持ち出すようにロボットに命令すると…

1号：そのまま持ち出して爆発

2号：持ち出す方法の計算中に爆発

3号：持ち出す方法の計算方法の計算中に爆発

図1.13 フレーム問題の要約

　ボードゲームをするとか、機械を組み立てるとか、やろうとしていることが限定されている人工知能ではこのフレーム問題は生じません。しかし、いろいろな状況に対応する人工知能ではこの問題は無視できません。

　フレーム問題は人間の場合も起きます。何も考えずに行動してしまい、思いもよらない事故が起きるのはロボット1号と同じです。また、その場でとるべき行動に迷ってしまい、何もできないのはロボット2号と同じです。行動を起こす前に、考えすぎて行動できなくなってしまうのはロボット3号と同じです（ 図1.13 ）。

　しかし、人間はあらゆる状況について無限に考えてフリーズすることはありません。人間はこの問題をごく当たり前に処理しています。ですから、人間と同じように、つまり人工知能があたかもフレーム問題を解決しているかのようにふるまえるようにすることが研究目標の1つになります。

1.3 チューリングテスト
（人工知能ができたかどうかを判定する方法）

　人工知能ができたかどうかを判定する方法については、歴史的に議論されてきました。有名なものに、イギリスの数学者アラン・チューリング（注）が提唱したチューリングテストがあります（図1.14）。これは、別の場所にいる人間がコンピュータと会話をし、相手がコンピュータだと見抜けなければコンピュータには知能があるとするものです。知能をその内部のメカニズムに立ち入って判定しようとすると極めて難しいことから、外から観察できる行動から判断せざるを得ないという立場を取っているのです。

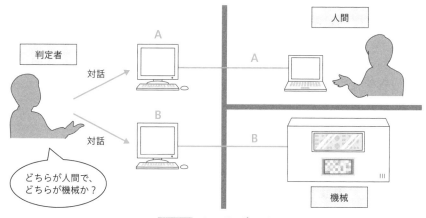

図1.14　チューリングテスト

　チューリングテストは、人工知能の分野で知能の判定基準として参照されるだけでなく、具体的なソフトウェア開発の目標にもなっています。1966年にジョセフ・ワイゼンバウムによって開発されたイライザ（ELIZA）は、精神科セラピストの役割を演じるプログラムで、人間とコンピュータが会話を行う最初のプログラムでしたが、本物のセラピストと信じてしまう人も現れるような出来事でした。1991年以降、チューリングテストに合格する会話ソフトウェアを目指すローブナーコンテストも毎年開催されています。

　1950年の論文の中でアラン・チューリングは、50年以内に質問者が5分

間質問した後の判定でコンピュータを人間と誤認する確率は30％になるだろうと予想しました。現在、会話ソフトウェアは進歩して合格に近いところまできていると言えますが、まだチューリングテストにパスするレベルには達していません。

> （注）アラン・チューリングはチューリングマシンと呼ぶコンピュータの理論的基盤を与えたことで有名です。また、第二次世界大戦でドイツ軍が機密通信のために使用したエニグマの暗号解読に貢献した人物でもあります。

1.4 強いAIと弱いAI

　「強いAI」「弱いAI」という言葉は、もともとは、アメリカの哲学者ジョン・サールが1980年に発表した「Minds, Brains, and Programs（心、脳、プログラム）」という論文の中で提示した区分です。この論文は、人工知能に肯定的な哲学者との間に論争を引き起こしました。

　それぞれ次のように考える立場とされています。

- 強いAI……適切にプログラムされたコンピュータは人間が心を持つのと同じ意味で心を持つ。また、プログラムそれ自身が人間の認知の説明である。
- 弱いAI……コンピュータは人間の心を持つ必要はなく、有用な道具であればよい。

　つまり、「強いAI」の立場では「人間の心や脳の働きは情報処理なので、本物の心を持つ人工知能はコンピュータで実現できる」と考えており、「弱いAI」の立場では「コンピュータは人間の心を模倣するだけで本物の心を持つことはできないが、人間の知的活動と同じような問題解決ができる便利な道具であればよい」と考えています。

　ジョン・サール自身は、人の思考を表面的に模倣するような「弱いAI」は実現可能でも、意識を持ち意味を理解するような「強いAI」は実現不可能だ

と主張しました。彼は自らの立場を説明するために「中国語の部屋」という次のような思考実験を提案しています（図1.15）。

　ある部屋に英語しか分からない人が閉じ込められます。その部屋の中には中国語の質問に答えることができる完璧なマニュアルがあり、それを使えば中国語の文字をマニュアルの指示通りに置き換えることで、中国語で受け答えができます。これを繰り返すと、部屋の外の人は部屋の中の人が中国語を理解していると判断するでしょう。しかし実際には英語しか理解できないのですから、マニュアルを使って中国語で受け答えができたからといって、中国語を理解していることにはなりません。したがって、まるで知能があるような受け答えができるかを調べるというチューリングテストに合格しても本当に知能があるかは分からないという議論です。

マニュアル

IN

OUT

英語しか分からない人

図1.15　「中国語の部屋」

　これは、チューリングテストを拡張した、心がどこに存在するのか、あるいは意味はどこにあるのか、という問題に対する思考実験だといえるでしょう。ジョン・サールは、「中国語の部屋」という思考実験を通して、コンピュータは記号操作を行っているだけで、心にとって本質的な意味論を欠いていると主張したのです。

「強いAI」が実現可能かという議論については、人工知能以外の分野の人々も巻き込んで行われています。たとえば、ブラックホールの研究で有名なスティーブン・ホーキングと共同研究をしたことで有名な数学者のロジャー・ペンローズは、『皇帝の新しい心－コンピュータ・心・物理法則』（林一訳、みすず書房）という著書の中で、意識は脳の中にある微細な管に生じる量子効果(非常にスケールの小さい世界で生じる物理現象)が絡んでいるので、既存のコンピュータでは「強いAI」は実現できないと主張しています。

1.5 シンボルグラウンディング問題（記号接地問題）

シンボルグラウンディング問題とは、1990年に認知科学者のスティーブン・ハルナッドにより議論されたもので、記号（シンボル）とその対象がいかにして結び付くかという問題です。フレーム問題と同様、人工知能の難問とされています。

人間の場合は、「シマ（Stripe）」の意味も「ウマ（Horse）」の意味もよく分かっているので、本物のシマウマ（Zebra）を初めて見たとしても、「あれが話に聞いていたシマウマかもしれない」とすぐに認識できます。「ウマ」という言葉を聞くと、タテガミがあり、ヒヅメがあって、ヒヒンと鳴く4本足の動物だというイメージと結び付き、「シマ」という言葉を聞くと、色の違う2つの線が交互に出てくる模様だというイメージと結び付くからです（ 図1.16 ）。

図1.16 シマウマ＝ウマ＋シマ

ところが、コンピュータは「記号（文字）」の意味が分かっていないので、記号が意味するものと結び付けることができません。「シマウマ」という文字はただの記号の羅列にすぎず、シマウマ自体の意味を持っているわけではありませんから、「シマのあるウマ」ということは記述できても、その意味は分かりません。初めてシマウマを見ても、「これがあのシマウマだ」という認識はできないのです。

　ここでの問題は、コンピュータにとって、「シマウマ」という記号と、それが意味するものが結び付いていない（グラウンディングしていない）ことです。これはシンボルグラウンディング問題と呼ばれています（ 図1.17 ）。

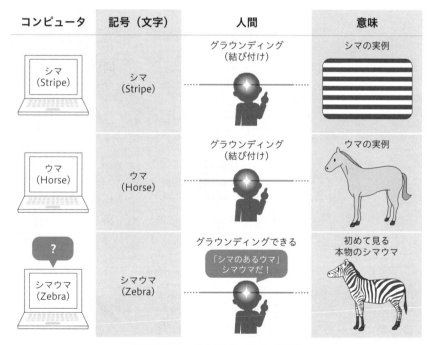

図1.17 シンボルグラウンディング問題

1.6 身体性

　知能が成立するためには身体が不可欠であるという考え方があります。人間には身体があるからこそ物事を認知したり、思考したりできるという考えです。このようなアプローチは「身体性」に着目したアプローチと呼ばれています。

　人間は身体のすみずみに張り巡らされた神経系を通して世界を知覚しますが、知覚した情報は膨大で複合的なものです。こうして得られた現実世界に関する豊富な知識に対して、「シマ」とか「ウマ」などの記号を対応付けて処理するようになります。つまり、身体を通して得た感覚と記号を結び付けて（シンボルグラウンディングして）世界を認識するわけです。

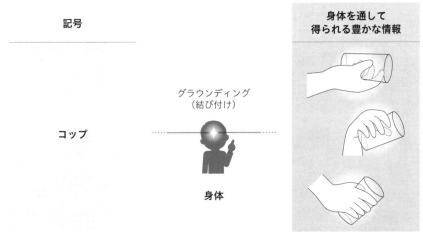

図1.18　身体を通した概念の獲得

　コップというものを本当の意味で理解するには、実際にコップに触ってみる必要があるでしょう。ガラスに触ると冷たいという感覚や、落とすと割れてしまうという経験も含めて「コップ」という概念が作られていきます（図1.18）。「外界と相互作用できる身体がないと、概念はとらえきれない」というのが、身体性というアプローチの考え方です。

1.7 知識獲得のボトルネック

機械翻訳は、人工知能が始まって以来ずっと研究が続いています。1970年代後半はルールベース機械翻訳という仕組みが一般的でしたが、1990年代以降は統計的機械翻訳が主流になりました。これにより性能は飛躍的に向上しましたが、まだまだ実用レベルではありませんでした。機械翻訳が難しい最大の理由は、コンピュータが「意味」を理解していないことでした。

たとえば、「He saw a woman in the garden with a telescope.」という英文を日本語に訳すことを考えてみてください。ほとんどの人が「彼は望遠鏡で、庭にいる女性を見た」と訳すと思います。しかし、実はこの英文解釈は文法的には一意に定まらないのです。庭にいるのは女性なのか、彼なのか、望遠鏡を持っているのは彼なのか、女性なのか、この文を読んだだけでは決められません（図1.19）。

彼は望遠鏡で、庭で女性を見た。

He saw a woman in the garden with a telescope.

彼は望遠鏡で、庭にいる女性を見た。

図1.19 統計的機械翻訳の例

統計的機械翻訳を使うと「彼は望遠鏡で、庭で女性を見た」という訳文になります。庭にいるのは男性であり、女性ではありません。しかし、人間にとっては、これは少し不自然に感じられます。

なぜ人間にはそのように感じられるかというと、それまでの経験から「望遠鏡を持っているのは男性の方が多い」「庭にいるのは女性の方が多い」といった知識があり、そこから「彼は望遠鏡で、庭にいる女性を見た」と解

釈するのが正しいと判断しているからです。こういった知識をコンピュータに教えるためには、これらの知識をコンピュータに入れるしかありません。この場合だけに対処するのは簡単なことですが、同じことがありとあらゆる場面で発生するはずで、それらすべての知識を入れる作業を行うことは事実上不可能です。

このように、1つの文を訳すだけでも一般常識がなければ訳せないということが、統計的機械翻訳の問題点でした。人間が持っている一般常識は膨大で、それらの知識をすべて扱うことは極めて困難です。このように、コンピュータが知識を獲得することの難しさを、人工知能の分野では知識獲得のボトルネックと呼んでいます。

2010年頃から、ニューラル機械翻訳（注）というディープラーニングを応用した機械翻訳が登場しました。2016年11月にGoogleが発表したGoogle翻訳では、このニューラル機械翻訳の技術が利用され、機械翻訳の品質が格段に向上したことが大きな話題となりました。

これに続き、2018年以降、人間レベルの自然な文章を生成する能力を持つ「大規模言語モデル」（2章の 2-3「2.4 自然な文章を生成できる「大規模言語モデル」の登場」参照）と呼ばれる技術が登場しました。この技術は、文章の文脈を理解する能力に優れ、多様な言語への翻訳にも対応できます。翻訳だけでなく、文書の要約、質問応答、プログラムコードの作成など、多様な言語処理に対応できるのが大規模言語モデルの特徴です。一方で、ニューラル機械翻訳は翻訳に特化した技術であり、特定の言語から言語への翻訳や専門分野の翻訳において強みを発揮します。

このように翻訳の分野でもディープラーニングが利用されるようになったことで、知識獲得のボトルネックを乗り越え、人間を超えるレベルの翻訳機の実現が期待されています。

（注）「ニューラル機械翻訳」では人間が言葉を理解するのと同じような構造で訳文を出力するといわれ、TOEIC 900点以上の人間と同等の訳文も生成可能だともいわれています。

章 末 問 題

問題1

人工知能の定義は専門家の間ですら異なる。その説明として**適切なもの**を1つ選べ。

1 人工知能は学術的な研究分野の1つとして認められていないから。
2 「人工」の解釈が研究者によって異なるから。
3 「知性」や「知能」の解釈が研究者によって異なるから。
4 人工知能という言葉は、人工知能研究者ジョン・マッカーシーが彼の論文で私的に使った造語だから。

解答　3

解説

人工知能は学術的な研究分野の1つとして認められており、国際学会も頻繁に行われています。**「人工」とは「人の手を加えた、自然のままではない」という意味で研究者の間で意見は一致している**と考えられます。人工知能という言葉をジョン・マッカーシーが最初に用いたのは、ダートマス会議です。

問題2

人工知能の定義に関する説明として、**不適切なもの**を1つ選べ。

1 人工知能とは何かについては、専門家の間でも共有されている定義は未だにない。
2 「周囲の状況（入力）によって行動（出力）を変えるエージェント」として人工知能をとらえた場合、あらかじめ単純な振る舞いが決まっている製品も人工知能を搭載した製品だといえる。

3 同じシステムを指して、それを人工知能だと主張する人と、それは人工知能ではないと考える人がいてもおかしくない。

4 知的な処理能力を持つ機械（情報処理システム）であれば、誰もがそれを人工知能であると認めることができる。

解答 4

解説

人工知能の定義は専門家の間でも共有されていないため、同じシステムを指して、それを人工知能だと主張する人と、それは人工知能ではないと考える人がいてもおかしくありません。「人間と同じ知的な処理能力を持つ機械（情報処理システム）」という表現を使うとき、**「人間と同じ知的な処理能力」という部分の解釈が人によって異なる可能性があります**。人工知能の有名な書籍である『エージェントアプローチ人工知能（共立出版）』の中では、「周囲の状況によって行動を変えるエージェント」として人工知能をとらえています。この定義に従えば、探索・推論、知識データや機械学習を利用しない製品（シンプルな制御機構しか持たない製品）も人工知能を搭載した製品ととらえることができます。
[参照]：1-1「1.1 人工知能とは何か」

問題 3

機械学習を取り入れた人工知能に関する説明として、最も**適しているもの**を1つ選べ。

1 サンプルデータが少なくても高い精度で入力と出力の関係を学習する。

2 制御工学やシステム工学と呼ばれる分野で培われた技術を利用している。

3 全ての振る舞いがあらかじめ決められている。

4 パターン認識という古くからの研究をベースにしている。

解答 4

解説

機械学習は、非常に多くのデータサンプルを使って学習することで高い精度の学習を達成することができます。**あらかじめ単純な振る舞いがハードウェアやソフトウェアで決まっている製品は、制御工学やシステム工学と呼ばれる分野で長年培われた技術を利用しており、機械学習を利用していません。**機械学習は、データが持つ特徴（構造やパターン）を学習するので、パターン認識という古くからの研究をベースにしています。

問題4

AI効果の例として、最も**適切なもの**を1つ選べ。

1 AIを活用したチャットボットと会話していたら、人間と会話しているように感じた。

2 検索エンジンにはAIが使われているが、その原理が人々に認知されるとAIとは呼ばれなくなった。

3 青りんごの実物を見たことがなかったが、初めて青いりんごを見たときに青りんごだと認識できた。

4 AIブームが起こると、家電などの身近なハードウェアがAI搭載を謳うようになった。

解答 2

解説

1 はチューリングテスト、3 はシンボルグラウンディング問題、4 は AI ブームに便乗するマーケティング戦略に関する事例です。

人工知能とロボットの研究に関する説明として、**不適切なもの**を1つ選べ。

1 脳以外の部分を研究対象としているロボットの研究者は人工知能の研究者ではない。
2 人工知能の研究では「考える（知的な処理能力）」という「目に見えないもの」を中心に扱っている。
3 物理的な身体を必要としない将棋や囲碁のようなゲームもロボット研究の重要な研究対象である。
4 人工知能の研究はロボットの脳だけを対象にしているわけではない。

解答 3

解説

ロボットの脳に当たる部分は人工知能ですが、脳以外の部分を研究対象としているロボットの研究者は人工知能の研究者ではありません。また、人工知能の研究はロボットの脳だけを対象にしているわけではなく、ロボットの研究と異なり物理的な身体は必要ありません。つまり、人工知能の研究は「考える（知的な処理能力）」という「目に見えないもの」を中心に扱っている学問だといえます。**物理的な身体を必要としない将棋や囲碁のようなゲームを重要な研究対象としているのは、ロボット研究ではなく人工知能の研究**です。
［参照］ 1-1「1.4 人工知能とロボットの違い」

人工知能が持つ知的な処理能力として、最も**不適切なもの**を1つ選べ。

1 モノを高速に移動させる運動能力
2 自動車の位置を特定する推論能力
3 障害物を回避する経路判定能力
4 複数の人の音声を聴き分ける認識能力

解答 1

解説

1は物理的なモノを動かす能力であり、「考える」という人工知能が持つ知的な処理能力ではありません。

問題7

以下の文章を読み、空欄に最も**よく当てはまるもの**を1つ選べ。

1980年代に起こった第2次AIブームにおいては、（　）によって問題を解決する古典的な人工知能が台頭した。

1　探索と推論　　　　　　　　2　機械学習
3　エキスパートシステム　　　4　ビッグデータ

解答 3

解説

「探索と推論」は第1次AIブーム、「機械学習」と「ビッグデータ」は第3次AIブームで中心的な役割を果たします。第2次AIブームの主役は、専門家の「知識」をデータベースに蓄積した「エキスパートシステム」です。

問題8

1956年に開催されたダートマス会議についての説明として、最も**不適切なもの**を1つ選べ。

1　この会議で「人工知能」という言葉が初めて使われた。
2　コンピュータを用いて数学の定理を自動的に証明することが、実現可能であることが示された。

3 後に人工知能や情報理論の研究で重要な役割を果たす著名な研究者たちが参加していた。

4 圧倒的な計算力を持つエニアック（ENIAC）が紹介され、コンピュータが人間の能力を凌駕する可能性について議論された。

解答 4

解説

世界初の汎用電子式コンピュータであるエニアック（ENIAC）は、ダートマス会議の10年前に誕生し、いずれコンピュータが人間の能力を凌駕するだろうという可能性を見出すきっかけとなりました。

問題9

「人工知能研究50年来のブレイクスルー」と称されるディープラーニングだが、その手法自体は第3次AIブームが盛り上がる以前から提案されていた。ここ数年になって急速な盛り上がりを見せているのにはいくつかの理由がある。その内容として最も**不適切なもの**を1つ選べ。

1 大規模な並列計算処理が可能になったことで、現実的な時間内でモデルを学習させられるようになったから。

2 より大規模なデータがWeb上に公開されるようになり、データの収集が比較的容易になってきたから。

3 プログラミングを支援するフレームワークが広く普及したから。

4 政府によって「第五世代コンピュータ」と名付けられた大型プロジェクトが推進されたから。

解答 4

解説

第2次AIブームの時期、日本政府は第五世代コンピュータプロジェクトに巨額の資金を投じました。1982年から1992年の11年間にわたり、約500億円の国家予算を投じて遂行されました。このプロジェクトの評価は賛否両論に分かれています。

問題 10

トイ・プロブレムに関する説明として、最も**不適切なもの**を1つ選べ。

1 チェスや将棋などのトイ・プロブレムとは異なり、「ハノイの塔」は非常に複雑な問題であった。

2 トイ・プロブレムは、複雑な問題をコンピュータで扱えるように、本質を損なわない程度に問題を簡略化したものである。

3 我々が実際に直面し、本当に解決したい問題は、トイ・プロブレムよりもずっと複雑だった。

4 現実の問題が解けないという限界が明らかになり、人工知能研究はいったん下火となった。

解答　1

解説

「ハノイの塔」もチェスや将棋などと同様に明確なルールが定められたゲーム（非常に限定された状況で設定された問題）であり、トイ・プロブレムに分類されます。

問題 11

人工知能研究の歴史と注目されてきた技術に関する説明として、最も**適切なもの**を1つ選べ。

1 初期の人工知能はコンピュータの驚異的な計算力を利用して、複雑な問題を解くことしかできなかった。

2 第3次AIブームで注目されている知識ベースの人工知能では、人工知能が自ら学んだ知識を使用して推論を行うため、人間の知識を利用する必要はない。

3 第2次AIブームで盛んに研究された機械学習では、人工知能が自ら認識に必要な特徴量を発見してしまうため、応用が難しかった。

4 第1次AIブームで盛んに研究された探索ベースの手法は、人間が問題を適切に定義できればAIが問題を解くことができた。

解説

初期の人工知能は、現実の問題を単純化した「トイ・プロブレム」を解くことはできましたが、現実の世界で直面するような複雑な問題を解くことはできませんでした。知識ベースの人工知能が注目されたのは第2次AIブーム、人工知能が自ら認識に必要な特徴量を見つけることができる機械学習（ディープラーニング）の研究が活性化するのは第3次AIブームです。

問題12

第2次AIブームでは、いかにして機械に知識を与えるかが大きなテーマになった。例えば自然言語処理の研究では、言葉同士の意味関係を定義する手法が提案された。しかし仮に言葉同士の意味関係が分かったとしても、現実の概念と結び付けられるかどうかという問題が待ち受けている。この問題の語句として、最も**適切なもの**を1つ選べ。

1　シンボルグラウンディング問題　　2　フレーム問題
3　最適化問題　　　　　　　　　　4　組み合わせ爆発問題

解答　1

解説

言葉で表現した概念同士の意味関係が分かったとしても、言葉はあくまでも「記号」であり、実物そのものではありません。記号だけでは、実際にそれが何を意味しているのかは本当の意味で理解できない（記号と現実を接続できない）というシンボルグラウンディング問題は解決できません。

問題 13

異なる部屋にいる人間とコンピュータとが対話をし、話し相手がコンピュータであることを人間が見抜けなければ、コンピュータには知能があるとする判定方法を使ったテストに合格しても、「本当に知能があるかは分からない」という議論として最も**適切なもの**を1つ選べ。

1　中国語の部屋　　　　　　　　2　チューリングテスト
3　イライザ　　　　　　　　　　4　ローブナーコンテスト

解答　1

解説

ジョン・サールは「中国語の部屋」という思考実験を通して、チューリングテストに合格しても、コンピュータは記号操作をしているだけで本当に知能があるかは分からないということを主張しました。

問題 14

フレーム問題についての説明として、最も**適切なもの**を1つ選べ。

1　人工知能が判断を行う際に、それに関連することのみを抽出することが困難であるということ。
2　コンピュータで扱いやすくするため、現実世界の問題について本質を損なわない程度に簡略化した問題のこと。
3　文字などの記号とそれが意味する対象が結び付いていないこと。
4　人間の持つ広範な一般常識をコンピュータに知識として獲得させることが困難であるということ。

解答　1

問題15

ルールベース機械翻訳の説明として、最も**不適切なもの**を1つ選べ。

1 人間が用意した文法法則と辞書情報を使って翻訳する。

2 統計的機械翻訳やニューラル機械翻訳と比べて計算量が少ない。

3 訳文が形式的な表現になり、口語への対応が難しい。

4 大量のコーパスを学習させて翻訳モデルを構築するため、人手がかからず、高度な言語知識も不要である。

解答　4

解説

ルールベース機械翻訳は、人間が用意したルール（文法法則や辞書情報）を使って形式的に翻訳を行います。この方法は、大量の言語データ（コーパス）を必要とする統計的機械翻訳や、ディープラーニングを応用したニューラル機械翻訳と比べて計算量は少なくて済むという利点がありますが、多様な口語表現に柔軟に対応するのが難しいというデメリットもあります。

問題16

以下の文章を読み、空欄（A）（B）に最も**よく当てはまるもの**を1つ選べ。

　1990年代以降、（A）と呼ばれる機械翻訳が一般的に用いられるようになった。（A）は以前の翻訳手法と比較して、性能は飛躍的に向上したが、文法的には正しいものの人間には不自然に感じられる訳を出力することがあり、実用レベルとはいえなかった。この理由の1つとして、人間が持っている一般常識を人工知能に習得させることは困難である（B）が挙げられる。

1　（Ａ）統計的機械翻訳　　　（Ｂ）知識獲得のボトルネック
2　（Ａ）統計的機械翻訳　　　（Ｂ）フレーム問題
3　（Ａ）ニューラル機械翻訳　（Ｂ）知識獲得のボトルネック
4　（Ａ）ニューラル機械翻訳　（Ｂ）フレーム問題

解答　1

解説

フレーム問題は「今行おうとしていることに関係のある事柄だけを選び出すことが、実は難しい」という人工知能にとっての難題です。ニューラル機械翻訳の登場により、機械翻訳の品質が格段に向上し、人間を超えるレベルの翻訳の実現が期待されています。

問題 17

フレーム問題に関する説明として、**不適切なもの**を1つ選べ。

1　フレーム問題は1969年にジョン・マッカーシーとパトリック・ヘイズが提唱した問題で、「今しようとしていることに関係のあることがらだけを選び出すことが実は非常に難しい」という問題である。
2　フレーム問題はディープラーニングが登場した現在もまだ解決していない。
3　哲学者のダニエル・デネットは、洞窟から爆弾を運び出すことを命じられたロボットが考えすぎてフリーズしてしまうたとえ話を通して、フレーム問題の難しさを説明している。
4　フレーム問題は人工知能に特有の問題であり人間には起きないと考えられる。

解答 **4**

解説

フレーム問題は未だに本質的な解決はされておらず、人工知能研究の最大の難問とも言われています。何も考えずに行動して事故にあったり、とるべき行動に迷って何もできなかったり、考えすぎて行動できなかったりするのは人間も同じなので、フレーム問題は人間にも起きると考えられます。しかし、人間はあらゆる状況について無限に考えてフリーズすることはありません。人間と同じように、あたかもフレーム問題を解決しているように振る舞えるようにすることが人工知能の研究目標の１つになります。

[参照] 1-3「1.2　フレーム問題」

問題 18

チューリングテストに関する説明として、**不適切なもの**を１つ選べ。

1 チューリングテストは、人工知能の会話能力レベルを判定する方法の１つとして、イギリスの数学者アラン・チューリングが提唱したものである。

2 1966年にジョセフ・ワイゼンバウムによって開発されたイライザ（ELIZA）は、精神科のセラピストの役割を演じるプログラムで、本物のセラピストと信じてしまう人も現れた。しかし、イライザはチューリングテストにパスしていない。

3 1991年以降、チューリングテストに合格する会話ソフトウェアを目指すローブナーコンテストが毎年開催されている。

4 1950年の論文の中でアラン・チューリングは50年以内に質問者が5分間質問した後の判定でコンピュータを人間と誤認する確率は30％であると見積もった。現在もまだチューリングテストにパスする会話ソフトウェアは現れていない。

解答　1

解説

チューリングテストは「人工知能の会話能力レベル」を判定するためではなく、「人工知能ができたかどうか」を判定するためのテストとして提案されました。このテストでは、別の場所にいる人間がコンピュータと会話をし、相手がコンピュータだと見抜けなければコンピュータに知能があるとするものです。チューリングは、知能があるかどうかを判定することの難しさを認識しており、知能を内部のメカニズムに立ち入って判定しようとすると極めて困難になることから、外から観察できる行動から判断せざる得ないという立場を取っています。

［参照］1-3「1.3　チューリングテスト」

問題19

強い AI と弱い AI に関する説明として、**不適切なもの**を1つ選べ。

1 「強い AI」「弱い AI」という言葉は、アメリカの哲学者ジョン・サールが提示した AI の区分である。「強い AI」は「本物の心を持つ人工知能はコンピュータで実現できる」と考える立場で、「弱い AI」は「コンピュータは人間の心を模倣するだけで、本物の心を持つことはできない」と考える立場である。

2 ジョン・サールは「強い AI」は実現可能だと主張し、「中国語の部屋」という思考実験を提案した。

3 「中国語の部屋」はチューリングテストを拡張した、心がどこに存在するのか、あるいは意味はどこにあるのか、という問題に対する思考実験だといえる。

4 ブラックホールの研究で有名なスティーブン・ホーキングと共同研究をしたことで有名な数学者のロジャー・ペンローズは、意識は脳の中にある微細な管に生じる量子効果が絡んでいるので、既存のコンピュータでは「強い AI」は実現できないと主張している。

解説

ジョン・サールが提示した「強い AI」「弱い AI」という区分は、人工知能に肯定的な哲学者との間に論争を引き起こしました。ジョン・サール自身は「強い AI」は実現不可能だと主張し、自らの立場を説明するために「中国語の部屋」という思考実験を提案しました。「中国語の部屋」では、英語しか分からない人が部屋に閉じ込められており、部屋の外にいる人が部屋の中の人に中国語で質問をする状況を考えます。部屋の中に、中国語の質問に答えることができる完全なマニュアルが用意されていれば、それを使って中国語で質問に答えることができるので、部屋の外の人には部屋の中にいる人が中国語を理解していると判断してしまいます。しかし実際は中国語を理解していないので、中国語で答える知能があるような受け答えができるかどうかを判定するチューリングテストに合格しても本当に知能があるかは分からないという議論です。

[参照] 1-3「1.4 強い AI と弱い AI」

問題20

シンボルグラウンディング問題に関する説明として、**不適切なもの**を1つ選べ。

1 シンボルグラウンディング問題とは、記号（シンボル）とその対象がいかにして結び付くのかという問題で、認知科学者のスティーブン・ハルナッドにより議論された。

2 人間の場合もシンボルグラウンディング問題は起きる。

3 身体がないとシンボルグラウンディング問題は解決できないと考えるのが身体性というアプローチである。

4 シンボルグラウンディング問題は、フレーム問題と同様にまだ解決されておらず、人工知能の難問とされている。

解答 2

解説

コンピュータは記号（例えば文字）の意味が分かっていないので、記号が意味する対象と記号を自動的に結びつけることができません。人間の場合はシンボルグラウンディング問題が起きません。それは人間が身体を通して概念を獲得しているからであり、外界と相互作用できる身体がないと概念はとらえきれないと考えるのが身体性のアプローチです。

問題 21

知識獲得のボトルネックに関する説明として、**不適切なもの**を1つ選べ。

1　機械翻訳は人工知能の研究の古くからのテーマであり、1970年代後半はルールベースの機械翻訳が主流であったが、1990年代後半から統計的機械翻訳が主流になった。翻訳精度は飛躍的に向上したが、まだまだ実用レベルではなかった。

2　統計的機械翻訳は、膨大な対訳データ（コーパス）を利用して文単位のレベルで翻訳できたので、一般常識がなくても精度の高い翻訳ができた。

3　人間の持っている一般常識は膨大で、それらすべての知識をコンピュータが扱うことは極めて困難である。コンピュータが知識を獲得することの難しさを、人工知能の分野では知識獲得のボトルネックと呼んでいる。

4　ディープラーニングを使ったニューラル機械翻訳という技術が登場したことで、機械翻訳の品質が統計的機械翻訳の品質を上回った。知識獲得のボトルネックを超えてさらなる性能の向上が期待されている。

解説

統計的機械翻訳はインターネットに蓄積された膨大な文字データを利用して文単位のレベルで翻訳できましたが、一般常識（日常的な常識）が必要とされるレベルの翻訳はできませんでした。ディープラーニングを使ったニューラル機械翻訳は、人間が言葉を理解するのと同じような構造で訳文を出力すると言われ、TOEIC900点以上の人間と同等の訳文も生成可能だと言われています。

問題22

特徴量に関する説明として、**不適切なもの**を1つ選べ。

1 機械学習では、注目すべきデータの特徴の選び方が性能を決定づけてしまう。注目すべきデータの特徴を量的に表したものを特徴量と呼ぶ。

2 よい特徴量を人間が見つけ出すのは非常に難しいため、機械学習自身に特徴量を発見させるアプローチを特徴表現学習と呼ぶ。ディープラーニングは特徴表現学習を行う機械学習アルゴリズムの1つである。

3 ディープラーニングは階層ごとに単純な概念から複雑な概念を構築することができる特徴量を抽出していると考えられる。また、与えられた問題を解くために必要な処理（プログラム）に役立つ情報を特徴量として抽出しているとも考えられる。

4 機械学習は人間には理解できない特徴量を自動的に抽出してしまうので「判断理由を説明できないブラックボックス型の人工知能」だといわれている。

解答　4

解説

特徴表現学習をする機械学習の場合は、コンピュータが自動的に特徴量を抽出するため、特徴量が意味することを本当の意味で理解することはできません。ディープラーニングは特徴表現学習をする機械学習の１つです。「判断理由を説明できないブラックボックス型の人工知能」だといわれているのはディープラーニングであり、全ての機械学習がブラックボックス型というわけではありません。この問題に対処することを目的に、XAI（Explainable AI, 説明可能 AI）の研究も活性化しています。

問題23

ある店舗のある日の午後のビールの売り上げ予想のために用いる特徴量として**適切ではないと考えられるもの**を１つ選べ。

1　当日の午前中の平均気温
2　当日の午後の天気予報
3　前日の午後の入店者数
4　前日の購買者の平均年齢

解答　4

解説

特徴量は数値で表現できるデータの特徴です。上記の選択肢は、いずれも数値化できます（天気の場合は、晴れ「4」、曇り「3」、雨「2」、雪「1」のように数値を対応付けることで数値化できる）。ここで予想しているのはある店舗のある日の午後のビールの売り上げなので、前日の購買者の平均年齢を特徴量として利用しても意味がありません。

未来学者レイ・カーツワイルが主張する「シンギュラリティー（技術的特異点）」に関する説明として、**不適切なもの**を1つ選べ。

1 シンギュラリティーとは「人工知能が人間よりも賢くなること」で、それが起きるのは2029年頃であると予想してる。

2 シンギュラリティーが起きると、人工知能は自分自身よりも賢い人工知能を作れるようになり、その結果それ自身が無限に知能の高い存在を作り出せるようになる。

3 シンギュラリティーが起きた後は、知的なシステムの技術開発速度が無限大になるので何が起きるか予想できない。

4 シンギュラリティーが起きると、超越的な知性を持った人工知能が誕生し、人類に脅威をもたらすかも知れないと警鐘を鳴らす人々もいる。宇宙物理学者のスティーブン・ホーキング、テスラやスペースXのイーロン・マスク、マイクロソフト創業者のビル・ゲイツも脅威論に同調している。

解答 1

解説

レイ・カーツワイル自身は「シンギュラリティーが起きること」と「人工知能が人間よりも賢くなること」を区別して考えており、「人工知能が人間よりも賢くなる年」は2029年、「シンギュラリティーが起きる年」は2045年だと予想しています。特異点とはある基準が適用できなくなる点のことを指します。たとえば、重力特異点は一般的な物理法則が成り立たなくなる点であり、その点において何が起きるか予想できません。同様に、レイ・カーツワイルは「シンギュラリティー（技術的特異点）」が起きると、人工知能が自ら知的システムを改善するスピードが無限大になり、何が起きるか予想ができなくなると主張しています。

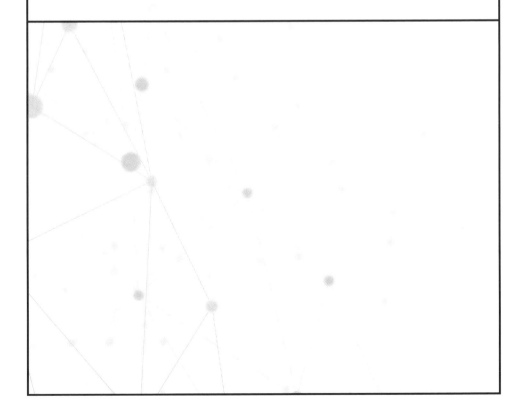

第**2**章

人工知能をめぐる動向

2-1. 探索・推論

本節では、第1次AIブームで中心的な役割を果たした探索・推論の研究について学びます。これらの研究の一部は今も脈々と続いています。

1. 探索・推論

1.1 迷路（探索木）

図2.1 のような迷路の問題を、コンピュータを使って解くことを考えましょう。

このままではコンピュータで問題を解くことができないため、最初に行うべきことは、迷路の問題をコンピュータで処理できるような形式に変換することです。

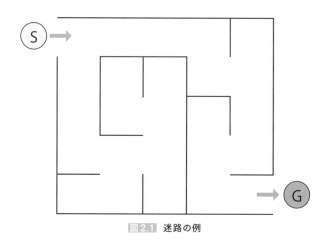

図2.1 迷路の例

まず、図2.2 のように、分岐があるところと、行き止まりのところに記号を付けてみましょう（行き止まりが灰色、分岐が白）。

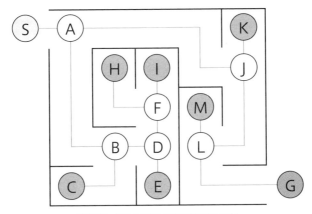

図2.2 行き止まりと分岐に記号を付与

　ここで迷路の枠を取り去ってしまうと 図2.3 のようになりますが、Ⓢを起点にぶら下げてみると、結局この迷路の問題は 図2.4 のような構造で表現できることになります。これは木のような構造（ツリー構造）をしているので、探索木と呼ばれています。

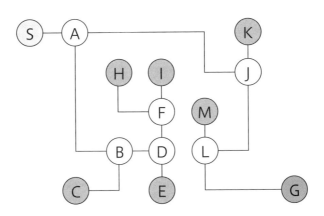

図2.3 迷路の枠を外す

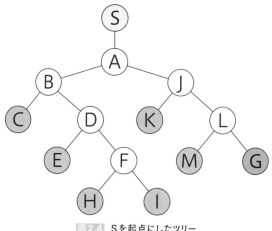

図2.4 Sを起点にしたツリー

　この探索木を⑤から追いかけて、⑥にたどり着く経路が見つかれば、それが迷路の回答ということになります。この迷路の場合は「⑤ → Ⓐ → Ⓙ → Ⓛ → ⑥」が正解になります。

　探索木とは、要するに**場合分け**です。場合分けを続けていけば、いつか目的の条件に合致するものが出現するという考え方を基礎にしています。コンピュータは単純な作業が得意なので、いくらでも場合分けを行い、いつしか正解にたどり着くわけです。

　場合分けによっていつしか正解にたどり着くという考え方に暗示されるように、探索にかかる時間は検索する方法によって変わります。基本的な検索をする手法としては、**幅優先探索**、**深さ優先探索**という2つの方法があります。

■ **幅優先探索**

　幅優先探索では、出発点に近いノード（探索木の各要素）順に検索します。したがって、出発点から遠いノードほど検索は後になります（**図2.5**）。幅優先探索であれば、**最短距離でゴールにたどり着く解**を必ず見つけることができます。しかし探索の途中で立ち寄ったノードをすべて記憶

しておかなければならないため、複雑な迷路になると**メモリ不足**で処理を続行できなくなる可能性があります。

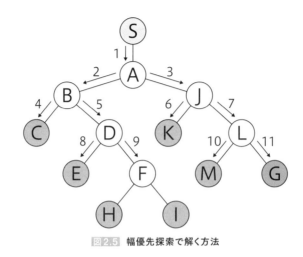

図2.5 幅優先探索で解く方法

■ 深さ優先探索

深さ優先探索では、あるノードからとにかく行けるところまで行って、行き止まりになったら1つ手前のノードに戻って探索を行うということを繰り返します（**図2.6**）。深さ優先探索の場合、解が見つからなければ1つ手前のノードに戻って探索し直せばよいので**メモリはあまり要りません**。しかし解が見つかったとしても、それが最短距離でゴールにたどり着く解であるとは限りません。また、運がよければいち早く解が見つかりますが、運が悪ければ時間がかかります。

この迷路の場合、幅優先探索ではゴールにたどり着くのに11ステップかかっています。また、深さ優先探索の場合は13ステップでゴールにたどり着いていることが分かります。

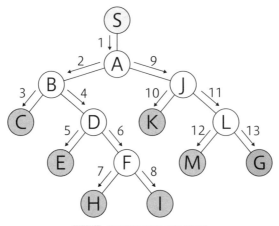

図2.6　深さ優先探索で解く方法

このようにどちらの方法も一長一短なので、実際にはこの2つの良いところを組み合わせる方法や、特殊なケースに限って速く探索できる方法などの研究が古くからされており、そういった研究の一部は今も脈々と続いています。

1.2 ハノイの塔

探索木を使ってハノイの塔というパズルも解くことができます。このパズルは、図2.7のように3本のポールがあり、最初はすべて左側のポールに大きさの異なる複数の円盤を小さいものが上になるように順に積み重ねられています（円盤の中央には穴があいています）。円盤は一回に一枚ずつ別のポールに移動させることができますが、小さな円盤の上に大きな円盤を乗せることはできません。このルールに従い、すべての円盤を右端のポールに移動できればパズルの完成です。

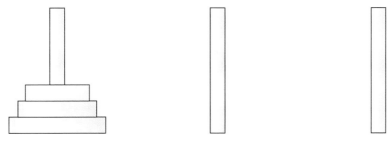
図2.7　パズル：ハノイの塔

　このパズルをコンピュータに解かせることを考えてみましょう。迷路の場合と同じように、まずコンピュータが理解できる形式に問題を変換する必要があります。円盤に小さいものから順番に1、2、3としておけば、円盤を数字として扱えます。また、3本のポールの位置は左からP、Q、Rと名前を付けておくことにしましょう。

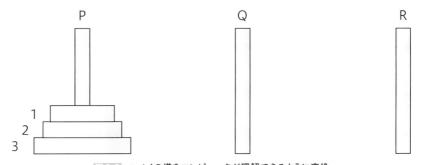
図2.8　ハノイの塔をコンピュータが理解できるように変換

　そうしておくと、ハノイの塔の状態は3つの円盤がどのポールに置かれているのか、その位置を順番に並べることで表現できます。たとえば、図2.8のハノイの塔の状態は3つの円盤が全てPの位置にあるので (P, P, P) と表現できます。また、(P, R, Q) と表現されたハノイの塔の状態は、1番目の円盤がPの位置に、2番目の円盤がRの位置に、3番目の円盤がQの位置にある状態を表していることになります。ただし2つ以上の円盤が同じ位置にある場合は、必ず大きな円盤が小さい円盤よりも下に置かれているものとします。そうすると、ハノイの塔は図2.9に描く探索木のように表現できます。

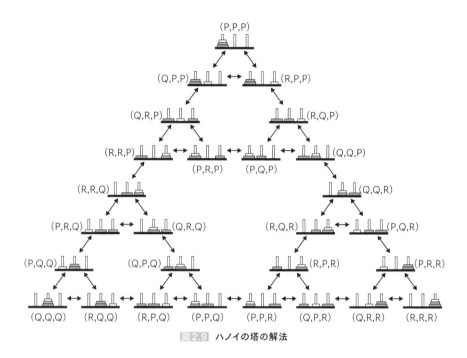

図2.9　ハノイの塔の解法

　すべての円盤をルールに従って右端のポールに移動するパスは複数存在しますが、最短で移動させるには一番右端のパスを選択すればよいことが分かります。

1.3 ロボットの行動計画

　ロボットの行動計画も探索を利用して作成できます。これはプランニングと呼ばれる技術で、古くから研究されています。図2.10 に示すように、ロボット、部屋、ゴミを含む環境を1つの状態と考え、また、ある状態から別の状態に遷移を表す矢印をロボットの行動とみなして構成した空間を探索空間と見なします。

　図2.10 は、ロボットが清掃済みのRoom1にいる状態を出発点（初期状態）として、ロボットが取り得る行動とその結果を図示したものです。ロボットに「すべての部屋をできるだけ短い時間で清掃しなさい」と命じたと

しましょう。この場合、下記のような行動計画を記述しておけば、ロボットはそれに従って行動することでミッションを達成できます。

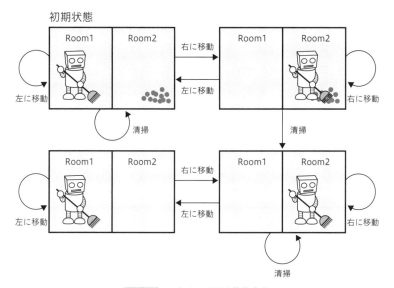

図2.10 ロボットの行動と状態変化

<前提条件>ロボットは清掃されたRoom1にいる状態
<行動>右に移動
<結果>ロボットは清掃されていないRoom2にいる状態

<前提条件>ロボットは清掃されていないRoom2にいる状態
<行動>清掃
<結果>ロボットは清掃されたRoom2にいる状態

このように、あらゆる状態<前提条件>について、<行動>と<結果>を記述しておけば、目標とする状態に至る行動計画を立てることができるわけです。

プランニングの研究では、<前提条件>、<行動>、<結果>という3つの組み合わせで記述するSTRIPS（Stanford Research Institute Problem

Solver）が有名です。

　また、このようなプランニングを「積み木の世界」で完全に実現する研究も行われました。SHRDLUは1968年から1970年にかけてテリー・ウィノグラードによって開発されたシステムで、英語による指示を受け付け、コンピュータ画面に描かれる「積み木の世界」に存在する様々な物体（ブロック、四角錐、立方体など）を動かすことができました。（図2.11）

　「積み木の世界」という限定された世界の中だけでしたが、次のように自然な会話をすることができました。この成果は後にCycプロジェクトにも引き継がれていきます（「2-2 1.5 オントロジー」参照）。

Person：CAN A PYRAMID BE SUPPORTED BY A BLOCK?
　　　　（四角錐をブロックの上に置くことはできますか。）
Computer：YES.（はい。）
Person：CAN A PYRAMID SUPPORT A PYRAMID?
　　　　（四角錐を四角錐の上に置くことはできますか。）
Computer：I DON'T KNOW.（分かりません。）
Person：STACK UP TWO PYRAMIDS.
　　　　（2つの四角錐を積み重ねてください。）
Computer：I CAN'T.（できません。）
Person：WHICH CUBE IS SITTING ON THE TABLE?
　　　　（どの立方体がテーブルの上にありますか。）
Computer：THE LARGE GREEN ONE WHICH SUPPORTS THE RED
　　　　　PYRAMID.
　　　　（赤色の四角錐が置かれている大きな緑色の立方体があります。）

・
・
・

Person：HOW DID YOU DO IT?

　　　（それをどうやったのか教えてください。）

Computer：BY PUTTING A LARGE RED BLOCK ON THE TABLE ; THEN LETTING GO OF IT ; THEN PUTTING A LARGE GREEN CUBE ON IT ; THEN LETTING GO OF THAT CUBE ; THEN PUTTING THE RED CUBE ON THAT CUBE; THEN LETTING GO OF THAT CUBE.

（テーブルの上に大きな赤色のブロックを置きました。そして、それを離しました。そして、大きな緑色の立方体をその上に置きました。そして、それを離しました。そして、その立方体の上にその赤色の立方体を置きました。そして、それを離しました。）

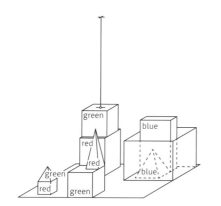 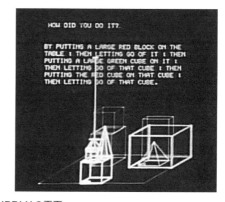

図2.11　SHRDLUの画面

（https://www.youtube.com/watch?v=bo4RvYJYOzI より）

　なお、このテリー・ウィノグラードはその後ヒューマン・コンピュータ・インタフェース（HCI）という研究分野に移り、Googleの創業者の1人、ラリー・ペイジを育てています。

1.4 ボードゲーム（オセロ・チェス・将棋・囲碁）

2016年3月、世界中が驚愕した歴史的な事件が起こりました。囲碁の世界でトップレベルの実力者である韓国のプロ棋士に、DeepMind社が開発した人工知能の囲碁プログラムAlphaGo（アルファ碁）が4勝1敗と大きく勝ち越したのです。このニュースには人工知能の研究者たちも驚きました。チェスや将棋ではコンピュータが既に人間のトッププロと互角以上の実力に達していましたが、手数が圧倒的に多く複雑な囲碁では、トップレベルに達するのに後10年はかかるだろうと思われていたからです。

ボードゲームをコンピュータで解く基本は探索ですが、その組み合わせの数が天文学的な数字になってしまうため、事実上すべてを探索しきれないという問題があります。代表的なボードゲームで組み合わせは 表2.1 のようになります。

オセロ	8×8の盤で駒が白黒で裏返しあり、約10の60乗通り
チェス	8×8の盤で駒が白黒6種類ずつ、約10の120乗通り
将棋	9×9の盤で駒が8種類ずつ、かつ獲得した駒が使える、約10の220乗通り
囲碁	19×19の盤（19路盤）で駒が白黒、約10の360乗通り

表2.1 代表的なボードゲームの組み合わせ

観測可能な宇宙全体の水素原子の数は約10の80乗個といわれているので、これらのゲームで起こり得る組み合わせが想像を絶するほど大きな数であることが分かります。木探索の基本は深さ優先探索、幅優先探索ですが、探索の深さが深くなるにつれて（組み合わせが多くなるにつれて）、計算量が指数的に増大します。ここまで組み合わせの数が大きいと、すべてをしらみつぶしに探索することは到底不可能です。

■ コスト

そこで、効率よく探索するためにコストの概念を取り入れます。たとえば、東京から大阪に移動する際に、どの経路や交通手段を使うかによって、時間や費用といったコストに違いが生じます。このような場合、あらかじめ知っている知識や経験を利用してコストを計算すれば、探索を短縮でき

ます。コストがかかり過ぎる探索を省略できるからです。ここで利用する知識を**ヒューリスティックな知識**と呼びます（注）。

> （注）「ヒューリスティック」という言葉は「経験的な」とか「発見的な」という意味がありますが、ここでは「探索を効率化するのに有効な」という意味で、探索に利用する経験的な知識のことを「ヒューリスティックな知識」と呼んでいます。人工知能で扱う問題の多くは、組み合わせの数が大きすぎて網羅的な探索では歯が立たないため、ヒューリスティックな知識の利用が重要になります。また、ヒューリスティックな知識を利用することで、不完全な情報でも探索や推論を進められるようにすることができます。人間の頭脳での推論（探索）も、このようなヒューリスティックな知識を有効に利用していると考えられます。

ボードゲームは迷路やパズルとは違い、相手がいます。そのため、自分が指した後に相手が指し、また自分が指して相手が指すということを繰り返す探索木を作らなければなりません（ 図2.12 ）。

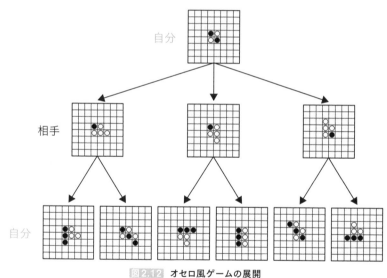

図2.12 オセロ風ゲームの展開

図2.12 に示したように、ボードゲームの探索木の各ノードはその時点でのゲーム盤の状態です。ここで、コンピュータが効率よく最良の手を探索できるように、それぞれの状態が自分にとって有利か不利かを示すスコア（コスト）を情報として保持させます（ 図2.13 の各数字）。ゲーム盤の状態のスコア（コスト）の計算方法は事前に決めておけばよく、駒の数や位置関係を元に計算するようにします。

■ **Mini-Max法**

　ゲーム戦略は**Mini-Max法**と呼ばれる手法を使って立てます。考え方は単純で、**自分の番では自分が有利（つまり自分のスコアが最大）になるように手を打つべきで、逆に、相手の番では相手が有利（つまり自分のスコアが最小）になるように相手は手を打つはずだ**ということを前提に戦略を立てるのです。

　その際、未来の局面から現在の局面に向けて逆算することで戦略を立てます。一般に、できるだけ遠い未来のゲームの状態を配慮すればするほど（ゲームを深く先読みすればするほど）思慮深い戦略を立てられますが、ここでは三手先まで先読みしてMini-Max法を適用した例を 図2.13 に示します。最初、各ノードの値（A～Hの値）は決まっていません。まず、三手先のゲーム盤のすべての状況における自分のスコアを計算します（スコアの算出方法は事前に決めておきます）。次に、これらのスコアを参考にしながら、

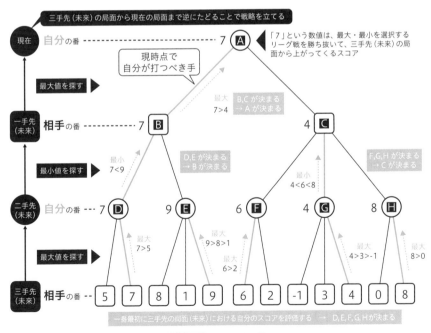

図2.13　Mini-Max 法

自分の番（D,E,F,G,H）ではスコアが最大（自分が有利）になる手を選び、相手の番（B,C）ではスコアが最小（相手が有利）になる手を相手が選ぶという前提で、三手先から現在の局面に向かって（枝の一番下から上に向かって）、各ノードのスコアを順に決定していきます。これにより、現在の局面から三手先の局面までお互いがベストを尽くした場合に実現する経路が最終的に決まるので（A→B→D→7）、現在の局面で自分が打つべき手も確定します。

■ αβ法（アルファベータ法）

Mini-Max法は単純なゲーム戦略ですが、論理的に考えて無駄な探索が生じます。その無駄を省く方法をαβ法と呼びます。αβ法では評価（スコア計算）する必要のないノードは探索対象から外してしまいます。つまり、不要な処理を端折ってしまうわけです。以下、この方法を具体的に説明します。

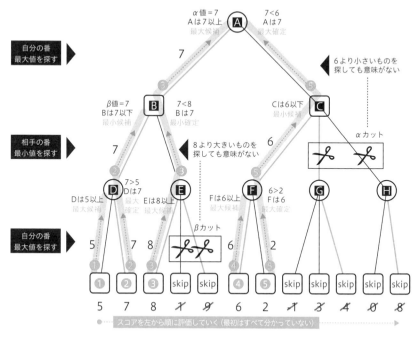

図2.14 αβ法

前出のMini-Max法の説明で用いた例に$\alpha\beta$法を適用したものが 図2.14 です。最初は、三手先のゲーム盤のスコアも各ノード（A〜H）の値もすべて分かっていない状態です。そこで、三手先の各スコアを1つずつ順番に評価（ 図2.14 では左から順に評価）しながら、下から上に向かって各ノードの値を決めていきます。まず、❶のスコアが「5」であることが分かると、「5」がDの値の最初の候補として採用され、それと同時にDの値は「5以上」になることが確定します。なぜなら、Dではスコアの最大値を探しているからです。続けて、❷のスコアが「7」と分かると、Dの値が「7」になることが確定し、それと同時に「7」がBの値の最初の候補になるので、Bは「7以下」であることが確定します。なぜなら、Bではスコアの最小値を探しているからです。さらに続けて、❸のスコアが「8」だと分かると、Eは「8以上」であることが確定します。なぜなら、Eではスコアの最大値を探しているからです。その結果、Bの値の候補として既に上がっている「7」（これをβ値と呼ぶ(注)）の方がEの値よりも必ず小さいことが確定し、「7」がBの値として採用されることが決まります。この段階で、Eの値は決してBの値として採用されないことが確定するので、Eの値に関するこれ以上の探索は無意味です。よって、Eの値の探索を打ち切ります。このように、スコアが最小となるものを選択する局面で（つまり、相手の局面で）、探索する必要のない自分の枝を切り落とす行為を「βカット」と呼びます。

　ところで、Bの値が「7」であることが確定すると、それはAの値の最初の候補が「7」になるということでもあるので、Aが「7以上」になることも確定します。なぜなら、Aではスコアの最大値を探しているからです。

　さらに続けて、「βカット」によって2つのスコア計算をスキップした後、❹のスコアが「6」だと分かると、「6」がFの値の最初の候補として採用され、それと同時にFの値は「6以上」になることが確定します。なぜなら、Fではスコアの最大値を探しているからです。続けて、❺の値が「2」であることが分かるとFの値が「6」になることが確定し、それと同時に「6」がCの値の最初の候補になるので、Cの値は「6以下」であることが確定します。なぜなら、Cではスコアの最小値を探しているからです。その結果、A

の値の候補として既に上がっている「7」（これを α 値と呼ぶ^(注)）の方がC
の値よりも必ず大きいことが確定し、「7」がAの値として採用されること
が決まります。この段階で、Cの値は決してAの値として採用されないこと
が確定するので、Cの値に関するこれ以上の探索は無意味です。よって、C
の値の探索を打ち切ります。このように、スコアが最大となるものを選択
する局面で（つまり、自分の局面で）、探索する必要のない相手の枝を切り
落とす行為を「**α カット**」と呼びます。

（注）それまでに発見した自分の番で最も大きな評価値を「α 値」と呼び、それまでに発見した
相手の番で最も小さい評価値を「β 値」と呼びます。

1.5 モンテカルロ法

　コンピュータの処理能力が飛躍的に向上したことで、囲碁や将棋ソフト
は近年とても強くなっています。たとえば、第2回電王戦に登場した「GPS
将棋」は東京大学にある670台のコンピュータと接続して、1秒間に3億手
を読むといわれていたそうです。

　しかしながら、どんなに工夫しても囲碁クラスのボードゲームになる
と、探索するノード数は膨大です。深く探索すればするほど望ましい結果
を得られますが、特にゲームの序盤はコンピュータのメモリや探索時間を
いくら費やしても、また、どんなに効率よく探索しても全ての手を読み切
ることはできません。ところが、ゲーム後半になると、碁石が打てる場所は
限られてくるため、コンピュータがますます有利になっていきます。特に
最終局面ではコンピュータはまずミスをしないため、人間がコンピュータ
との対戦で勝つには序盤から中盤でいかに戦うかが重要になります。

　しかしそれでも、旧来の方式では、人間のプロレベルの棋士にコン
ピュータが勝つのは難しい状況でした。19×19の囲碁（19路盤）ではなく、
9×9の囲碁（9路盤）ですらコンピュータが人間のアマチュア初段に勝つ
のは難しかったのです。9×9の囲碁の場合は、組み合わせの数はチェスよ
り少ないので、コンピュータが人間に勝つのが難しいのは、探索しなけれ

ばならない組み合わせの数が多いということだけでなく、**ゲーム盤のスコア（コスト評価）**に問題があるようだということが分かってきました。ある意味、このスコアがゲームの強さを決めるわけですから非常に重要になりますが、典型的な旧来の方式では、過去の膨大な戦歴を元に局面のスコア（コスト評価）を人間が決めていたのです。

モンテカルロ法という手法では、ゲームがある局面まで進んだら、あらかじめ決められた方法でゲームの局面のスコアを評価するという方法を完全に放棄してしまいます。その代わり、どのようにスコアを評価するかというと、コンピュータが2人の仮想的なプレイヤーを演じて、完全にランダムに手を指し続ける方法でゲームをシミュレーションし、とにかく終局させてしまうのです。このようにゲームを終局させることを**プレイアウト**と呼びます。ある局面からプレイアウトを複数回実行すると、どの方法が一番勝率が高いか計算できるので、ゲームのスコアを評価できるのです（**図2.15**）。

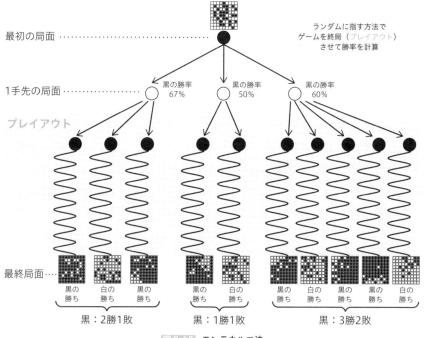

図2.15 モンテカルロ法

74

ゲーム後半は碁石が置ける場所が限定されるので、1秒間に数億手を読むことができるコンピュータであれば、ある局面から後のゲームをランダムに指してシミュレーションすることは実にたやすい作業です。モンテカルロ法の登場により、人間がスコアの付け方を考えるよりも、とにかく数多く打って最良のものを選ぶという評価方法の方が優れていることが分かり、9×9の囲碁では人間のプロ棋士とほぼ同じレベルになりました。

　しかし19×19の囲碁では、やはり人間のプロ棋士には全く歯が立たない状況が続きました。モンテカルロ法は素晴らしい発明ですが、人間の思考方法とは違ってブルートフォース（力任せ）で押し切る方法なので、探索しなければならない組み合わせの数が増えると、立ち行かなくなるからです。

　AlphaGoが19×19の囲碁で人間のプロ棋士に勝利したことがいかに画期的なことだったか分かるでしょう。その勝利の戦略はこれまでの方法とは全く異なるものでした。AlphaGoはブルートフォース（力任せ）の戦略ではなく、ディープラーニングの技術を使って人間の思考方法をコンピュータで実現し、人間のプロ棋士に勝利したのです（注）。

（注）将棋ソフトが強くなった理由の1つに、機械学習を適用してよりよい「特徴量」が発見されたことが挙げられます。 特徴量とは、注目すべきデータの特徴を表すものですが、以前は2つの駒の関係に注目していました。研究が進むにつれて3つの駒の関係を使って盤面を評価した方が有効だということが分かったのです。人間には見えていなかった相関関係を過去の棋譜というビッグデータから見つけ出したというわけです。

2-2. 知識表現

本節では、第2次ブームで中心的な役割を果たした知識表現の研究と
エキスパートシステムについて学びます。

1. 知識表現

1.1 人工無脳（知識なしでも知性があるように感じる 人間心理の不思議）

人工無脳は、チャットボット、おしゃべりボットなどと呼ばれているコン
ピュータプログラムです。特定のルール・手順に沿って会話を機械的に
処理するだけで、実際は会話の内容を理解しているわけではないので人工
無脳と呼ばれています。

■ イライザ（ELIZA）

人工無脳の元祖はイライザ（ELIZA）と呼ばれるコンピュータプログラム
で、1964年から1966年にかけてジョセフ・ワイゼンバウムによって開発さ
れました。このプログラムは、相手の発言をあらかじめ用意されたパター
ンと比較し、パターンに合致した発言があると、そのパターンに応じた発
言を返答する仕組みになっています（図2.16）。

イライザは下記のような自然な対話を、人間を相手に行うことができま
す。確かに、あたかも本物の人間と対話しているような錯覚（イライザ効
果）に陥ります。

イライザ：何か悩み事はありますか。
人間：男の人は皆、同じね。
イライザ：そのことについてどんなことを思っているのですか。
人間：いつも何かしらイライラさせられるの。

イライザ：何か具体的な例をあげてもらえますか。

人間：えーと、ボーイフレンドが私をここに来させたの。

イライザ：ボーイフレンドがあなたをここに来させたのですね。

人間：彼は私がいつも落ち込んでいるって言うの。

イライザ：あなたが落ち込んでるとは残念です。

人間：確かに私は落ち込んでるわ。

イライザ：なぜ落ち込んでいるのか話してもらえますか。

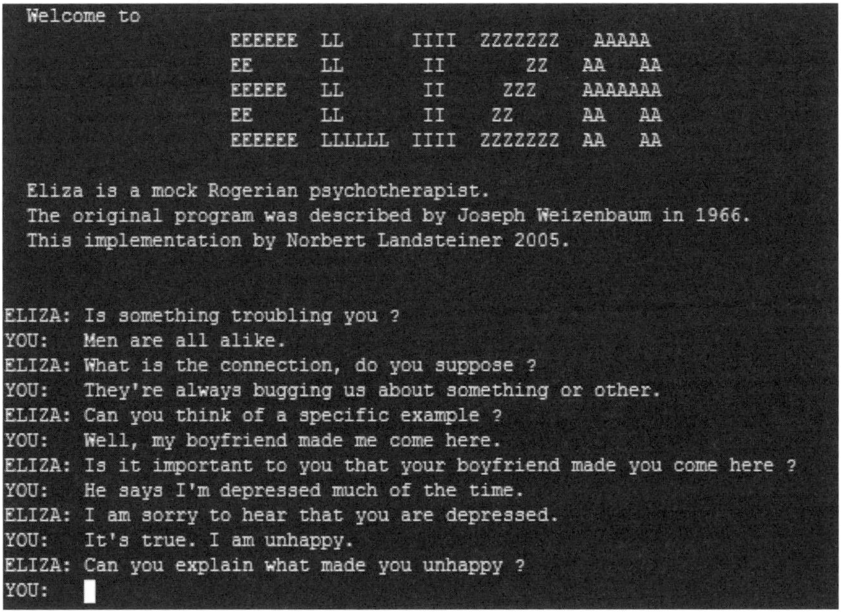

```
Welcome to
                    EEEEEE  LL      IIII  ZZZZZZZ  AAAAA
                    EE      LL       II        ZZ  AA  AA
                    EEEEE   LL       II       ZZZ  AAAAAAA
                    EE      LL       II       ZZ   AA  AA
                    EEEEEE  LLLLLL  IIII  ZZZZZZZ  AA  AA

    Eliza is a mock Rogerian psychotherapist.
    The original program was described by Joseph Weizenbaum in 1966.
    This implementation by Norbert Landsteiner 2005.


ELIZA: Is something troubling you ?
YOU:   Men are all alike.
ELIZA: What is the connection, do you suppose ?
YOU:   They're always bugging us about something or other.
ELIZA: Can you think of a specific example ?
YOU:   Well, my boyfriend made me come here.
ELIZA: Is it important to you that your boyfriend made you come here ?
YOU:   He says I'm depressed much of the time.
ELIZA: I am sorry to hear that you are depressed.
YOU:   It's true. I am unhappy.
ELIZA: Can you explain what made you unhappy ?
YOU:   █
```

図2.16 イライザとの対話

　イライザは基本的にオウム返しに相手の発言を再利用して発言するだけ
で、相手の発言を理解しているわけではありません。本物の知識を使って
対話をしているわけではないのです。しかし、イライザが自分の発言を理
解して応答してくれていると思い込み、イライザの対話原理を説明しても
納得せず、イライザとの対話に夢中になるユーザーもいました（イライザ
効果）。単純なルールに基づき機械的に生成された言葉でも、そこに知性が
あると感じてしまう人間の反応に驚いたジョセフ・ワイゼンバウムは、コ

ンピュータに意思決定を任せることの危険性を警告するようになりました。

イライザの成功は、後のコンピュータゲームやスマートフォンの音声対話システムに影響を与え、会話ボットや人工無脳の研究につながっています。また、イライザは心理療法の分野にも影響を与え、オンラインセラピストのシステムにも発展しています。

1.2 知識ベースの構築とエキスパートシステム

ある専門分野の知識を取り込み、その分野のエキスパート（専門家）のように振る舞うプログラムをエキスパートシステムと呼びます。

■ マイシン（MYCIN）

初期のエキスパートシステムとして最も影響力が大きかったのは、1970年代にスタンフォード大学で開発されたマイシン（MYCIN）です。

マイシンは血液中のバクテリアの診断支援をするルールベースのプログラムです。500のルールがあらかじめ用意されており、質問に順番に答えていくと、感染した細菌を特定し、それに合った抗生物質を処方することができるという、あたかも感染症の専門医のように振舞うことができました。

図2.17 は緑膿菌の判定例です。左側のルールで「もし（if）以下の条件が成立すると、そうしたら（then）、その微生物は○○である」と記述しておくと、右側のような対話を通してその細菌を特定できるという仕組みです。

マイシンは69%の確率で正しい処方をすることができました。これは感染症の専門医が正しい処方をする確率80%よりも低い水準ですが、専門医ではない医師よりはよい結果でした。

ルールの例	診断のための対話

```
(defrule 52
        もし、培地は血液であり、
  if     (site culture is blood)
        グラム染色はネガティブであり、
        (gram organism is neg)
        細菌の形が棒状であり、
        ( morphology organism is rod)
        患者の痛みがひどい、なら、
        (burn patient is serious)

  then .4
        細菌は緑膿菌と判定する
        (identity organism is pseudomonas)
```

```
Q：培地はどこ？
A：血液
Q：細菌グラム染色による分類の結果は？
A：ネガティブ
Q：細菌の形は？
A：棒状
Q：患者の痛みはひどいか、ひどくないか？
A：ひどい
→pseudomonas（緑膿菌）と判定
```

図2.17 マイシンのルールと対話の例

専門家の知識を扱っているということが分かりやすい医療の領域で、あたかも医師と対話しているような質問応答機能や説明機能を備えていたことで、マイシンは人工知能型システムの実例として大きな注目を集めました。

■ DENDRAL

スタンフォード大学で実用指向のAIを推進してきたエドワード・ファイゲンバウムは1960年代に未知の有機化合物を特定する DENDRAL というエキスパートシステムを既に開発しており、1977年に実世界の問題に対する技術を重視した「知識工学」を提唱しました。このように1970年代後半から1980年代にわたり、多くのエキスパートシステムの開発が行われるようになりました。

1.3 知識獲得のボトルネック（エキスパートシステムの限界）

知識ベースを構築するためには、専門家、ドキュメント、事例などから知識を獲得する必要があります。ドキュメントや事例から知識を獲得するためには、自然言語処理や機械学習という技術を利用することができますが、最大の知識源である人間の専門家からの知識獲得はとても困難でし

た。専門家が持つ知識の多くは経験的なものであり、また、その知識が豊富であればあるほど暗黙的であるため、それを自発的に述べてもらうことはほとんど不可能であり、上手にヒアリングで取り出さなければならなかったからです。このような事情から、知識獲得のための知的なインタビューシステムなどの研究も行われました。

さらに、知識ベースの構築において、獲得した知識の数が数千、数万となると、お互いに矛盾していたり、一貫していないものが出てきたりして、知識ベースを保守するのが困難になることも分かりました。

また、エキスパートシステムが扱うような一部の専門家だけが持つ高度な知識は明示的で体系化が終わっている場合が多いのですが、常識的な知識は暗黙的で明文化されていないことが多く、このような知識をコンピュータで扱うのはとても難しいことが分かってきました。その上、知識を共有したり再利用したりする方法も問題になりました。こうした問題を解決するために、コンピュータで知識を扱うための方法論が注目されるようになり、意味ネットワークやオントロジーなどの研究が活性化します。

1.4 意味ネットワーク

意味ネットワーク（semantic network）は、もともと認知心理学における長期記憶の構造モデルとして考案されたものです。現在では、人工知能においても重要な知識表現の方法の1つになっています。

意味ネットワークは、「概念」をラベルの付いたノードで表し、概念間の関係をラベルの付いたリンク（矢印）で結んだネットワークとして表します（図2.18）。

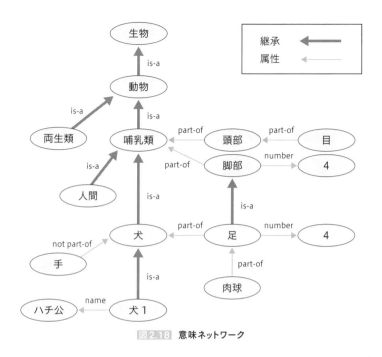

図2.18 意味ネットワーク

　特に重要な関係性として、「is-a」の関係（「である」の関係）は継承関係を表しており、たとえば「動物は生物である」、「哺乳類は動物である」ということを表現します。矢印が向いている側が上位概念で、矢印の始点が下位概念になります。下位概念は例外を指定しない限り、上位概念の属性をすべて引き継ぎます。

　また、「part-of」の関係（「一部である」の関係）は属性を表しており、たとえば「目は頭部の一部である」、「肉球は足の一部である」ということを表現します。

　意味ネットワークは人間にとって直感的で分かりやすく、また、ある概念に関連する知識がリンクを元にたどれるため知識の検索も容易です。

1.5 オントロジー（概念体系を記述するための方法論）

■ Cycプロジェクト

　エキスパートシステムのような知識ベースのシステムが柔軟な能力を発揮するには膨大な知識が必要になります。そのようなシステムで人間のように柔軟な知的能力を実現するには、広い範囲に及ぶ常識が必要になるということが広く認識されるようになり、この課題に挑戦するため、すべての一般常識をコンピュータに取り込もうというCycプロジェクトがダグラス・レナートによって1984年からスタートします。

　このプロジェクトでは、「ビル・クリントンはアメリカ大統領の1人です」「すべての木は植物です」「パリはフランスの首都です」といった一般常識をひたすら入力していくのですが、驚くべきことにこのプロジェクトは現在も継続中です。人間の一般常識がいかに膨大か、また、それを形式的に記述することがいかに難しいかということが分かります。

```
"ビル・クリントンは、アメリカ大統領の1人です"
(#$isa #$BillClinton #$UnitedStatesPresident)

"すべての木は植物です"
(#$genls #$Tree-ThePlant #$Plant)

"パリはフランスの首都です"
(#$capitalCity #$France #$Paris)
```

■ オントロジー

　知識を記述したり共有したりすることが難しいことが分かってくると、知識を体系化する方法論が研究されるようになりました。それがオントロジーの研究につながります。

　オントロジー（ontology）は、エキスパートシステムのための知識ベース

の開発と保守にはコストがかかるという問題に端を発しています。知識の共有と再利用に貢献する学問として知識工学が期待されるようになり、その中心的な研究として注目を集めました。

オントロジーは、本来は哲学用語で存在論（存在に関する体系的理論）という意味です。人工知能の用語としては、トム・グルーパーによる「概念化の明示的な仕様」という定義が広く受け入れられています(注)。

> (注) 元人工知能学会会長の溝口理一郎はオントロジー研究の第一人者で、オントロジーとは「対象とする世界の情報処理的モデルを構築する人が、その世界をどのように"眺めたか"、言い換えるとその世界には"何が存在している"とみなしてモデルを構築したかを（共有を志向して）明示的にしたものであり、その結果得られた基本概念や概念間の関係を土台にしてモデルを記述できる概念体系」であるとしています。

とても難しく聞こえますが、オントロジーの目的は知識の共有と活用なので、扱う知識や情報の意味構造をきちんと定義して扱うというのは極めて自然な発想です。オントロジーは、特定の領域の言葉の定義やその関連性を形式化し、それを用いて新たな知識の創出、共有のさまざまな局面に役立てようという試みなのです。

コンピュータで何らかの「知識」を扱おうとする場合、その知識を書く人が好き勝手に記述してしまうと、コンピュータに取り込まれた膨大な知識のどれとどれが同じ意味（または違う意味）を表しているのか分からなくなってしまいます。そこで、知識を記述する時に用いる「言葉（語彙）」や「その意味」、また「それらの関係性」を、他の人とも共有できるように、明確な約束事（仕様）として定義しておくわけです。

たとえば、意味ネットワークは概念と概念の関係を表現できますが、その記述をどのように行うべきなのかについての約束事は決まっていません。ですから、いろいろな人が知識を表現しようとすると、その知識の記述レベルや語彙がバラバラになり、それらをつなげて利用する（共有する）ことができません。オントロジーが用意されていれば、そこで定義された約束事に従って知識が記述されるので、知識をつなげて利用することが容易

になります（図2.19）。

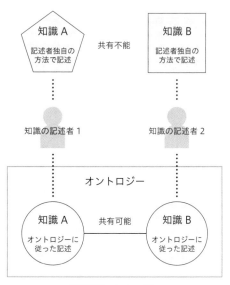

図2.19　オントロジー

　オントロジーを構築しておけば、そこで定義されている関係性を利用して、たとえばある単語を検索する際に、それと似た意味の言葉を一緒に検索することができます。また、複数のコンピュータが自動的に情報交換を行うようにすることもできます。複数のシステムと組み合わさった時に、そこから新しい知識を発見することも可能になるでしょう。

1.6 概念間の関係（is-aとpart-ofの関係）

　オントロジーにおいて、概念間の関係を表す「is-a」の関係（「である」の関係）と「part-of」の関係（「一部である」の関係）は特に重要です。

■「is-a」の関係

　「is-a」の関係（「である」の関係）は、上位概念と下位概念の関係を表しますが、その関係には推移律が成立します。推移律とはAとBに関係が成り立っており、BとCに関係が成り立っていれば、AとCにも自動的に関係が

成り立つというものです。たとえば、A＞BでありB＞Cであれば、A＞Cという関係が自動的に成立します。しかし、ジャンケンの場合、推移律は成り立ちません。つまり、関係の種類によって推移律が成立するものと、成立しないものがあります。

「is-a」の関係で推移律が成立するということは、「哺乳類 is-a 動物（である）」という関係と「人間 is-a 哺乳類（である）」という関係が成立すれば、「人間 is-a 動物（である）」という関係も成立することからも分かるでしょう（図2.20）。

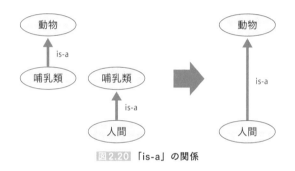

図2.20 「is-a」の関係

■「part-of」の関係

「part-of」の関係（「一部である」の関係）は、全体と部分の関係を表しています。たとえば「日本 part-of アジア」という関係が成立し、「東京 part-of 日本」という関係が成立していれば、「東京 part-of アジア」という関係が成立するので、「part-of」の関係の場合も推移律が成り立ちそうに見えます。

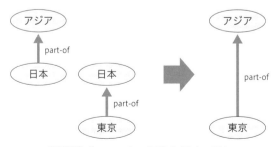

図2.21 「part-of」の関係が成り立つ場合

しかし実際には、「part-of」の関係の場合は推移律が成立するとは限りません。この認識は極めて重要です。たとえば、「指 part-of 太郎」の関係が成立し、「太郎 part-of 野球部」の関係が成立していても、「指 part-of 野球部」という関係が成立しないのは明らかでしょう。つまり、「part-of」の関係の場合は推移律が成立するものと、成立しないものがあるのです。

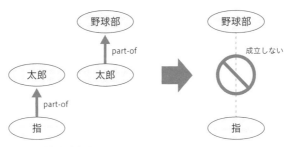

図2.22　「part-of」の関係が成り立たない場合

　このように「part-of」には**いろいろな種類の関係**があります。たとえば、「車輪 part-of 自転車」の場合は、自転車は車輪が取られてしまうと自転車ではなくなってしまいますが、車輪は車輪のままです。この関係は、先ほどの「指 part-of 太郎」と同じで、全体を文脈として部分の役割が決まります。「太郎 part-of 野球部」という関係は、野球部に所属する太郎という文脈で成立しますが、「指 part-of 太郎」という関係は、太郎の身体の一部であるという文脈において成り立つものなので、それぞれ異なる文脈で役割が決まっている2つは噛み合わなくなるわけです。

　他にも例をあげると、「木 part-of 森（木は森の一部）」の場合は、森から木を1本除いても森は森、木は木のままですが、「夫 part-of 夫婦（夫は夫婦の一部）」の場合は、夫婦から夫が除かれると夫婦は消滅し、夫はただの男になります。また、「ケーキの一片 part-of ケーキ全体（ケーキの一片はケーキ全体の一部）」の場合は、ケーキ全体から一切れのケーキを除いても、残された方も一切れの方もいずれもケーキですが、「粘土 part-of 花瓶（粘土は花瓶の一部）」の場合は、粘土が花瓶自身と同じであると考えられるので、粘土を取り除くと花瓶が消失してしまいます。

このように「part-of」の関係だけでも、最低5種類の関係があることが分かっています。私たちはほとんど意識せずに楽々とこれらの概念を操作していますが、コンピュータにこれを理解させるのは大変難しいのです。実際、上記の5種類の関係を正しくモデル化する言語の開発が望まれていますが、そのようなツールはまだ存在していません。

1.7 オントロジーの構築

オントロジーの研究が進み、知識を記述することの難しさが明らかになってくると、次の2つの流れが生まれます。

- 対象世界の知識をどのように記述すべきかを哲学的にしっかり考えて行うもの。
- 効率を重視し、とにかくコンピュータにデータを読み込ませてできる限り自動的に行うもの。

それぞれ、ヘビーウェイトオントロジー（重量オントロジー）、ライトウェイトオントロジー（軽量オントロジー）という2つの分類にほぼ対応しています。

■ ヘビーウェイトオントロジー

ヘビーウェイトオントロジーの場合は、その構成要素や意味的関係の正当性について哲学的な考察が必要なため、どうしても人間が関わることになる傾向が強く、時間とコストがかかります。一般常識を手動で全て取り込もうとするCycプロジェクトが、1984年の開始から未だに続いているのもその一例です。

■ ライトウェイトオントロジー

ライトウェイトオントロジーの場合は、完全に正しいものでなくても使えるものであればいいという考えから、その構成要素の分類関係の正当性については深い考察は行わない傾向があります。その現実的な思想は「コ

ンピュータで概念間の関係性を自動で見つけよう」という取り組みと相性がよく、たとえば、Webデータを解析して知識を取り出すウェブマイニングやビッグデータを解析して有用な知識を取り出すデータマイニングで利用されています。

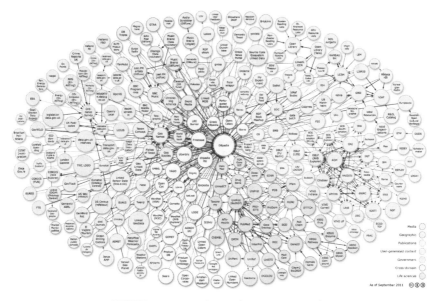

図2.23　セマンティックWeb（©Anja Jentzsch）

　こうしたオントロジーの研究は、セマンティックWeb（Webサイトが持つ意味をコンピュータに理解させ、コンピュータ同士で処理を行わせるための技術）や、LOD（Linked Open Data：コンピュータ処理に適したデータを公開・共有するための技術）⁽注⁾などの研究として展開されています（図2.23）。

（注）LOD（Linked Open Data）：従来のWebがHTML文書間のハイパーリンクによる人間のための情報空間の構築を目的としてきたことに対して、Linked Open Dataでは構造化されたデータ同士をリンクさせることでコンピュータが利用可能な「データのWeb」の構築を目指している。

1.8 ワトソンと東ロボくん

IBMが開発したワトソン（Watson）は、2011年にアメリカのクイズ番組ジョパディーに出演し、歴代の人間チャンピオンと対戦して勝利したことで一躍有名になりました（ 図2.24 ）。ワトソンは、基本的にはQuestion-Answering（質問応答）という研究分野の成果ですが、ウィキペディアの情報をもとにライトウェイト・オントロジーを生成して、それを解答に使っています。

図2.24 クイズ番組で人間と対戦するワトソン

ワトソンは、まず質問を分析して解答候補を複数選びます。そして、質問との整合性や条件をそれぞれの解答候補がどの程度満たしているかを複数の観点でチェックし、総合点を算出します。ワトソンは、ここで一番高い総合点が得られた候補を解答として選択するのです。つまり、ワトソンは質問の意味を理解して解答しているわけではなく、質問に含まれるキーワードと関連しそうな答えを高速に検索しているだけです。

もちろん、質問応答システムは長く研究されている分野なので、質問の分析や自然言語処理などで機械学習が取り入れられて進化しているものの、解答を選択する方法として利用している基本技術は従来のものとあまり変わりません。ただひたすら精度を出すための地道な努力の結晶だといえます。

さまざまなデータからライトウェイトオントロジーを生成して質問に答える環境は整ってきています。実際、ワトソンは実用レベルに達しており、

人工知能をめぐる動向

その応用範囲も拡大しています。IBMは開発当初、ワトソンを医療診断に応用するとしていましたが、「シェフ・ワトソン」という新しい料理のレシピを考えるような応用にも挑戦し、今ではコールセンター、人材マッチング、広告などなど、幅広い分野で活用されています。

　日本でも、東大入試合格を目指す人工知能、「東ロボくん」というプロジェクトが2011年にスタートし、2016年まで続けられました。2016年6月の進研模試では偏差値57.8をマークし、ほとんどの私立大学に合格できるレベルに達しました。しかし、「東ロボくん」は質問の意味を理解しているわけではないので、読解力に問題があり、何らかの技術的なブレイクスルーがない限り、東大合格は不可能という理由から2016年に開発が凍結されています。

2-3. 機械学習・深層学習

本節では、機械学習、ニューラルネットワーク、ディープラーニングの研究の歴史とそれぞれの関係について学びます。

1. 機械学習

1.1 データの増加と機械学習

　機械学習とは、人工知能のプログラム自身がデータから学習する仕組みです。コンピュータは与えられたサンプルデータを通してデータに潜むパターンを学習します。サンプルデータの数が多ければ多いほど、望ましい学習結果が得られます。たとえば、犬と猫を区別できるように機械学習で学習する場合、コンピュータが利用できる犬と猫のサンプル画像（サンプルデータ）が多ければ多いほど、学習後のテストで犬か猫かを間違える可能性が減ります（図2.25）。また、ある地域のアパートの1ヶ月の賃料を予測したいような場合も、サンプルデータが多ければ多いほど予測精度は上がります。

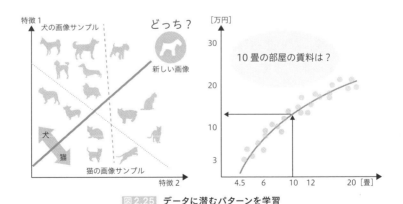

図2.25　データに潜むパターンを学習

　機械学習では、サンプルデータは複数の特徴の組み合わせで表現されます。例えば、アパートの賃料を示すデータが「広さ」と「築年数」という2つ

の特徴で構成されている場合、個々のサンプルデータは (8畳、築6年) といった2つの数値の組み合わせ、つまり2次元データとして表現されます。ここに、「最寄り駅からの距離」という特徴を加えると、3次元データになります。一般に、データの特徴が増えると、適切な学習を行うために必要なデータ量が著しく増加する傾向があります。この現象は「次元の呪い」として知られています。これは、データの次元 (データ空間の広さ) に見合ったデータ量がないと、データが不足している部分の学習が困難になる (汎化性能が落ちる) ために起きる現象です。そのため、多くの特徴を持つデータを機械学習で扱うには、次元 (特徴量) を減らす工夫や、多様かつ質の高いデータを大量に用意することが求められます。

　幸いなことに、1990 年にインターネット上にWebページが初めて作られ、その爆発的な増加とともにさまざまなデータが蓄積されるようになります[注]。しかし、十分なデータが蓄積されるまでは、大量のデータを必要としない手法が主流でした。その一つがルールベースの手法です。この手法では、システムや製品の振る舞いを人間が事前に決めておくので、システムの振る舞いを厳密に予測できます。また、特定の用途に特化した場合、非常に高い精度と効率を達成することが可能です。現在でも、日用品から医療や金融システムなど、高速かつ高い信頼性が求められるシステムで広く利用されています。一方で、ルールを設定すること自体が困難である場合も多く、ルールにない想定外の状況には柔軟に対応することが難しいというデメリットもあります。

　2000年以降、インターネットの普及によりデータが十分に蓄積されるようになったことで、機械学習はビッグデータ (インターネットの成長とともに蓄積された大容量のデータ) というキーワードと共に注目を集めるようになりました (図2.26)。

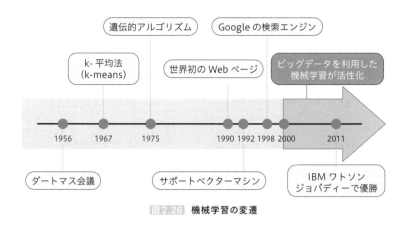

図2.26 機械学習の変遷

　機械学習は、もともと文字認識などのパターン認識の分野で長年蓄積されてきた技術ですが、インターネットの成長とともに急増したデータの存在が機械学習の研究を加速し、実用化できるレベルに達するに至りました。ユーザーの好みを推測するレコメンデーションエンジンや迷惑メールを検出するスパムフィルタなども、膨大なサンプルデータを利用できるようになった機械学習によって実用化されたアプリケーションです。

> （注）インターネット上のWebページは、1990年にティム・バーナーズ＝リーによって初めて作られて以来、爆発的に増え続けています。Googleの検索エンジンが登場したのが1998年で、同じ年に、データマイニングの研究を促すSIGKDD（Knowledge Discovery and Data Miningの分科会）という国際的な学会も創設されています。

1.2 機械学習と統計的自然言語処理

　インターネット上のWebページの爆発的な増加は、自然言語処理を利用したWebページ上の文字を扱う研究を加速し、その結果、統計的自然言語処理と呼ばれる分野の研究が急速に進展しました。統計的自然言語処理を使った翻訳では、従来のように文法構造や意味構造を分析して単語単位で訳を割り当てるのではなく、複数の単語をひとまとまりにした単位（句または文単位）で用意された膨大な量の対訳データをもとに、最も正解である確率が高い訳を選択します。

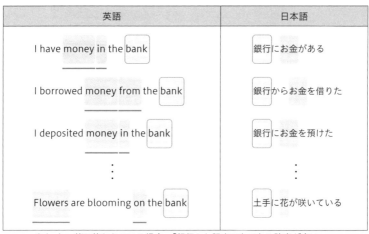

英語	日本語
I have money in the bank	銀行にお金がある
I borrowed money from the bank	銀行からお金を借りた
I deposited money in the bank	銀行にお金を預けた
⋮	⋮
Flowers are blooming on the bank	土手に花が咲いている

money や in と一緒に使われている場合、「銀行」と訳すべきである確率が高い

図2.27 統計的自然言語処理

　たとえば、「bank」という言葉には、「銀行」または「土手」という言葉が訳語候補となりますが、対訳データ（これをコーパスと呼びます）をたくさん持っていれば、「bank」の近くに「money」や「in」という単語が現れた場合は、「銀行」という訳になる確率が高いということを、機械学習を使って学ぶことができるわけです（図2.27）。

1.3 特徴量設計

　機械学習では、「注目すべきデータの特徴」の選び方が性能を決定付けます。

　たとえば、あるビールメーカーが機械学習を使って真夏のビールの売り上げを予測する場合、「気温のデータ」に注目すると精度の高い売り上げ予測ができそうです（図2.28）。しかし、ビールを出荷する先の「店舗の壁の色」に注目しても、意味のある予測はできないでしょう。店舗の壁の色はビールの売り上げとほとんど関係がないからです。

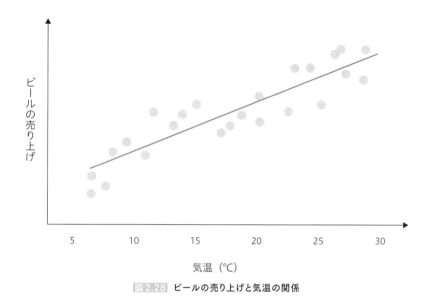

図2.28 ビールの売り上げと気温の関係

　注目すべきデータの特徴を量的に表したものを、特徴量と呼びます。つまり、先の例では「気温」を特徴量として選んだことになります(注)。この場合、機械学習は、特徴量として与えられたものを利用するだけで、特徴量そのものの選択には関わりません。特徴量の選択は人間が行うことになります(図2.29)。

　　(注) 本当に「気温」がよい特徴量であるという確信を得るには、与えられたデータをきちんと
　　　分析し、売り上げと気温の間に強い相関関係があることを発見しなければなりません。

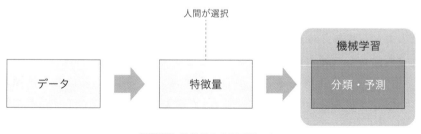

図2.29 特徴量は人間が見つける

正しい特徴量を見つけ出すのは一般に非常に難しいタスクです。たとえば、画像の中から車を見つけたい場合、私たちは車にタイヤがあることを知っているので、タイヤの存在を特徴量として使いたくなります。しかし、同じタイヤでも写っている角度が違えば見え方は大きく変わりますし、同じ角度で写っているタイヤでも昼と夜では白っぽくも黒っぽくもなるため、タイヤを特徴量として使うことが正しいとは限りません。

　このように、人間が特徴量を見つけ出すのが難しいのであれば、特徴量を機械学習自身に発見させればよいでしょう。このアプローチは特徴表現学習と呼ばれています（図2.30）。

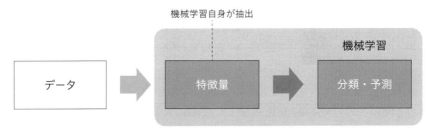

図2.30　特徴量の抽出まで含む機械学習

　ディープラーニング（深層学習）は、「特徴表現学習」を行う機械学習アルゴリズムの1つです。ディープラーニングは、与えられたデータの特徴量を階層化し、それらを組み合わせることで問題を解きます。

　たとえば、写真に写っている物体を分類する場合、ディープラーニングは入力として与えられた大量の画素データを元に特徴表現学習を行い、単純な概念から複雑な概念を構築することができる特徴量を抽出している（学習している）と考えることができます。図2.31は、いろいろな種類の「エッジ」が組み合わさることで「輪郭」が構築され、同様にいろいろな種類の「輪郭」が組み合わさることで「物体の一部」が構築される様子を端的に示したものです。

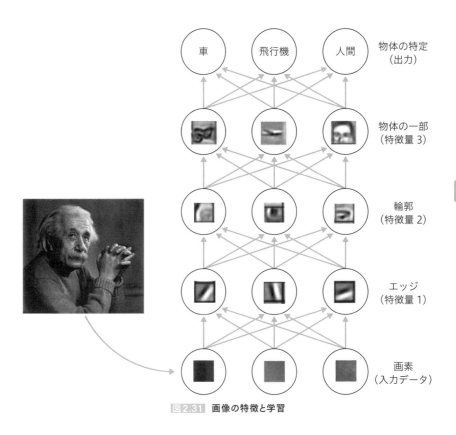

物体の特定
（出力）

物体の一部
（特徴量 3）

輪郭
（特徴量 2）

エッジ
（特徴量 1）

画素
（入力データ）

図2.31 画像の特徴と学習

　ディープラーニングに関するもう1つの視点は、ニューラルネットワーク自身が複数ステップのコンピュータプログラムを学習できるということです。

　このポイントを理解するには、次のように視点を切り換えます。ニューラルネットワークの各層を、「コンピュータが複数の命令を同時に実行する1つのステップ」だと見なします（図2.32）。この場合、階層構造が深くなるということは、ステップ数が多いプログラムを作ることができることを意味します。また、各ステップは順番に処理することができるので、後から実行する命令が、それよりも前に実行された命令の実行結果を利用するプログラムを作ることもできます。つまり、ニューラルネットワーク自身が、複数ステップのコンピュータプログラムを作ることができる（学習できる）ということになります。

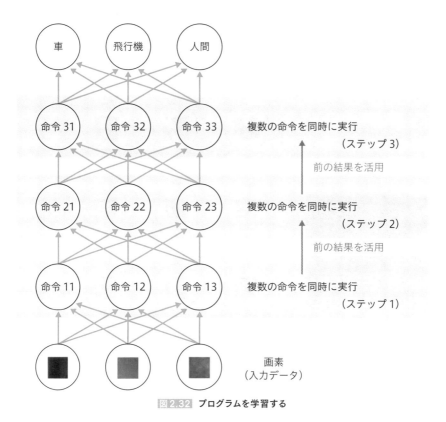

図2.32 プログラムを学習する

　この視点に立てば、特徴量は入力データとは無関係で、**与えられた問題を解くために必要な処理（プログラム）に役立つ情報**が特徴量として抽出されていると考えることができるわけです。

　このように、ディープラーニングで抽出される特徴量がどのようなものなのか、ある程度イメージすることはできます。しかしながら、ディープラーニングのように特徴表現学習を行う機械学習の場合は、コンピュータが自動的に特徴量を抽出するため、特徴量が意味することを本当の意味で理解することはできません。それが、ディープラーニングは「判断理由が示せないブラックボックス型の人工知能」であるといわれるゆえんです。人間の場合も、必ずしも明確に判断理由を説明できるわけではないので、人間と似ていると言えるかもしれません。

2. 深層学習（ディープラーニング）

機械学習は人工知能のプログラム自身がデータから学習する仕組みです。ニューラルネットワークを用いて実現する方法もその1つです。

2.1 ニューラルネットワーク

ニューラルネットワークは機械学習の1つで、生物の神経回路を真似することで学習を実現しようとするものです。

1943年、神経生理学者のウォーレン・マカロックと数学者のウォルター・ピッツが生物の神経細胞を単純化した最初のニューロンモデル（形式ニューロンモデル）を発表します。しかし、その振る舞いはあらかじめ固定されており、学習によって振る舞いを変えることはできませんでした。学習可能なニューロンモデルの元祖は、米国の心理学者フランク・ローゼンブラットが1958年に提案したパーセプトロンです（図2.33）。

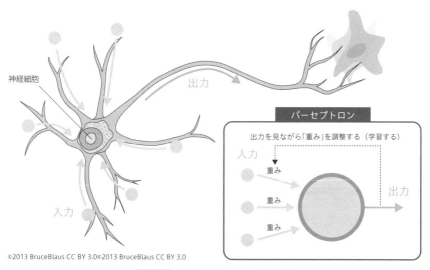

図2.33 神経細胞とニューロンモデル

これは1つの神経細胞（ニューロン）を単純化したモデルで、ニューロン

に接続している各入力の「重み」を調整することで（つまり、学習することで）、2つの対象を分離する直線を見つけることができました（ 図2.34 の左）。つまり、パーセプトロンは直線で分離可能な分類問題（たとえば、○と×を別々のグループに分ける問題）を解くことができるのです（詳細は4章の 4-1 「1.1 単純パーセプトロン」参照）。

1つの直線でグループを
分離できる

パーセプトロンの限界

直線で分離可能な分類問題

直線で分離できない分類問題

図2.34 2つの分類問題

　神経細胞を模したニューロンモデルを使って分類問題を解くことができたことで、人間の脳と同等の情報処理ができるようになるかもしれないという期待が高まり、ニューラルネットワーク研究に対する人々の関心がピークに達します。しかし、1969年にマービン・ミンスキーらによって、「パーセプトロンは直線で分離できない分類問題に対応できない」というパーセプトロンの限界（ 図2.34 の右）が明らかになると、ニューラルネットワークの研究はいったん下火になってしまいます。1940年代から1970年代初期は、ニューラルネットワークの第1次ブームと呼ばれています。

2.2 ディープラーニング（深層学習）

　深く多層化したニューラルネットワークを使って、データに潜む特徴を自動的に学習する手法がディープラーニング（深層学習）です（ 図2.30 ）。ニューラルネットワークを多層化すること自体は難しくありません（たとえば、 図2.35 の3層パーセプトロン）。しかし、多層化したニューラルネットワーク全体を学習させる方法は、1986年にデビッド・ラメルハートらが

誤差逆伝播法（バックプロパゲーション）という手法を提唱するまで広く知られていませんでした。それまでは、最後の層のニューロンだけを学習させることが一般的な限界だったのです。

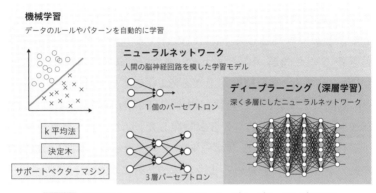

図2.35 機械学習、ニューラルネットワーク、ディープラーニングの関係

1986年、多層パーセプトロン（複数のパーセプトロンを階層的に接続したもの）とその学習法（誤差逆伝播法）をラメルハートらが提案し、ミンスキーらが指摘したパーセプトロンの限界を解決できることが分かると、第2次ニューラルネットワークブームが起きます。この時期、ニューラルネットワークの研究が再び活発に行われるようになり、現在のディープラーニングにインスピレーションを与える多くのアイデアが生まれました。

たとえば、生物の視覚系の神経回路を模倣したニューラルネットワークは1979年に福島邦彦がネオコグニトロンというモデルを発表していましたが、ネオコグニトロンが発表された当時は誤差逆伝播法がまだ知られていなかったため、すべての層のニューロンの重みを調整する（学習する）方法は存在しませんでした。1989年、ヤン・ルカンは、ネオコグニトロンと同等なアイデアを採用した「畳み込みニューラルネットワーク」の構造をLeNetと名付け、そのニューラルネットワークの学習に誤差逆伝播法を利用することを提案し、現在の画像認識ニューラルネットワークの基礎を築きました。

このままニューラルネットワークの階層をどんどん深くしていけば、実用性の高いディープラーニングは簡単に実現できるように見えましたが、実際には思いがけず時間がかかりました。

まず、誤差逆伝播法を使用して多層化したニューラルネットワークを学習させることができたとしても、当時のコンピュータでは計算に時間がかかり過ぎるという問題がありました。また、ニューラルネットワークを3層より深くしても、学習精度が上がらない、あるいは学習が困難になるという壁に直面します。そうした状況の中、1992年から1995年にかけてアメリカのベル研究所のヴァプニクらが開発した「サポートベクターマシン」と呼ばれる手（3章の**3-1**「**2.5** サポートベクターマシン」参照）が機械学習のアプローチとして人気を集めるようになり、第二次ニューラルネットワークブームは1990年代中頃に終焉してしまいます。

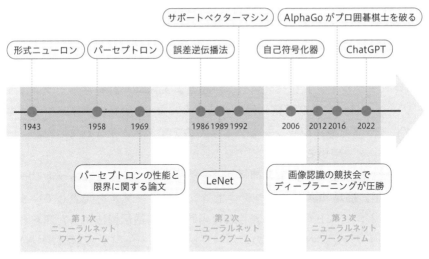

図2.36 **ディープラーニングの変遷**

ブームが去った後も、ニューラルネットワークの可能性を信じる研究者達によって研究が続けられ、現在の成功につながる基礎が築かれていました。多層にしても学習精度が上がらないという問題については、入力したものと同じものを出力するように学習する**オートエンコーダ（自己符号化**

器）（5章の「**5-4 オートエンコーダ**」参照）の研究や、層の間でどのように情報を伝達するかを調整する活性化関数（4章の「**4-6 活性化関数**」参照）の工夫などを足場にして、4層、5層と層を深くしても（つまりディープにしても）学習することが可能になりました（ 図2.36 ）。

こうした地道な研究の積み重ねにより、学習精度が高い多層のニューラルネットワークの構築が可能になり、データ量の増加とハードウェアの処理能力が向上したこともあって、ディープラーニングの躍進が始まります。

2.3 新時代を切り開くディープラーニング

2012年、画像認識の精度を競い合う競技会ILSVRC（ImageNet Large Scale Visual Recognition Challenge）でトロント大学のジェフリー・ヒントンが率いるSuperVisionが圧倒的な勝利を収めました。この競技会では、画像に写っているものが何なのかをコンピュータが推測する課題が与えられ、正解率を競い合います（実際にはどれだけエラーが少ないかを競い合います）。コンピュータは1000万枚の画像データを使って学習し、その学習成果をテストするために用意された15万枚の画像を使って正解率を測定するのです。

当時、画像認識に機械学習を用いるというのは常識になっていましたが、機械学習で用いる特徴量（注目すべきデータの特徴）を決めるのは人間でした。機械学習では、この特徴量の選び方の良し悪しが機械学習の性能を決定づけます。ですから、その性能は特徴量の選択を担当する人間の経験と知識がものをいう、職人芸に依存するといっても過言ではありませんでした。

世界中の画像認識の研究者（特徴量設計のプロ）が似たようなことを考えている中、他者を1%でも出し抜くことは非常に難しいチャレンジになるはずです。チャンピオンのエラー率は、この競技会が始まった2010年で28%、翌年2011年で26%になっており、既に職人芸の極みに達していました。よって、2012年の競技会では26%台の戦いになるはずだというのが大

方の予想でしたが、2位である東大のISIのエラー率を10%以上も引き離し、トロント大学のSuperVisionがエラー率15.3%という衝撃的な結果で優勝しました（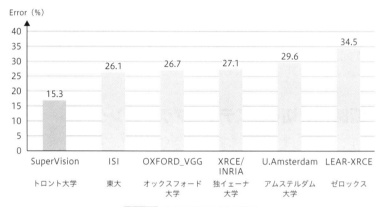図2.37）。

図2.37 ILSVRC 2012の結果

2012年に初参加したトロント大学がいきなりエラー率15%台をたたき出したのは、文字通り「桁違い」の勝利でした。この勝利をもたらしたものが、同大学のジェフリー・ヒントンが中心となって開発した新しい機械学習の方法「深層学習（ディープラーニング）」だったのです（この時に開発されたニューラルネットワークのモデルはAlexNetと呼ばれます）。

ディープラーニングの研究そのものは、2006年ごろからジェフリー・ヒントンが牽引して進められていましたが、その技術を画像認識に応用すれば、従来の機械学習よりも優れた結果を出せることを証明した瞬間でした。

2012年以降、ILSVRCのチャンピオンはすべてディープラーニングを利用しています。ディープラーニングの階層をより深くしたり、新しいテクニックを追加したりすることで画像認識エラーは激減し、2015年に人間の画像認識エラーである4%を抜いたことが大きな話題になりました（図2.38）。

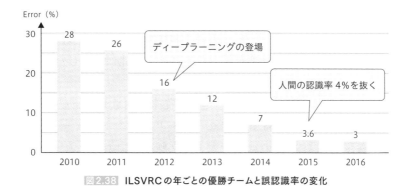

図2.38　ILSVRCの年ごとの優勝チームと誤認識率の変化

2.4 自然な文章を生成できる「大規模言語モデル」の登場

　2022年11月、AI界に新たな旋風を巻き起こしたのは、OpenAIが公開した革新的な対話システム、ChatGPTの登場でした。ChatGPTはGPTと呼ばれる大規模言語モデルを活用したサービスで、前例のないスピードでユーザー層を拡大し、個人や会社だけでなく、日本政府が行政業務の一部にその導入を早期に決めたことでも話題になりました。「生成AI」という言葉を広く社会に浸透させたのもChatGPTと言って良いでしょう。ChatGPTは、大量の文章を学習しているので、たくさんの候補の中から、文章の次に続く最も適切な単語を確率的に選ぶことが可能で、そうした選択を次々と繰り返すことで自然な文章を生成することができる「生成AI」なのです（図2.39）。

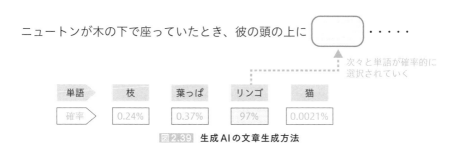

図2.39　生成AIの文章生成方法

　人間レベルの自然な文章を作成できる「生成AI」の技術は「トランスフォーマー（Transformer）」と呼ばれる技術に支えられています。それは、

2017年にGoogleの研究者が中心になって発表された「Attention Is All You Need（アテンションだけで十分）」という論文で提案された技術で、驚くほど柔軟かつ効率的にAIが言葉を学習することを可能にしました。

　統計的自然言語処理や、自然言語処理で従来利用されていたニューラルネットワーク（RNNやLSTM：5章の「**5-2　リカレントニューラルネットワーク**」参照）では、単語の意味を大きな文脈の中で（つまり、他の単語との関係性の中で）把握することが困難だっただけでなく、学習に恐ろしいほど時間がかかりました。「トランスフォーマー」は、文章中の単語の位置を考慮し、**単語と単語の関係性（これは「アテンション（注意力）」と呼ばれる方法を使って求められる）を広範囲にわたって学習**します（**図2.40**）。そうすることで、さまざまな文脈や状況で使われる単語の意味やニュアンスを深く理解できるだけでなく、文中の任意の単語間の関係性を複数同時に効率よく計算することを可能にしたのです。

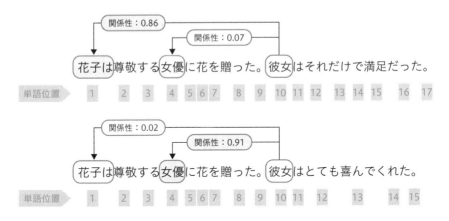

同じ「彼女」でも、上段では「花子」、下段では「女優」との関係性が大きいことを学習する。
図2.40　単語と単語の関係性（アテンション）

　大量の言語データを学習する能力を持つ、大規模なニューラルネットワークを「**大規模言語モデル（Large Language Model, 略称LLM）**」と呼びます。LLMは与えられた大量の文章を学習することで、一般的な言語の構造、文法、語彙などの基本を学びます。これを**事前学習**と呼びます。しかし

事前学習だけでは、学習した文章を単純に再現するだけになってしまいます。つまりそれだけでは、論理的な回答を生成したり、不適切な発言を避けたりすることを学んでいないため、人間が望ましいと考えるAIになりません。そこで、ファインチューニング（微調整）と呼ばれる学習を追加し、特定のタスクや応用分野に焦点を当てた訓練を行うことで、文脈を理解して論理的かつ適切な回答を生成する能力を向上させます。また、ユーザーのフィードバックを通じて間違いを修正し、継続的に学習と改善を行います。

LLMの規模は、学習によって調整可能なニューロンのパラメータ（重み）の個数で比較されます。2020年、OpenAIは、トランスフォーマーをベースとしたLLMの性能は、利用可能なデータ量や計算リソースに制限がなければ、パラメータの個数を多くすればするほど性能向上が見込めることを指摘しており、GPT（Generative Pre-trained Transformer）と呼ばれるLLMの規模を著しく拡大しました。ChatGPTはGPTをベースにしており、そのパラメータの個数は、GPT-2（2019年）は約15億個、GPT-3（2020年）は約1750億個、GPT-4（2023年）は1兆個を超える規模だといわれています。LLMが特定の規模に達すると、事前に想定されていなかった能力を獲得する（例えば、プログラムを生成する能力を獲得する）ことが報告されており、興味深い研究対象となっています。

章末問題

問題1

以下の文章を読み、空欄に当てはまる言葉の組み合わせとして、最も**適切なもの**を1つ選べ。

迷路をコンピュータに理解できる構造で表現する方法の1つに（　ア　）がある。これは枝分かれする木のような構造をしており、それぞれの枝が条件の異なる場合分けに対応している。これは、場合分け（枝）を追って行けばいつか目的の条件に合致するものが見つかるという単純な考えを基礎にしている。枝を探索する方法には（　イ　）と（　ウ　）があり、（　イ　）であれば最短距離でゴールにたどり着く解を必ず見つけることができるが、探索中にメモリ不足となる可能性がある。一方、（　ウ　）では、探索に大量のメモリを必要としないが、解が見つかったとしても最短距離でゴールにたどり着く解とは限らない。

1　（ア）検索木　　　（イ）深さ優先探索　　　（ウ）幅優先探索
2　（ア）検索木　　　（イ）幅優先探索　　　（ウ）深さ優先探索
3　（ア）探索木　　　（イ）深さ優先探索　　　（ウ）幅優先探索
4　（ア）探索木　　　（イ）幅優先探索　　　（ウ）深さ優先探索

解答　4

解説

探索木は、迷路を枝分かれする木のような構造で表現する方法の1つです。幅優先探索は、最短距離でゴールにたどり着く解を必ず見つけることができますが、たどった場所を全て記憶しておかなければならないため、メモリ不足で処理が続行できなくなる可能性があります。深さ優先探索は、探索に失敗した場合は1つ手前の場所に戻って探索し直せば良いので、たどった場所の多くを記憶しておく必要はありません。そのため、メモリ不足になることはありませんが、最短距離でゴールにたどり着くとは限りません。
［参照］2-1　「1.1　迷路（探索木）」

下図のような木構造で表された迷路において、スタート（S）からゴール（G）までたどり着くパスを探索する場合、最も**適切なもの**を1つ選べ。

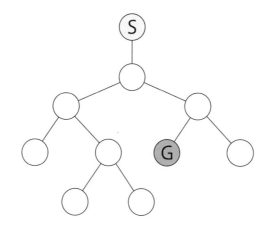

1　幅優先探索で3回
2　深さ優先探索で3回
3　幅優先探索で4回
4　深さ優先探索で4回

解答　4

解説

幅優先探索でGにたどり着くことができるのは、左側優先で探索した場合は6回、右側優先で探索した場合は5回です。深さ優先探索では、左側優先で探索した場合は8回、右側優先で探索した場合は4回となります（新しいノードに移った後は、必ず先に右側を探索するので、3回でゴールすることはできません）。

以下の文章を読み、空欄に最も**よく当てはまるもの**を1つ選べ。

　ボードゲームをコンピュータで解く基本は探索である。代表的なボードゲームでは探索の組み合わせの数は（　　　　）の順に大きくなるが、その組み合わせは天文学的な数であるため、事実上全てを探索することはできない。

　1　オセロ　＜　チェス　＜　将棋　＜　囲碁
　2　オセロ　＜　囲碁　＜　将棋　＜　チェス
　3　オセロ　＜　将棋　＜　チェス　＜　囲碁
　4　チェス　＜　オセロ　＜　将棋　＜　囲碁

解答　1

解説

探索の組み合わせが多いボードゲームほど難しいといえます。オセロとチェスは1997年に人工知能が人間のチャンピオンに勝利しました。将棋で人間のレベルを超えたのは2015年でしたが、囲碁では2015年時点でコンピュータの実力は人間のアマチュア6、7段程度でした。世界チャンピオンに勝つにはさらに10年はかかると思われていましたが、2016年3月9日に人工知能の囲碁プログラムAlphaGoが人間のチャンピオンに勝ち越しました。

探索空間が大きすぎて事実上すべてを探索できないという問題に対処する方法に関する説明として、**不適切なもの**を1つ選べ。

　1　ヒューリスティックな知識を利用してコスト計算を行い、コストが高すぎる探索は行わないようにすることで探索効率を上げることができる。

2 ブルートフォース法は、コンピュータが2人の仮想的なプレイヤーを演じて、完全にランダムに手を指し続ける方法でゲームをシミュレーションする方法である。

3 Mini-Max法はαカット、βカットという枝刈りを行うことで探索効率を上げることができる。

4 コンピュータが完全にランダムに手を指し続けて終局させてしまい、一番勝率が高い手を見つけ出す方法を「プレイアウト」と呼ぶ。

解答　2

解説

探索してもあまり意味がない部分（つまり、探索コストが高すぎる部分）がはじめから分かっていれば、その部分を探索対象から外すことで、効率の良い探索を遂行できます。問題はコスト計算の根拠となるコストをどのように手に入れるかですが、あらかじめ知っている知識や経験（これを「ヒューリスティックな知識」と呼びます）をベースにコスト計算するのが1つの方法です（選択肢1の方法）。Mini-Max法の探索木の枝を切り落とすことで探索効率を上げる方法を$\alpha\beta$法と呼びます（選択肢3の方法）。$\alpha\beta$法では、スコアが大きくなる枝を探している時に行う枝刈りをαカットと呼び、スコアが小さくなる枝を探している時に行う枝刈りをβカットと呼びます。

選択肢2は「ブルートフォース」ではなく「モンテカルロ法」の説明なので誤りです。そもそも「ブルートフォース（力任せ）」とは、コンピュータを使って力任せに処理を行うことなので、探索空間が大きすぎる場合は使えません。一方で、モンテカルロ法を使ってゲームをプレイアウトする方法は、ゲームをブルートフォースで押し切る方法だといえます（選択肢4の方法）。ゲーム後半は探索の組み合わせが少なくなるのでブルートフォースが可能になります。

[参照] 2-1「1.4　ボードゲーム（オセロ・チェス・将棋・囲碁）」

問題5

オントロジーに関する説明として、**不適切なもの**を1つ選べ。

1 オントロジーは、本来「存在論」という意味の哲学用語であるが、人工知能の用語としてはトム・グルーパーによる「概念化の明示的な仕様」という定義が広く受け入れられている。

2 オントロジーの研究は、エキスパートシステムのための知識ベースの開発と保守にはコストがかかるという問題意識に端を発している。

3 オントロジーの目的は知識の共有と活用である。そのため、知識を記述するときに用いる「言葉（語彙）」や「その意味」、また、「それらの関係性」を他の人とも共有できるように、明確な約束事（仕様）を体系的に決めておく。

4 Cyc（サイク）プロジェクトは一般常識を全てデータベース化しようとしたプロジェクトで、ダグラス・レナートにより1984年からスタートし2014年まで30年間続いた。

解答 4

解説

オントロジーは「存在論」という意味の哲学用語です。対象とする世界に存在するものをモデル化するための概念体系（「概念化の明示的な仕様」）をオントロジーと呼ぶようになりました。オントロジーの目的は効率よく知識を共有し活用することでした。そのために必要な約束事（仕様）がオントロジーです。Cycプロジェクトの「Cyc」は「Encyclopedia（百科事典）」に由来しています。一般常識を全てデータベース化しようとした野心的なCycプロジェクトは現在も続いています。

問題6

意味ネットワークに関する説明として、**適切なもの**を1つ選べ。

　意味ネットワークは「概念」と「概念間の関係」をネットワークとして表す。特に重要な関係として（　ア　）の関係と（　イ　）の関係がある。「哺乳類」と「動物」の関係は「（　ア　）の関係」、「足」と「犬」関係は「（　イ　）の関係」である。

1 （ア）is-a　　　　　（イ）named-from

2 （ア）named-from　　（イ）is-a

3 （ア）part-of 　　　（イ）named-from
4 （ア）named-from 　（イ）part-of
5 （ア）is-a 　　　　（イ）part-of
6 （ア）part-of 　　　（イ）is-a

解答 5

解説

この問題では、「哺乳類　is-a　動物」（哺乳類は動物「である」）、「足　part-of　犬」（足は犬の「一部である」）という関係が正解です。意味ネットワークは人間にとって直感的で分かりやすく、また、ある概念に関連する知識がリンクを元にたどれるので知識の検索も容易です。

［参照］2-2「1.4　意味ネットワーク」

問題7

「is-a」の関係と「part-of」の関係に関する説明として、**不適切なもの**を1つ選べ。

1 オントロジーにおいて、概念間の関係を表す「is-a」の関係（「である」の関係）は上位概念と下位概念の継承関係を表し、「part-of」の関係（「一部である」の関係）は属性を表す。

2 「is-a」の関係は推移律が必ず成立する。「哺乳類 is-a 動物」と「人間 is-a 哺乳類」という関係が成立すれば、「人間 is-a 動物」という関係が自動的に成立することを意味する。

3 「part-of」の関係でも推移律が必ず成立する。なぜなら、「日本 part-of アジア」と「東京 part-of 日本」と「東京 part-of アジア」が成立するからである。

4 「part-of」の関係には最低5つの関係があることが分かっており、コンピュータにこれを理解させるのは大変難しい。これら全ての関係を正しくモデル化できるツールはまだ存在していない。

解説

「is-a」の関係は推移律が必ず成立しますが、「part-of」の関係では推移律が成立するとは限りません。たとえば、「指 part-of 太郎」と「太郎 part-of 野球部」が成立しても「指 part-of 野球部」は成立しません。「指 part-of 太郎」は太郎の体の一部という文脈で成立し、「太郎 part-of 野球部」は太郎が野球部に所属しているという文脈で成立しており、それぞれ異なる文脈で役割が決まっている2つは噛み合いません。「part-of」の関係には他にもいろいろな種類のものがあり、最低5つの関係があることが分かっています。

問題8

オントロジーの構築に関する説明として、**不適切なもの**を1つ選べ。

1 オントロジーの研究（知識を共有するための概念体系に関する研究）が進むにつれ、知識を記述することの難しさが明らかになり、ヘビーウェイトオントロジー、ライトウェイトオントロジーという2つの流れが生まれた。

2 ヘビーウェイトオントロジーは、対象世界の知識をどのように記述するかを哲学的にしっかり考えて行う。ライトウェイトオントロジーは、完全に正しいものでなくても使えるものであれば良いという考え方から、とにかくコンピュータにデータを読み込ませてできる限り自動的に行う。

3 Webデータを解析して知識を取り出すウェブマイニングやビッグデータを解析して知識を取り出すデータマイニングは、ヘビーウェイトオントロジーと相性が良い。

4 オントロジーの研究は、セマンティックWebやLOD（Linked Open Data）などの研究として展開されている。

解説

ウェブマイニングやデータマイニングと相性が良いのは、「コンピュータで概念間の関係を見つけよう」という現実的な思想を持つ「ライトウェイトオントロジー」です。セマンティック Web は、Web サイトが持つ意味をコンピュータに理解させ、コンピュータ同士で処理を行わせるための技術のことで、LOD は Web 上でコンピュータ処理に適したデータを公開・共有するための技術のことです。セマンティック Web も LOD もオントロジーの研究をベースにしています。
[参照] 2-2「1.7　オントロジーの構築」

問題⑨

機械学習とデータに関する説明として、**不適切なもの**を１つ選べ。

1 機械学習はサンプルデータの数が多いほど望ましい学習結果が得られる。

2 2000年以降、インターネットの普及により急増したデータがビッグデータとして利用できるようになり、機械学習が実用化できるレベルに至った。

3 ディープラーニングが登場する前から利用されていたレコメンデーションエンジンやスパムフィルタは、高度な機械学習アルゴリズムを利用することで、ビッグデータを利用せずに実用化に成功したアプリケーションである。

4 インターネット上のWebページの爆発的な増加により、単語単位ではなく複数の単語をひとまとまりにした単位（句または文単位）で用意された膨大な対訳データ（コーパス）を利用できるようになり、統計的自然言語処理を使って最も正解である確率が高い訳を選択できるようになった。

解答　3

機械学習はサンプルデータの数が少ないと精度が高い学習を達成できません。インターネットの普及により急増したデータが機械学習の研究を加速させました。レコメンデーションエンジンやスパムフィルターは、ビッグデータを利用した機械学習を利用することで実用化に成功したアプリケーションです。機械翻訳は古くから人工知能の研究対象であったが、膨大な対訳データ（コーパス）が利用可能になったおかげで統計的自然言語処理の研究が急速に進展し、翻訳精度が向上しました。

問題10

画像認識に関する説明として、**不適切なもの**を1つ選べ。

1 2012年、画像認識の精度を争う競技会「ILSVRC」でジェフリー・ヒントンが率いるトロント大学のチームが開発したニューラルネットワークであるSuperVisionが圧勝した。

2 2012年以前のILSVRCで、画像認識に機械学習を用いることは既に常識になっていたが、機械学習で用いる特徴量を決めるのは人間だった。

3 2012年以降のILSVRCのチャンピオンは全てディープラーニングを利用している。

4 ディープラーニングは2015年に人間の画像認識エラーである4％を下回った。

1

SuperVision は、2012 年の「ILSVRC」に参加したジェフリー・ヒントンが率いたチームの名前です。SuperVision が開発したニューラルネットワークは「AlexNet」と呼ばれています。SuperVision は、2位である東大の ISI チームのエラー率を 10％以上引き離し、圧勝しました。2012 年以降の ILSVRC のチャンピオンは全てディープラーニングを利用しています。

第1次AIブームにおける「探索」に関する説明として、最も**不適切なもの**を1つ選べ。

1 幅優先探索はメモリがそれほど必要ないが、深さ優先探索は途中ノードを全て記憶するため多くのメモリが必要になる。

2 迷路に対して道の分岐パターンを網羅していくと、探索木を作成することができる。

3 探索木は要するに場合分けであり、こうした単純な作業はコンピュータが非常に得意とする処理である。

4 解に到達するまでの時間は、問題とその探索方法により異なる。

解答 1

解説

幅優先探索は、答えにたどり着くまでに立ち寄ったノードを全て記憶しておかなければならないため、メモリ不足になる可能性があります。深さ優先探索は、立ち寄ったノードが解ではない場合は、それを記憶せずに1つ手前のノードに戻って探索し直せば良いので、メモリはあまり必要ありません。

問題12

ビッグデータについて述べたものとして、最も**適切なもの**を1つ選べ。

1 ビッグデータとは、膨大な量のデータであり、データ量が1EB(10億GB)以上のものを指す。

2 ビッグデータとは、大容量のデータのうち構造化されたデータを指す。

3 ビッグデータを利用した機械学習が活性化したことが、第3次AIブームの一因である。

4 ビッグデータはそのデータ量が膨大であるため、データの更新頻度が低い。

解説

ビッグデータは膨大な量のデータを指しますが、その量に関する具体的な基準値は
存在しません。あらかじめ定義された形式に従わないデータを非構造化データと呼
びます。例えば、テキストデータ、画像データ、動画データ、オーディオデータな
どが非構造化データの例ですが、これもデータ量が膨大な場合はビッグデータと呼
ばれる対象になります。データ量が膨大だということとデータの更新頻度は無関係
です。

問題13

Mini-Max法を改良し、効率よく同じ結果が得られるようにしたアルゴリ
ズムの呼称として、最も**適切なもの**を1つ選べ。

1　モンテカルロ法　　　　　　　2　ブルートフォース法
3　プレイアウト法　　　　　　　4　$\alpha\beta$法

解答　4

解説

モンテカルロ法は数多くランダムに手を打ち、その中から最良の手を選ぶ方法で
す。「ブルートフォース（力任せ）」とはコンピュータを使って力任せに処理を行う
ことであり、プレイアウトとは最後までゲームを進めてしまう行為のことです。

問題14

以下の文章を読み、空欄に最も**よく当てはまるもの**を1つ選べ。

　（　　）はロボットの行動計画などのプランニングのための手法であり、前
提条件・行動・結果の3つで記述する。

1 STRIPS　　　　　　　　　2 SHRDLU

3 Cyc プロジェクト　　　　4 モンテカルロ法

解答　1

解説

STRIPS は、ロボット工学や AI における行動計画作成のための言語およびアルゴリズムのセットとして設計され、後の多くの計画システムや理論の発展に影響を与えました。SHRDLU は音声認識を使った対話で指示を受け取り、「積み木の世界」に存在する物体を動かすことをプランニングできました。Cyc プロジェクトは、全ての一般常識をコンピュータに取り込むことを目的に 1984 年にスタートし、現在もまだ続いています。モンテカルロ法は、数多くランダムに試行錯誤した結果から適切な解を推定する方法です。

2

人
工
知
能
を
め
ぐ
る
動
向

問題15

以下の文章を読み、空欄に最も**よく当てはまるもの**を 1 つ選べ。

　大規模言語モデルは与えられた大量の文章を学習することで、一般的な言語の構造、文法、語彙などの基本を学ぶが、それだけでは人間が望ましいと考える回答を生成できないため（　　　）と呼ばれる学習も行う。

1 トランスフォーマー　　　2 アテンション

3 ファインチューニング　　4 プリトレーニング

解答　3

解説

大規模言語モデルは、与えられた大量の文章を事前学習（プリトレーニング）することで、一般的な言語の基本構造を学んだ後、ファインチューニングと呼ばれる学習を行うことで文脈を理解し、論理的かつ適切な解答を生成する能力を向上させます。

トランスフォーマーとそれを用いた大規模言語モデル（LLM）に関する説明として、最も**不適切なもの**を1つ選べ。

1 トランスフォーマーを利用することで、同じ単語でも文脈や状況で意味やニュアンスが変わることを効率よく学習できる。
2 大規模言語モデルの性能は、学習データ量に関係なくニューラルネットワークのパラメータの個数を増やせば増やしただけ向上する。
3 大規模言語モデルが特定の規模を超えると、事前に想定されていなかった能力を獲得することが報告されている。
4 トランスフォーマーは文章中の単語の位置を考慮し、単語と単語の関係性を広範囲に学習する。

解答 2

解説

大規模言語モデルを構成するニューラルネットワークのパラメータの個数を増やしても、学習データや計算リソースが十分に足りていなければ性能向上は期待できません。

以下の文章を読み、空欄（ A ）（ B ）に最も**よく当てはまるもの**を1つ選べ。

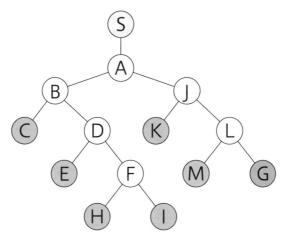

　ある問題をコンピュータで解くため、図のような探索木を考えた。これを幅優先探索で解くことを考える。「スタートS」から「ゴールG」まで左側のノードを優先して探索を行った場合と、右側のノードを優先して探索を行った場合では、（ A ）の方が探索回数は少なくて済む。また、幅優先探索は深さ優先探索と比較して、一般的に（ B ）という特徴がある。

1　（ A ）左側優先　　（ B ）ゴールに最短距離でたどり着く解を必ず見
　　　　　　　　　　　　　　つけられる
2　（ A ）左側優先　　（ B ）メモリの使用量が少なくて済む
3　（ A ）右側優先　　（ B ）ゴールに最短距離でたどり着く解を必ず見
　　　　　　　　　　　　　　つけられる
4　（ A ）右側優先　　（ B ）メモリの使用量が少なくて済む

解答　　3

解説

　左側優先（左側のノードを優先）して検索した場合、Gへは11ステップで到達します（P.61参照）。一方、右側優先（右側のノードを優先）して検索した場合、Gへは8ステップでゴールに到達できます。幅優先検索では、メモリの使用量が多くなってしまうというデメリットがありますが、ゴールに最短距離で到達できる解を必ず見つけることができるというメリットがあります。

迷路の問題を解く際に用いる探索木の探索において、深さ優先探索の説明として、最も**適切なもの**を1つ選べ。ここで迷路のスタートを探索木のルートとし、探索木の終端は行き止まりまたはゴールとする。

1 探索木のルートから先に順にたどっていく。行き止まりにたどり着いたら1つ上のノードに戻って別の経路を探索する。最短距離でゴールにたどり着く経路とは限らない。

2 探索木のルートから近いノードを優先して探索する。最短距離でゴールにたどり着く経路を見つけることができる。

3 探索木のルートから近いノードを優先して探索する。近いノード1つだけ選ぶのでメモリが必要ない。

4 探索木のルートから先に順にたどっていく。全ての経路を記憶するのでメモリが必要となる。

解答 1

解説

深さ優先探索ではメモリの使用量が少なくて済みますが、最短距離でゴールにたどり着く経路とは限りません。

第3次AIブーム以降、ディープラーニングの活用が進んだ理由として、最も**不適切なもの**を1つ選べ。

1 インターネットのサービスの普及と発展によって、Web上でデータ
 が扱われるようになったため。
2 コンピュータのハードウェアの性能向上と共に、ビッグデータを扱
 えるような基盤が発展したため。
3 ディープラーニングの優れたアルゴリズムの開発が進んだため。
4 実ビジネスでルールベースAIの有益性が低下したため。

解答 4

解説

ルールベースの AI は、特定の用途に特化した場合、非常に高い精度と効率を達成することが可能です。現在でも、日用品から医療や金融システムなど、高速かつ高い信頼性が求められるシステムで広く利用されています。

問題20

意味ネットワークを構築する上で重要となる概念間の関係性として、最も
適切なものを1つ選べ。

1 「is-a」の関係   2 「have-to」の関係
3 「to-be」の関係   4 「can-be」の関係

解答 1

解説

「is-a」の関係（「である」の関係）は、概念間の継承関係を表します。選択肢 2、3、4 のような関係は、意味ネットワークでは定義されていません。

1964年から1966年にかけてジョセフ゠ワイゼンバウムによって開発され
たイライザ（ELIZA）の説明として、最も**不適切なもの**を1つ選べ。

1 過去の膨大な会話ログから、機械が自律的に学習することで自然な
応答パターンをルール化できた。

2 あらかじめ用意されたパターンに合致すると、それに応じた発言を
返答する仕組みになっている。

3 単純なルールに基づき機械的に生成された言葉でも、そこに知性が
あると感じて夢中になる人が現れた。

4 相手の発言を理解しているわけではなく機械的な処理で返答してい
るだけなので、人工無能と呼ばれる。

解答　1

解説

イライザは相手の発言を理解しているわけではなく、基本的にオウム返しに相手の
発言を再利用しているだけでしたが、イライザと対話しているとあたかも本物の人
間と対話しているような錯覚（イライザ効果）に陥る人が続出しました。

ウェブマイニングやデータマイニングにおいて知識を取り出す取り組みと
して、最も**適切なもの**を1つ選べ。

1 知識の関係性は必ず正しいとは限らないので、ライトウェイトオン
トロジーに属する。

2 知識の関係性は必ず決まっているので、ヘビーウェイトオントロ
ジーに属する。

3 知識の関係性は必ず決まっているので、ライトウェイトオントロ
ジーに属する。

4 知識はでたらめなこともあるので、モンテカルロ法に属する。

解答 1

解説

ライトウェイトオントロジーの場合は、完全に正しいものでなくても使えるもので
あればいいという考えから、その構成要素の分類関係の正当性については深い考察
は行わないという傾向があります。

問題 23

以下の文章を読み、空欄に最も**よく当てはまるもの**を1つ選べ。

（　）は、血液中のバクテリアの診断支援をするプログラムで、「もし（if）
以下の条件が成立すると、そうしたら（then）、その微生物は○○である」の
ルールに基づいて判定を行う。

1 イライザ（ELIZA）　　　　　　2 エニアック（ENIAC）
3 マイシン（MYCIN）　　　　　　4 アルファゼロ（Alpha Zero）

解答 3

解説

マイシンは、あたかも感染症の専門医のように振る舞うことができました。

問題 24

知識獲得のボトルネックの説明として、最も**適切なもの**を1つ選べ。

1 人間から体系だった知識を引き出して、コンピュータに載せること
　　が困難であること。
2 探索や推論を行う上で、組み合わせが指数関数や階乗のオーダーで
　　爆発的に大きくなること。

3 大量の知識を処理する上で、コンピュータ計算速度が問題になった
　こと。
4 十分な知識を詰め込むためには、コンピュータの記憶容量は小さす
　ぎたこと。

解答 1

解説

人間が持っている知識は膨大で、専門知識だけでなく一般常識も含めた全ての知識
をコンピュータに獲得させることは難しいとされています。この難しさを「知識獲
得のボトルネック」と呼びます。

問題25

ディープラーニングによる機械学習が注目されるきっかけとなった2012
年の出来事として、最も**適切なもの**を1つ選べ。

1 アメリカのクイズ番組Jeopardy!において、ディープラーニングによ
　るアルゴリズムが人間の出演者に勝利した。
2 画像認識の精度に関する競技会のILSVRCにおいて、ディープラー
　ニングが既存の手法を大きく上回る精度を達成した。
3 東京大学への入試問題において、ディープラーニングを用いた回答
　を行う「東ロボくん」が合格ラインを突破した。
4 囲碁の対戦において、ディープラーニングを用いた自己対戦により
　獲得されたモデルが人間の世界チャンピオンを破った。

解答 2

解説

2012年に開催されたILSVRCでディープラーニングを用いた手法が圧勝し、
ディープラーニングが大きな注目を集めるきっかけとなりました。

問題 26

次元の呪いに関する説明として、最も**不適切なもの**を1つ選べ。

1 モデル作成時のデータの次元が高いと、機械学習の問題は解決が難しくなる場合が多い。
2 機械学習のモデルを作成する際に、想定できる最大の次元数まで増やさないと精度が出ないことが多い。
3 データの次元数が大きくなりすぎると、汎化性能が悪くなることが多い。
4 モデル作成時に利用するデータの次元数が増加すると、一連の変数に対して存在する構成のパターンが指数関数的に増加することが多い。

解答 2

解説

精度に影響する特徴を適切な数だけ選択できれば、学習モデルは適切な精度を出すことができます。

問題 27

次元の呪いについて、空欄（ A ）（ B ）に最も**よく当てはまるもの**を1つ選べ。

　次元の呪いは、特徴量が多くなりすぎると（ A ）の向上が困難となる現象のことをいう。それを避けるためには特徴量に見合った膨大な量のデータを用意するか、現実的には特徴量の中から必要なものを選び出す（ B ）や、できるだけ元の情報量を損なわないように低次元のデータに変換する次元削減といった手法が取られている。

1 （A）汎化性能　　（B）特徴選択
2 （A）汎化性能　　（B）モデル圧縮
3 （A）学習率　　　（B）特徴選択
4 （A）学習率　　　（B）モデル圧縮

解答　1

解説

特徴量が多くなりすぎると、データが不足している領域の予測が困難になります（汎化性能が向上ししにくくなります）。そのため、次元削減という手法を使って特徴量を減らす必要があります。

問題28

特徴抽出の説明として、最も**適切なもの**を1つ選べ。

1 あるデータからディープラーニングによって抽出された特徴量は、分類などのタスクに有用である。
2 ディープラーニングによる特徴抽出で得られた特徴は、サポートベクターマシン（SVM）などの他の機械学習モデルの入力としては使えない。
3 画像データは非常に複雑であるため、ディープラーニングによる特徴抽出は不可能である。
4 与えられたデータに対してニューラルネットワークなどのモデルで特徴抽出を行うと、必ずデータの次元は大きくなる。

解答　1

解説

ディープラーニングによって抽出した特徴は、データの分類問題を解くときにも有用です。

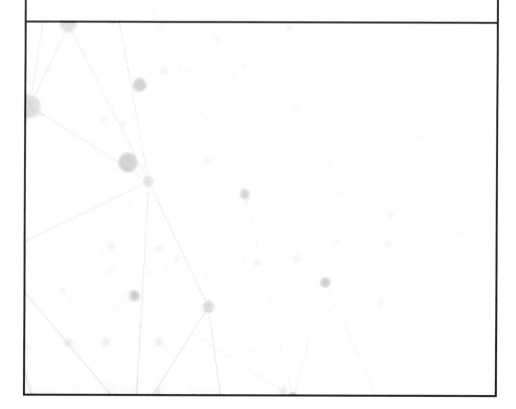

第 3 章

機械学習の具体的手法

3-1. 代表的な手法

本節では、機械学習にどのような手法があるのかについて見ていきます。機械学習で扱う問題の種類、そして各問題における代表的な手法について扱います。

1. 学習の種類

　機械学習と一口に言っても、どのような課題を解きたいかによって、アプローチは様々です。課題に関しては、個別に挙げていくとキリがないでしょう。そして、そうした課題のすべてが機械学習で解けるかと言うと、そのようなことはありません。機械学習にも向き・不向きが当然ながら存在します。ですので、どういった課題ならば機械学習を用いて解決することができるのか（あるいは少なくとも試みることができるのか）を把握しておくことは重要です。

　個別の課題はそれこそ千差万別ですが、実は課題の構造は共通である場合がほとんどです。そのため、課題を解決する手段は、次の３つにまとめることができます。

- 教師あり学習
- 教師なし学習
- 強化学習

■ 教師あり学習

　まず教師あり学習ですが、これは簡潔に表現すると「与えられたデータ（入力）を元に、そのデータがどんなパターン（出力）になるのかを識別・予測する」ものとなります。例えば、

- 過去の売上から、将来の売上を予測したい。
- 与えられた動物の画像が、何の動物かを識別したい。

といった例は分かりやすいでしょう。他にも、

- **英語の文章が与えられたときに、それを日本語の文章に翻訳したい。**

といったものも、「英語に対応する日本語のパターンを予測する」と考えれば、同様に教師あり学習の課題となることが分かるでしょう。すなわち、教師あり学習は入力と出力の間にどのような関係があるのかを学習する手法になります。

また、前述の例を見ると、何を予測したいのかも2種類あることが分かるかと思います。売上を予測したい場合は数字（連続する値）ですし、動物の画像の場合はカテゴリ（連続しない値）を予測することになります。前者のように連続値を予測する問題のことを回帰問題といい、後者のように離散値を予測する問題のことを分類問題といいます。どちらの課題になるかによって、用いる手法が異なりますので、注意が必要です。

■ **教師なし学習**

教師あり学習は入力と出力がセットとなったデータを用いますが、教師なし学習で用いるデータには出力がありません。では、教師なし学習では一体何を学習するのかと言うと、（入力）データそのものが持つ構造・特徴が対象となります。例えば、

- ECサイトの売上データから、どういった顧客層があるのかを認識したい。
- 入力データの各項目間にある関係性を把握したい。

といった時に、教師なし学習を用いることになります。

■ 強化学習

強化学習とはひとことで言うと「行動を学習する仕組み」と表すことができます。ある環境下で、目的とする報酬（スコア）を最大化するためにはどのような行動をとっていけばいいかを学習していくことです。

強化学習の枠組みは  図3.1 で書き表されますが、自動運転をこの図に対応させると、「エージェント」が車、「環境」がまさしく車が置かれている環境（場所）になります。車のまわりがどのような「状態」か（まわりの人や車、信号はどのようになっているかなど）を「環境」はフィードバックし、「エージェント」は受け取った「状態」からどうすべきか（走るか止まるか、直進か曲がるかなど）を判断し、実際に「行動」をとります。そうするとまたまわりの「環境」が変わり、その「状態」を「エージェント」にフィードバックし…を繰り返すことになります。

図3.1　強化学習

そして、「状態」をフィードバックする際、「エージェント」がとった「行動」がどれくらい良かったのかを「報酬」（スコア）として同様にフィードバックすることで、なるべく高い「報酬」が得られる「行動」をとるように学習が進む、という仕組みになっています。

ここまで見てきた通り、教師あり学習、教師なし学習、そして強化学習は対象とする課題の種類が異なるだけですので、どれが優れているか、といったことはありません。単純に問題や目的に応じて使い分けることになります。

2. 代表的な手法（教師あり学習）

　課題に応じて用いる機械学習が異なることが分かったところで、具体的な手法について見ていくことにしましょう。ただし、本書では数学的に厳密に理解するところまでは追求しません。どういったコンセプトに基づく手法なのかを見ていくことにします。

2.1 線形回帰

　線形回帰（linear regression）は統計でも用いられる手法で、最もシンプルなモデルの1つと言ってよいでしょう。データ（の分布）があったときに、そのデータに最も当てはまる直線を考えるというものです。図3.2 が線形回帰の例です。

　例えば横軸が身長、縦軸が体重の関係だとしましょう。既存の身長・体重の組み合わせから回帰直線を求めることによって、新しく身長のデータが与えられた際に、その直線上の値を返すことで体重を予測することができます。

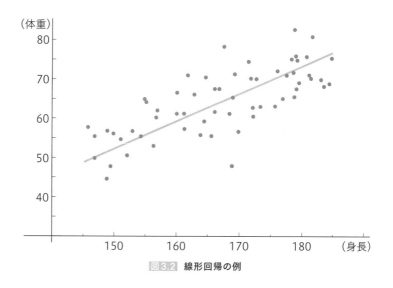

図3.2　線形回帰の例

例では2次元ですが、もちろんもっと次元が大きくても問題ありません。また、線形回帰に正則化項を加えた手法として**ラッソ回帰**（lasso regression）、**リッジ回帰**（ridge regression）があります。正則化については後述します。

また先の身長・体重の例では、1つの入力（身長）から出力（体重）を予測しましたが、このように1種類の入力だけを用いて行う回帰分析を**単回帰分析**と言います。これに対し、複数種類の入力を用いる場合を**重回帰分析**と言います。

2.2 ロジスティック回帰

線形回帰は回帰問題に用いる手法でしたが、その分類問題版と言えるものが、**ロジスティック回帰**（logistic regression）です。名前に「回帰」とついていますが、回帰問題ではなく、分類問題に用いる手法であることに注意してください。ロジスティック回帰では、**シグモイド関数**という関数をモデルの出力に用います。**図3.3**がシグモイド関数を図示したものです。

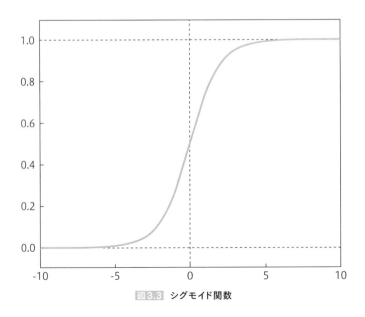

図3.3　シグモイド関数

任意の値を0から1の間に写像するシグモイド関数を用いることによって、与えられたデータが正例（+1）になるか、負例（0）になるかの確率が求まります。出力の値が0.5以上ならば正例、0.5未満ならば負例と設定しておくことで、データを2種類に分類できるようになるというわけです。

　このように、基本的には0.5を閾値として正例・負例を分類しますが、この閾値の設定を0.7や0.3にしたり、分類の調整を行うことができます。例えば迷惑メールの識別でロジスティック回帰を用いる場合、通常のメールが迷惑メールと判定されると問題なので、閾値を高めに設定しておく、といったケースが考えられます。

　また、分類問題では2種類の分類だけでなく、もっとたくさんの種類の分類を行いたいというケースも多々あるかと思いますが、そうした場合はシグモイド関数の代わりにソフトマックス関数を用いることになります。

　ソフトマックス関数は各種類の出力値をそれぞれ0から1の間、および出力値の合計が1になるような出力を行う関数です。すなわち、出力が確率分布になっていると解釈することができます。

　このように、予測したい出力が2種類なのかそれ以上なのかでモデルの式が変わってくる場合があるため、それぞれを区別するために前者を2クラス分類問題、後者を多クラス分類問題と呼びます。

2.3 ランダムフォレスト

　ランダムフォレスト（random forest）は決定木を用いる手法です。教師あり学習の手法は、結局のところ複数の特徴量（入力）をもとに予測結果を出力するわけなので、どの特徴量がどんな値になっているかを順々に考えていき、それに基づいて分岐路を作っていけば、最終的に1つのパターン（出力）を予測できるはずです。ここで作られる分岐路が決定木と呼ばれるものになります。

どういった分岐路をつくればいいかについては、データが複雑になればなるほど複数の組み合わせが考えられます。ランダムフォレストでは複数の決定木を作成し、各決定木で用いる特徴量をランダムに抽出することで特徴量の組み合わせ問題に対応します。ひとつの決定木で全ての特徴量を用いるのではなく、複数の決定木それぞれでランダムに一部の特徴量を抽出し、その抽出された特徴量を用いて具体的な分岐路をつくるわけです。

　また、学習に用いるデータも全データを使うのではなく、それぞれの決定木に対してランダムに一部のデータを取り出して学習に用います（これをブートストラップサンプリングと言います）。ランダムに抽出した特徴量とデータを用いて決定木を複数作成するので、ランダムフォレストと言うわけです。

　複数の決定木を作成するわけなので、当然予測結果はそれぞれの決定木で異なる場合が発生します。ランダムフォレストでは、それぞれの結果を用いて多数決をとることによって、モデルの最終的な出力を決定します。

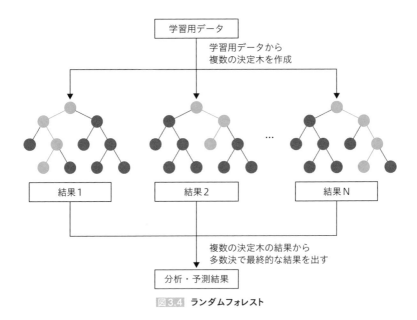

図3.4 ランダムフォレスト

これにより、もしどれか1つの決定木の精度が悪くても、全体的にはいわば集合知という形で良い精度が得られるはずだ、ということになります。

要は、ランダムフォレストというモデルは、その中で複数のモデルを試していることになります。このように複数のモデルで学習させることをアンサンブル学習と言います。また、厳密には全体から一部のデータを用いて複数のモデルを用いて学習する方法をバギング（bagging）と言い、ランダムフォレストはバギングの中で決定木を用いている手法、という位置付けとなります。

2.4 ブースティング

ブースティング（boosting）もバギングと同様、複数のモデルを学習させるアプローチをとります。バギングでは複数のモデルを並列に作成しましたが、ブースティングでは直列に作成、すなわち逐次的にモデルを作成するという点がバギングとは異なります。

例えばブースティングの中でも最も一般的な手法であるAdaBoost（Adaptive Boostingの略）は、直列につないだモデル（弱識別器）を順番に学習していく際、直前のモデルが誤認識してしまったデータの重みを大きくします。一方、正しく認識できたデータの重みは小さくします。これを繰り返すことによって誤認識したデータを優先的に正しく分類できるようにモデルを学習します。そして、最終的に複数のモデル（弱識別器）を1つのモデル（強識別器）として統合します。

また、勾配ブースティング（Gradient Boosting）は、データに重み付けをする代わりに、前のモデルの予測誤差を関数として捉え、それを最小化するように逐次的にモデルの学習を進めるというアプローチを取ります。これにより最適化計算を高速に解くことができる勾配降下法やニュートン法などの既存手法を適用することができ、さらにXGBoost（eXtreme Gradient Boosting）というアルゴリズムによって高速に学習計算をすることができ

るようになりました。

　ただし、ブースティングは逐次的に学習を進めていく分、バギング手法よりも学習に時間がかかってしまうのが通常です。その一方、誤認識を減らすように学習が進められるので、得られる予測精度は高くなる傾向にあります。

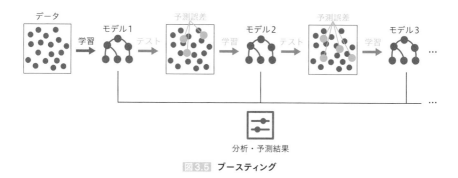

図3.5 ブースティング

2.5 サポートベクターマシン

　サポートベクターマシン（Support Vector Machine）はSVMとも呼ばれ、高度な数学的理論に支えられた手法であるために、ディープラーニングが考えられる以前は機械学習において最も人気のあった手法の1つでした。コンセプトは非常に明快で、（入力に用いる）異なるクラスの各データ点との距離が最大となるような境界線を求めることで、パターン分類を行うというものです。この距離を最大化することをマージン最大化と言います。これだけ聞くと非常に簡単に思えますが、実際は、

- 扱うデータは高次元。
- データが線形分類できない（直線で分類できない）。

という問題も想定しなくてはならないので、これらに対処する必要があります。

前者は単純に直線ではなく超平面を考えればよいわけですが、後者は何をもってマージン最大化となるかを考える必要があります。そこでSVMでは、データをあえて高次元に写像することで、その写像後の空間で線形分類できるようにするというアプローチがとられました。この写像に用いられる関数のことをカーネル関数と言います。またその際、計算が複雑にならないようにするテクニックのことをカーネルトリックと言います。

2.6 自己回帰モデル

自己回帰モデル（autoregressive model, ARモデル）は一般的に回帰問題に適用される手法ですが、対象とするデータに大きな特徴があります。それは、このモデルが対象とするのは時系列データであるということです。

　時系列データとはその名の通り、時間軸に沿ったデータのことを指します。例えば株価の日足の推移、世界人口の年ごとの推移、インターネット通信におけるパケット通信量の推移など、実社会には数多くの時系列データが存在します。そして、これらの将来の数値を予測したいという場面も数多く見受けられるでしょう。自己回帰モデルは、こうした時系列データの分析に用いられる手法となります。時系列データ分析のことを単純に時系列分析とも言います。

　時系列データを分析すると言っても、特別難しいことはありません。要は、過去のデータとの関係性を何かしらモデル化できれば良いわけです。下式が、自己回帰モデルを定式化したものとなります。過去のデータとの関係性を考えるので、時刻tから過去に向かって$t-1, t-2, \ldots t-n$と遡れる分だけ過去を見ていきます。

$$x_t = c + \sum_{i=1}^{n} w_i x_{t-i} + \epsilon$$
$$= c + w_1 x_{t-1} + w_2 x_{t-2} + \cdots + w_n x_{t-n} + \epsilon$$

ここで、$x_{t-1},\ x_{t-2},\ \dots\ x_{t-n}$がそれぞれ対象となる過去時刻の時系列データ、$w_i$がその過去時刻のデータに関する重み（パラメータ）、cが定数（データ全体の偏りを調整するための項）、ϵがデータに含まれるノイズ（モデル化できないもの）となります。いきなり式を見ると混乱してしまうかもしれませんが、要は過去のデータx_{t-i}が、予測したい現在のデータx_tに対し、それぞれどれくらいの影響度合いw_iをもっているかをそのまま表現しているに過ぎません。他の機械学習のモデルと同様「実現したいことを、数式で表す」ことを素直に行ったモデルです。

　また、上式における入力x_{t-i}は、1種類でも複数種類でも問題ありません。複数種類の場合、x_{t-i}はベクトルとなりますが、このときの自己回帰モデルをベクトル自己回帰モデル（vector autoregressive model、VARモデル）と呼びます。

3. 代表的な手法（教師なし学習）

3.1 階層なしクラスタリング（k-means法）

　教師なし学習は入力データにある構造や特徴をつかむためのものですが、そのうちのk-means法と呼ばれる手法は、データをk個のグループに分けることを目的としています。すなわち、元のデータからグループ構造を見つけ出し、それぞれをまとめる、ということになります。ただし、このk個のkは自分で設定する値となります。また、グループのことを正確にはクラスタ（cluster）と言います。データがどのようなクラスタに分けられるか分析することをクラスタ分析と言い、k-means法もクラスタ分析手法のひとつとなります。

　アプローチとしてはシンプルで、次のようになります。

1. まずは適当に各データをk個のクラスタに振り分ける。
2. 各クラスタの重心を求める。

3. 求まったk個の重心と各データとの距離を求め、各データを最も距離が近い重心に対応するクラスタに振り分け直す。
4. 重心の位置が（ほぼ）変化しなくなるまで 2、3を繰り返す。

　これにより、最終的にはk個のクラスタに分類されることが分かるかと思います。得られた各クラスタがどういったものなのかを解釈するのは、人間の作業になります。

　最初の「適当に各データをクラスタに振り分ける」処理に関しては、適当にk個の重心（の代わり）となる点を設定し、ステップ3のように、最も距離が近い重心に対応するクラスタにまずは各データを割り振る、という手順を踏むことが多いです（ 図3.6 ）。

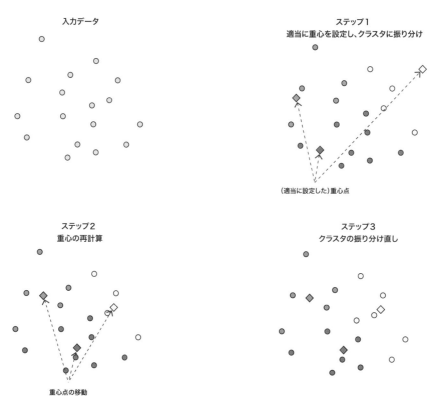

図3.6 k-means法の流れ

3.2 階層ありクラスタリング

　先ほどのk-means法はデータを別々のクラスタに並列に分類することを目的とした手法でしたが、クラスタの階層構造を求めるまで行う手法も存在し、代表的な手法に**ウォード法**や**最短距離法**などがあります。ウォード法は各データの平方和が小さい順にクラスタを作っていくことで階層構造を作り、最短距離法は最も距離が近い2つのデータ（クラスタ）を選び、それらを1つのクラスタにまとめることで階層構造を作ります。

　例えば **図3.7** 左のように、6つの点（データ）A, B, C, D, E, Fがあったとしましょう。このとき、最短距離法で階層構造を求めることを考えると、まず最も距離が近い2点はA, Bとなるので、A, Bをまとめます（クラスタAB）。続いて距離が近いのはC, Dの2点、そしてさらに次がE, Fの2点となるので、これらもそれぞれまとめます（クラスタCD, クラスタEF）。さて、次に距離が近いのはクラスタABとクラスタCDとなるので、これらをまとめます（クラスタABCD）。最後に、クラスタABCDとクラスタEFをまとめれば、すべてのデータがひとつのクラスタに属することになり、ここで終了となります。

　このクラスタリングにおける各クラスタは、**図3.7** 右のような樹形図で表すことができ、まさしくこれが階層構造を示しているに他なりません。この樹形図のことを**デンドログラム**（dendrogram）と言います。今回の例ではデータ数が少ないためデータひとつひとつの階層までを見ていますが、デンドログラムをどの深さまで見るかによって、階層構造を分析するクラスタは変化することになります。

図3.7 最短距離法によるクラスタリングのイメージ

3.3 主成分分析

　k-means法やウォード法はデータをクラスタに分類することでデータの構造をつかむ手法でしたが、主成分分析 (Principal Component Analysis、PCA) は、データの特徴量間の関係性、すなわち相関を分析することでデータの構造をつかむ手法になります。

　特に特徴量の数が多い場合に用いられ、相関をもつ多数の特徴量から、相関のない少数の特徴量へと次元削減することが主たる目的となります。特徴量が少なくなることによってデータの分析をしやすくなったり、教師あり学習の入力として用いる場合に計算量を減らせるといった利点があります。

　次元削減の手法としては、主成分分析以外に特異値分解 (Singular Value Decomposition, SVD) も、主に文章データを扱う場合によく用いられます。また、データの次元を2, 3次元まで削減することによって可視化を行う手法もよく用いられます。2次元への次元削減・可視化手法は多次元尺度構成法 (Multi-Dimensional Scaling, MDS)、2次元・3次元はt-SNE (t-distributed Stochastic Neighbor Embedding) が有名です。

3.4 協調フィルタリング

　協調フィルタリング (collaborative filtering) は、レコメンデーション (recommendation) に用いられる手法のひとつです。レコメンデーションは、文字通りレコメンドシステム (推薦システム) に用いられ、例えばECサイト等でユーザーの購買履歴をもとに好みを分析し、関心がありそうな商品をおすすめする、などに活用されています。Amazon の商品ページで表示される「この商品を買った人はこんな商品も買っています」の裏側には協調フィルタリングが用いられていたというのは有名な話です。

　協調フィルタリングの考え方はシンプルで、「対象ユーザーは買っていないが、似ているユーザーは買っている商品を推薦する」というものです。

ユーザー間の類似度を定義することで、類似度の高いユーザーが購入済の商品を推薦することができるわけです。例えば同じ商品へのレビュー評価の相関係数などが類似度として用いられます。ただし、「他のユーザーの情報を参照する」ことからも分かる通り、協調フィルタリングは事前にある程度の参考できるデータがない限り、推薦を行うことができません。これをコールドスタート問題（cold start problem）と言います。

これに対し、ユーザーではなく商品側に何かしらの特徴量を付与し、特徴が似ている商品を推薦するというコンテンツベースフィルタリング（content-based filtering）は、対象ユーザーのデータさえあれば推薦を行うことができるので、コールドスタート問題を回避することができます。ただし、反対にこちらは他のユーザー情報を参照することができないので、コンテンツベースフィルタリングのほうが優れている、というわけではありません。

3.5 トピックモデル

トピックモデル（topic model）は、k-means法やウォード法と同様クラスタリングを行うモデルですが、データをひとつのクラスタに分類するk-means法などと異なり、トピックモデルは複数のクラスタにデータを分類するのが大きな特徴です。トピックモデルの代表的な手法に潜在的ディリクレ配分法（latent Dirichlet allocation、LDA）があり、トピックモデルと言えばこのLDAを指すことも多いです。

トピックモデルという名前の由来は、文書データを対象とした際、各文書は「複数の潜在的なトピックから確率的に生成される」と仮定したモデルであるためです。例えばニュース記事を政治・経済・芸能・スポーツに分けようとした際に、どのトピックに分類されるかを、記事内に出てくる単語からそれぞれ確率で求めます。これにより、各文書データ間の類似度も求めることができるため、トピックモデルは似た文章を推薦する、すなわちレコメンドシステムに用いることができます。他にも、例えばECサイトに

おいて、先ほどの文書データをユーザー、単語を商品と考えると、ECサイトのレコメンドにも応用することができます。

4. 代表的な手法（強化学習）

4.1 理論概要

強化学習は環境から状態を受け取り、そこからより高い報酬を受け取れるような行動を選択するよう学習していくものでした。この枠組みをもう少し掘り下げて見ていくことにしましょう。

強化学習では、状態・行動・報酬のやりとりを1時刻ごと進めて考えていきます。時刻とはすなわちステップと考えると良いでしょう。時刻 0 からスタートして、ある程度進めたときの時刻を t とします。時刻 t における状態を s_t、行動を a_t、報酬を r_t と表すとすると、強化学習の枠組みは以下のようになります。

1. エージェントは時刻 t において環境から状態 s_t を受け取る
2. エージェントは観測した状態 s_t から行動 a_t を選択して実行する
3. 環境が新しい状態 s_{t+1} に遷移する
4. エージェントは遷移に応じた報酬 r_{t+1} を獲得
5. 得られた報酬をもとに、選択した行動の良し悪しを学習する
6. ステップ1.へ

このように表すことで、強化学習の目的を「将来にわたって獲得できる累積報酬を最大化する」すなわち、下式を最大化することと考えられるようになります。

$$R_t = r_{t+1} + \gamma r_{t+2} + \gamma^2 r_{t+3} + \cdots$$
$$= \sum_{k=1}^{\infty} \gamma^{k-1} r_{t+k}$$

　ここで、式中の γ は割引率（discount rate）と呼ばれるハイパーパラメータです。金融でも用いられる用語ですが、例えるならば「今の100円と1年後の100円ならば、今の100円のほうが価値がある」を数式で表現するためのものです。

　ここまでに出てきた表現を用いると、強化学習は「累積報酬 R_t を最大化するような状態 s_t と行動 a_t の対応関係を求めること」になります。どのような行動が取れるかの選択肢は複数あるわけですが、具体的にその中のどの行動が一番将来的に報酬が得られるのかを繰り返し学習することで見つけていくことになります。

4.2 バンディットアルゴリズム

　強化学習では将来の累積報酬が最大となるような行動を求める必要があるわけですが、一連の行動の組み合わせはそれこそ無数にあるので、どこまで行動の選択肢を考えるべきかが大きな課題となります。

　ここで用いられる考え方が活用（exploitation）と探索（exploration）です。それぞれ、活用とは「現在知っている情報の中から報酬が最大となるような行動を選ぶ」こと、探索とは「現在知っている情報以外の情報を獲得するために行動を選ぶ」ことを表します。

　強化学習に当てはめると（ある程度の試行の後）、報酬が高かった行動を積極的に選択するのが活用、逆に、他にもっと報酬が高い行動があるのではと別の行動を選択するのが探索になります。探索をせず活用ばかり行うと、最適な行動を見つけ出すことができない可能性が高まりますが、探索ばかり行っても、不要な行動ばかりを試してしまい時間がかかってしまう

という問題があります。このように、活用と探索はトレードオフの関係にあり、どうバランスをとるのかが鍵となります。

そこで用いられるのがバンディットアルゴリズム（bandit algorithm）です。バンディットアルゴリズムはまさしく活用と探索のバランスを取りましょう、というもので、ε -greedy方策（epsilon-greedy policy）やUCB方策（upper-confidence bound policy）などが具体的な手法です。

ε -greedy方策は、基本的には活用、すなわち報酬が最大となる行動を選択するが、一定確率 ε で探索、すなわちランダムな行動を選択するものです。それに対しUCB方策は、期待値の高い選択肢を選ぶのを基本戦略としつつ、それまで試した回数が少ない行動は優先的に選択するというものです。

また、いずれの手法名にも含まれている方策（policy）とは、「ある状態からとりうる行動の選択肢、およびその選択肢をどう決定するかの戦略」のことで、各行動を選択する確率表現となります。

4.3 マルコフ決定過程モデル

4.1において、強化学習ではエージェントの行動 a_t によって、状態が s_t から s_{t+1} に遷移すると述べました。実はここで、環境に対して暗黙的にある仮定を置いています。それはマルコフ性（Markov property）と呼ばれるもので、「現在の状態 s_t から将来の状態 s_{t+1} に遷移する確率は、現在の状態 s_t にのみ依存し、それより過去の状態には一切依存しない」という性質のことを指します。

本来、環境の状態やエージェントの行動、それに基づく報酬というのは、過去の一連のやりとりによって決まってくるので、過去の全ての事象に依存していると考えるのが普通でしょう。しかし、その全ての依存関係をそのまま素直にモデル化しようとなると、計算がとても複雑になり、扱いきれなくなってしまいます。

そこで、強化学習では環境に対してマルコフ性を仮定することによって、現在の状態 s_t および行動 a_t が与えられれば、将来の状態 s_{t+1} に遷移する確率が求まるようなモデル化を可能にしているわけです。そして、これは何も過去の状態を考慮していないわけではなく、時刻 t から $t+1$ の値を求めているので、逐次的に計算を繰り返すことにより、現在の値には過去の情報が全て織り込まれていることになります。また、一般に状態遷移にマルコフ性を仮定したモデルのことをマルコフ決定過程（Markov decision process）と言います。

4.4 価値関数

強化学習の目的は、現在の状態から将来の累積報酬が最大となるような行動を選択していくこと、すなわち最適な方策（戦略）を見つけることですが、ε -greedy方策などが用いられていることからも分かるように、実際に最適な方策を見つけ出すのは非常に困難な場合が多いです。

そこで、最適な方策を直接求める代わりに、状態や行動の「価値」を設定し、その価値が最大となるように学習をするアプローチが考えられました。方策は ε -greedy方策などを用いることにし、その下で、ある状態や行動によって得られる将来の累積報酬をその状態・行動の価値とすれば、価値が最大となる（状態・）行動が求まり、適切な行動を取れるようになるはずだというわけです。

具体的には、それぞれの価値を表す関数である状態価値関数（state-value function）および行動価値関数（action-value function）を導入します。

これらのうち大事なのが行動価値関数で、単純に「価値関数」と言った場合、行動価値関数を指します。また、式の文字から価値関数のことをQ値（Q-value）とも呼び、このQ値を最適化できれば、適切な行動が選択できるようになる、というわけです。Q値を最適化する手法にはQ学習（Q-learning）やSARSAがあります。

4.5 方策勾配

　最適な方策を見つけ出すのは非常に困難な場合が多く、だからこそ先ほどは価値関数を最適化していくという考え方をしましたが、実は直接最適な方策を見つけ出そうというアプローチも存在します。**方策勾配法**（policy gradient method）と呼ばれるその手法は、方策をあるパラメータで表される関数とし、（累積報酬の期待値が最大となるように）そのパラメータを学習することで、直接方策を学習していくアプローチです。

　方策勾配法は、ロボット制御など、特に行動の選択肢が大量にあるような課題で用いられます。というのも、行動の選択肢が大量にある場合、それぞれの価値を算出するだけでも莫大な計算コストがかかってしまい、学習が行えないという懸念があるためです。

　方策勾配法ベースの具体的な手法のひとつに**REINFORCE**というものがあり、AlphaGoにも活用されています。また、価値関数ベースおよび方策勾配ベースの考え方を組み合わせた**Actor-Critic**というアプローチも存在します。Actor-Criticは、行動を決めるActor（行動器）と方策を評価するCritic（評価器）から成っているのがその名前の由来です。

3-2. モデルの選択・評価

本節では、機械学習のモデルを評価するためにはどのような処理が必要なのかを見ていきます。特に、評価において、データをどのように扱うか、どのように評価するかが重要です。

1. データの扱い

　機械学習の手法は様々ですが、実際にそれぞれの手法で得られるモデルを用いる際は、それがどれくらいの予測性能をもっているのかを評価する必要があります。そして、どのように評価すればいいのかはとても重要です。不適切な評価に基づいて得られた「よい」モデルは、将来重大な過ちを導きかねません。ということで、モデルの適切な評価の流れについて、見ていくことにしましょう。

　そもそもの機械学習の目的は、手元にあるデータを学習することによってデータの特徴を掴み、未知のデータが与えられたときに、それがどういった出力になるのかを正しく予測できるようになることです。ですので、モデルの評価も、未知のデータに対しての予測能力を見ることが適切です。

　しかし、ここで問題があります。未知のデータは文字通り「未知」ですので、準備することができません。ではどうすればいいかと言うと、手元にあるデータから擬似的に未知のデータを作りだすことになります。すなわち、手元にある全データを、学習用のデータと、評価用のデータにランダムに分割して評価します。ここで分割されたデータのうち、学習用のデータを訓練データ、評価用のデータをテストデータと言います。また、このようにデータを分割して評価をすることを交差検証と言います。

　交差検証には2種類あります。基本的には事前にデータを訓練データとテストデータに分割するという方法でいいのですが、一方で、(特に全体の

データ数が少ない場合）たまたまテストデータに対する評価がよくなってしまう可能性が高くなります。そういったケースを防ぐために、訓練データ・テストデータの分割を複数回行い、それぞれで学習・評価を行うというアプローチが取られることもあります。前者を**ホールドアウト検証**と言い、後者を**k-分割交差検証**と言います。それぞれの分割のイメージは**図3.8**の通りです。

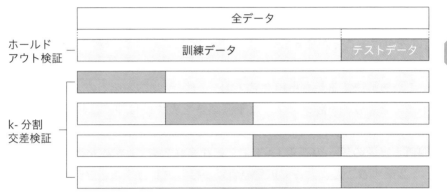

図3.8 ホールドアウト検証とk-分割交差検証

また、訓練データをさらに分割する場合もあります。その際に分割されたデータはそれぞれ**訓練データ**、**検証データ**と呼びます。すなわち、全データが訓練データ・検証データ・テストデータに分割されることになります。このとき、検証データで一度モデルの評価を行い、そこでモデルの調整をして最終的なモデルを決定、テストデータで再度評価という流れをとることになります。

2. 評価指標

2.1 予測誤差

　データを分割して評価するというアプローチが望ましいというのは前述の通りですが、具体的にモデルの良し悪しは何を基準に判断すれば良いでしょうか。例えば分類問題においては予測の「当たり・外れ」が明確に分かりますが、回帰問題は数値そのものを予測するわけですので、「当たり・外れ」を分けることができません。

　これを解決する最も単純なアプローチは、予測誤差をそのまま評価に用いることです。一番シンプルな予測誤差を表す値は平均二乗誤差（mean squared error, MSE）でしょう。これは文字通り、対象となる各データの予測値と実際の値との誤差（差分）をそれぞれ2乗し、総和を求めたものです。2乗することによって正負の誤差が打ち消し合うことを防ぐことができる・微分計算がしやすいなどのメリットがあります。

　例えば2つのモデルの性能を比較したい場合、それぞれのモデルでテストデータの平均二乗誤差値を求め、誤差値が小さいほうがより予測性能が高いモデル、という判断ができるわけです。また、平均二乗誤差の他にも、用いる値を小さくするために平均二乗誤差のルートをとった二乗平均平方根誤差（root mean squared error, RMSE）や、2乗の代わりに絶対値をとった平均絶対値誤差（mean absolute error, MAE）などが用いられることもあります。

　予測誤差の値はモデルの予測性能をそのまま表しているので、分類問題・回帰問題にかかわらずモデル評価に用いることができます。ただし、実際は前述の通り、予測の「当たり・外れ」をそのまま求めることができない回帰問題において特に用いられることになります。

2.2 正解率・適合率・再現率・F値

　予測の「当たり・外れ」を明確に分けることができる分類問題においては、「どれくらい予測が当たったか」がモデルの性能評価に用いられることになります。ただし、一口に予測の「当たり・外れ」と言っても、どういうデータに対して予測が当たったか・外れたかでその意味合いは大きく変わってきます。様々なケースを適切に評価できるよう、分類問題においてはいくつかの評価指標が定義されています。簡単な例を用いて各指標の中身を見ていくことにしましょう。

　例えば10,000枚のイヌ、オオカミの画像を用いて、別の2,000枚の画像がイヌなのかオオカミなのかを予測する簡単な分類問題を考えてみることにします。すなわち、訓練データ数が10,000枚、テストデータ数が2,000枚ということになります。

　このとき、予測値と実際の値は、それぞれイヌ・オオカミとあるので、全組み合わせは 表3.1 のように2×2=4通りあることになります。この組み合わせ表のことを混同行列（confusion matrix）と言います。

実際の値＼予測値	イヌ（Positive）	オオカミ（Negative）
イヌ （Positive）	真陽性 （True Positive：TP）	偽陰性 （False Negative：FN）
オオカミ （Negative）	偽陽性 （False Positive：FP）	真陰性 （True Negative：TN）

表内の偽陽性、偽陰性のことを、統計用語でそれぞれ
第一種過誤（type I error）、第二種過誤（type II error）と呼ぶこともあります。

表3.1 混同行列

　この中で、予測が当たっているのは真陽性と真陰性になりますから、普通に考えれば、

$$\text{正解率} = \frac{\text{真陽性のデータ数（TP）＋真陰性のデータ数（TN）}}{\text{全データ数（TP＋TN＋FP＋FN）}}$$

を求めれば、モデルの評価として適切だと考えられそうです。実際、この指標は正解率（accuracy）と呼ばれるもので、よく用いられる指標の1つになります。

　一方、正解率が適切でない場合もあります。例えば工場で出荷する製品が不良品かどうかを機械学習で識別するとしましょう。不良品は滅多にないはずですから、10,000個の製品の中に3個だけ混ざっているとします。このとき、仮に全部「不良品でない」と予測をすると、9,997個正解することになるので、正解率はなんと99.97%にもなります。しかし、実際は不良品を1つも見つけられていないわけですから、全く実用的ではありません。この場合は、「実際に不良品であるもののうち、どれだけ不良品と識別することができたか」を見るのが適切でしょう。

　このように、課題に対して機械学習を適用する場合は、何を評価したいのかを明確にしておかなければならない点に注意が必要です。課題ごとに用いられる指標として、代表的なものは次の通りです。

- 正解率（accuracy）

$$accuracy = \frac{TP + TN}{TP + TN + FP + FN}$$

  全データ中、どれだけ予測が当たったかの割合。

- 適合率（precision）

$$precision = \frac{TP}{TP + FP}$$

  予測が正の中で、実際に正であったものの割合。

- 再現率（recall）

$$recall = \frac{TP}{TP + FN}$$

  実際に正であるものの中で、正だと予測できた割合。

- F値 (F measure)

$$F \text{ measure} = \frac{2 \times \text{precision} \times \text{recall}}{\text{precision} + \text{recall}}$$

適合率と再現率の調和平均。適合率のみあるいは再現率のみで判断すると、予測が偏っているときも値が高くなってしまうので、F値を用いることも多い。

これらの指標を全部同時に用いて評価するよりも、目的に沿った指標を選択することが重要です。また、いずれの指標を使うにせよ、モデルの性能はテストデータ（および検証データ）を用いて評価・比較するということに注意してください。

例えば正解率で評価するとして、もちろん訓練データに対して正解率を高めることは重要です。正解率が上がらないのであれば、学習ができていないことになります。しかし、訓練データに対して仮に正解率が99％という結果が得られても、テストデータでは50％という結果になってしまっては意味がありません。そこで得られたモデルは、訓練データにのみ最適化されすぎている状態になっているわけです。機械学習の目的は、全データにある共通のパターンを見つけ出すことなので、訓練データにのみ通用するモデルは不適切です。このような状態に陥ってしまうことを過学習もしくは過剰適合（overfitting、オーバーフィッティング）と言います。

2.3 ROC曲線とAUC

2.2で扱った正解率などとはまた異なった観点でモデルの性能を評価するのがROC曲線（receiver operating characteristic curve）およびAUC（area under the curve）です。2クラス分類の問題を考える際、例えば3-1の2.2ロジスティック回帰においては、モデルの出力自体は確率で表現されていると説明しました。なので、基本的には0.5を閾値としてモデルの出力を正例（+1）か負例（0）かに分類しますが、閾値を0.3や0.7などに変えることによって、予測結果も変化することになります。そこで、この閾値を0から1に変化させていった場合に、予測の当たり外れがどのように変化していくのかを表したものがROC曲線となります。

ROC曲線を理解するために、2.2で出てきた混同行列の値を用いて、下式で表されるTPR, FPRを定義します（TPR, FPR はそれぞれTrue Positive Rate, False Positive Rateの略です）。

$$TPR = \frac{TP}{TP + FN}$$

$$FPR = \frac{FP}{FP + TN}$$

ここで、TPRは再現率（recall）と同じであることに注意してください。

ROC曲線は、横軸にFPR、縦軸にTPRを取り、閾値を0から1に変化させていった際の両者の値をプロットしていったものを指し、一般的（理想的）には 図3.9 のような形となります。ただし、この曲線の形はモデルの性能によって大きく変化し、もしモデルが全く予測ができない（ランダム予測と同じ）ならば、ROC曲線は図の点線部分と一致します。一方、もしすべてのデータを完全に予測することができるならば、ROC曲線は図の正方形の左上2辺と一致することになります。

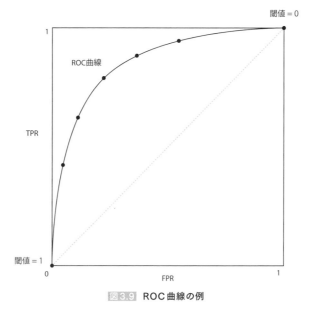

図 3.9 ROC曲線の例

　このように、ROC曲線は視覚的にモデル性能を捉えることができる指標となります。また、ROC曲線より下部の面積のことをAUCと呼びます。これにより、AUCが1に近いほどモデル性能が高いことを表すことになり、視覚的だけでなく、数値としてもモデル性能を評価できることになります。

3. モデルの選択と情報量

あるタスクを機械学習のモデルで解きたいというとき、「どんなモデルを使えば適切に予測ができるのか」については実験してみるまでは分かりませんが、「どんなモデルを試せるのか」に関しては多くの選択肢があります。手法も様々存在しますし、同じ手法の中でも、例えば決定木の深さを変えるなど、モデルの複雑さも様々調整ができます。

モデルを複雑にすればするほど複雑な表現ができる、すなわち難しいタスクも予測ができる可能性はあるわけですが、逆にいうと、表現しなくても良いノイズ部分まで表現してしまう（過学習してしまう）可能性もあるので、一概に複雑にすれば良いかと言われると、必ずしもそうではありません。また、モデルが複雑になればなるほど、学習に必要な計算コストも増えてしまうので、「ある事柄を説明するためには、必要以上に多くを仮定するべきでない」という指針を表す**オッカムの剃刀**（Occam's razor / Ockham's razor）に従うのが望ましいと言えます。

では解きたいタスクに対して実際にモデルをどれくらい複雑にすれば良いのかは難しい問題ではありますが、この問いに対してひとつの目安となるのが統計分野でも用いられる**情報量基準**という指標になります。情報量基準には**赤池情報量基準**（Akaike's Information Criterion, **AIC**）と**ベイズ情報量基準**（Bayesian Information Criterion, **BIC**）の2種類がありますが、どちらをどういった時に用いるのかについては明確な線引きはありません。いずれの指標もモデルのパラメータ数が大きすぎる場合にペナルティが課されるような数式となっており、基本的にはパラメータ数が一定範囲内にあるモデルを良しとする基準となっていますが、BICに関してはデータ数が大きい場合に、よりペナルティ項の影響が大きくなってくるという特徴を持っています。

章 末 問 題

問題1

以下の文章を読み、空欄に最も**よく当てはまるもの**を1つ選べ。

　ブースティングは複数の弱分類器を組み合わせて1つの分類器を構築する（　）の手法の1つである。

1　バギング　　　　　　　　　　2　アンサンブル学習
3　ボルツマンマシン　　　　　　4　サポートベクターマシン（SVM）

解答　2

解説
　機械学習の手法の位置付けを問う問題です。バギングもアンサンブル学習の手法の1つです。

問題2

以下の文章を読み、空欄（A）（B）に最も**よく当てはまるもの**を1つ選べ。

　サポートベクターマシン（SVM）において、データを（A）空間に写像することで、写像後の空間で線形分類を行えるようにするという方法が取られる。その際に用いられる関数のことを（B）関数という。

1　（A）高次元　（B）カーネル　　2　（A）高次元　（B）フーリエ
3　（A）低次元　（B）カーネル　　4　（A）低次元　（B）フーリエ

解説

機械学習手法の1つである SVM の理解を問う問題です。カーネル関数を用いて
データを高次元空間に写像するのが非線形の SVM の特徴です。

問題❸

バギングに関する説明として、最も**適切なもの**を1つ選べ。

1 複数のモデルの中からランダムにモデルを選び、その中で最も識別
　性能の高かったモデルを採用する手法のこと。

2 複数のモデルをそれぞれ別に学習させ、各モデルの出力を平均もし
　くは多数決することで決める手法のこと。

3 複数のモデルを学習させ、最も性能の低いモデルを不採用とするこ
　とを繰り返し、最も汎化性能の高いものを採用する手法のこと。

4 はじめに1つモデルを学習して作成し、それを何度も改善することを
　通じて性能を高めていく手法のこと。

解答　2

解説

機械学習手法の1つであるバギングの理解を問う問題です。バギングはアンサンブ
ル学習に位置付けられるので、複数のモデルの出力を利用するのが特長です。

問題4

複数の決定木を用意し、訓練データをランダムに振り分けて、アンサンブル学習を行う学習手法として、最も**適切なもの**を1つ選べ。

1 B木
2 ドメインランダマイゼーション
3 ランダムフォレスト
4 勾配ブースティング決定木

解答　3

解説

機械学習手法の1つであるランダムフォレストの理解を問う問題です。ランダムフォレストもアンサンブル学習に位置付けられます。

問題5

回帰問題や分類問題に関する説明として、最も**適切なもの**を1つ選べ。

1 多クラス分類には、ソフトマックス関数が用いられる。
2 回帰問題には、ロジスティック回帰が用いられる。
3 多クラス分類には、線形回帰が用いられる。
4 多クラス分類には、リッジ回帰が用いられる。

解答　1

解説

多クラス分類にはソフトマックス関数を用います。2値分類の場合にロジスティック回帰、回帰問題の場合に線形回帰またはリッジ回帰を用います。

問題6

自己回帰モデル（AR）による分析対象例として、最も**適切なもの**を1つ選べ。

1　株価予測
2　迷惑メールの分類
3　検査画像を用いたがん細胞の検出
4　顔認証

解答　1

解説

自己回帰モデルについての理解を問う問題です。AR は過去のデータを用いて現在にデータを回帰する時系列データの予測に用いることができます。

問題7

教師なし学習の手法の中で、入力データの構造や特徴をつかむためにクラスタごとに重心を求め、各データを最も近いクラスタに紐付ける作業を繰り返しあらかじめ決められた数のクラスタにデータを分類する手法の名称として、最も**適切なもの**を1つ選べ。

1　線形回帰
2　ブースティング
3　k-means法
4　主成分分析（PCA）

解答　3

解説

クラスタリング手法についての理解を問う問題です。あらかじめ決めたk個のクラスタを作るために重心を求めて紐づけるのが k-means 法の特長です。

問題 8

サンプル同士の類似度をもとに、それらを複数のグループに分割する手法がある。この手法の特徴は、正解ラベルが付与されていないデータでも利用することができ、ビジネスにおける顧客のセグメンテーションなど、データマイニングの領域で広く利用される。サンプル同士の類似度をもとに、それらを複数のグループに分割する手法の名称として、最も**適切なもの**を1つ選べ。

1 決定木
2 主成分分析 (PCA)
3 クラスタリング
4 交差検証

解答 3

解説

クラスタリングについての理解を問う問題です。クラスタリングがどのような処理であるか理解しましょう。

問題 9

階層的クラスタリングにおいて、クラスタが形成されていく様子を木構造で表現した図の名称として、最も**適切なもの**を1つ選べ。

1 デンドログラム
2 ヒストグラム
3 パレート図
4 決定木

解答 1

解説

クラスタリング手法についての理解を問う問題です。木構造で表現した樹形図のようなクラスタを形成するのがデンドログラムの特徴です。

レコメンデーションに関する以下の文章を読み、空欄（A）〜（C）に最も**よく当てはまるもの**を1つ選べ。

　（A）は、ECサイト等でユーザーの購買履歴をもとに好みを分析し、興味がありそうな商品をおすすめする手法である。（A）は、事前にある程度の参考になるデータがない場合に推薦を行うことができない。これを（B）と言う。（C）は、ユーザーではなく、商品側に何かしらの特徴量を付与し、特徴が似ている商品を推奨する。（C）は、対象ユーザーのデータさえあれば推薦を行うことができるので、（B）を回避することができる。

1　（A）コンテンツベースフィルタリング　（B）コールドスタート問題
　　（C）協調フィルタリング
2　（A）協調フィルタリング　（B）コールドスタート問題
　　（C）コンテンツベースフィルタリング
3　（A）コンテンツベースフィルタリング　（B）ホットスタート問題
　　（C）協調フィルタリング
4　（A）協調フィルタリング　（B）ホットスタート問題
　　（C）コンテンツベースフィルタリング

解答　2

解説

協調フィルタリングについての理解を問う問題です。コールドスタート問題は重要な問題なので、どのように回避するかを含めて理解しましょう。

問題 11

Q学習について述べたものとして、最も**適切なもの**を1つ選べ。

1 行動価値関数を最適化するよう学習を進める手法である。
2 方策勾配法ベースの手法である。
3 行動器と評価器を用いる手法である。
4 方策オン型（オンポリシー）に分類される手法である。

解答　1

解説

Q学習の理解を問う問題です。Q学習は価値反復法ベースの手法であり、方策オフ型の学習手法です。

問題 12

強化学習は、マルコフ決定過程として定式化される。この場合のマルコフ性とは、どのような意味で用いられるか。過去、現在、未来の各状態の関係を記述した選択肢の中から、マルコフ決定過程を適切に記述していると考えられる最も**適切なもの**を1つ選べ。

1 未来の状態は、現在の状態にのみ依存し、過去には依存しない。
2 未来の状態は、過去の状態と現在の状態とに依存する。
3 未来の状態は、過去の状態に依存し、現在の状態には依存しない。
4 未来の状態は、過去の状態にも、現在の状態にも依存しない。

解答　1

解説

マルコフ決定過程の理解を問う問題です。特にマルコフ性は重要となるので理解しましょう。

問題13

機械学習における検証手法の1つであるk-分割交差検証は、どのようなときに用いると効果的か。最も**適切なもの**を1つ選べ。

1 学習に時間がかかるとき。
2 分類問題におけるクラスの数が少ないとき。
3 入力データの次元が大きいとき。
4 データセットに含まれるデータの件数が少ないとき。

解答　4

解説

機械学習モデルを検証する方法を理解する問題です。k-分割交差検証は、データセットに含まれるデータ件数が少ないときに効果的です。

第**4**章

ディープラーニングの概要

4-1. ニューラルネットワークと ディープラーニング

本節では、ディープラーニングを理解するうえで押さえておくべき事柄をまとめています。ディープラーニングの土台となるニューラルネットワークとは何か・どのようにしてディープラーニングを実現したのかについて見ていきます。

1. ディープラーニングの基本

1.1 単純パーセプトロン

ニューラルネットワーク(neural network)は、2章でも言及したとおり人間の脳の中の構造を模したアルゴリズムです。人間の脳にはニューロンと呼ばれる神経細胞が何十億個と張り巡らされており、これらのニューロンは互いに結びつくことで神経回路という巨大なネットワークを構成しています。人間は何か情報を受け取ると、ニューロンに電気信号が伝わります。そしてこの電気信号はネットワーク内を駆け巡ります。このとき、ネットワークのどの部分に対してどれくらいの電気信号を伝えるかによって、人間の脳はパターンを認識していることになります。

ニューラルネットワークはこのニューロンの特徴を再現できないかと試した手法です。例えば 図4.1 は、複数の特徴量（入力）を受け取り、1つの値を出力するという、単純なニューラルネットワークのモデルです。これを単純パーセプトロン (simple perceptron) と呼びます。このモデルは複数の特徴量（入力）を受け取り、1つの値を出力します。ニューラルネットワークは人間の脳の神経回路が層構造になっている（と考えられている）のにならい、入力を受け取る部分を入力層、出力する部分を出力層と表現します。入力層における各ニューロンと、出力層におけるニューロンの間のつながりは重みで表され、どれだけの電気信号（値）を伝えるかを調整します。そ

して、出力が0か1の値をとるようにすることで、正例と負例の分類を可能にします。

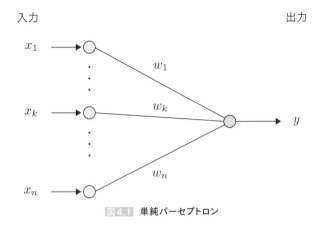

図4.1 単純パーセプトロン

また、この出力は0か1ではなく、0から1の値をとるようにし、閾値の調整をすることもできます。入力層から出力層へとどのように値を伝播させるかは、関数で表現されるわけですが、0から1の値をとるようにする場合は、シグモイド関数を用います（その場合はモデル名称も変わってきますが、詳細は3章の3-1「2.2 ロジスティック回帰」を参照してください）。

実はこの単純パーセプトロンは、前述したロジスティック回帰と数式上の表現は全く同じになります。またここでいうシグモイド関数のように、層の間をどのように伝播させるかを調整する関数を活性化関数と言います。

同じ形をしたニューラルネットワークでも、活性化関数を何にするかによってモデルの表現は変わるわけです。活性化関数に関してもディープラーニングの研究過程で色々考案されており、どんな活性化関数を用いるかでモデルの性能にも大きな差が出てきます。活性化関数の詳細については4-6「活性化関数」でまとめています。

1.2 多層パーセプトロン

　人間の脳を模したアルゴリズムである単純パーセプトロンですが、残念ながらこのモデルが実際の予測で使われるケースはほとんどありません。神経回路をモデル化するのに入力層―出力層のつながりを考えたわけですが、これだけではまだまだモデルが単純すぎて、複雑な問題に対応することができないのです。

　実際、入力層－出力層で表現されたモデルは、分類問題においては対象データが2次元ならば1本の境界線（多クラス分類ならばクラス数N-1本）を引いてデータを分類しているに過ぎず、これは線形分類問題しか解くことができないことを意味しています。

　データの分布がきれいに直線で分けられるといった問題は現実にはほとんどなく、分布が複雑な非線形分類問題であることが大半です。こうした問題に対応できるようにするために、より複雑な構造のニューラルネットワークにしていく必要がでてきました。

　そこで考えられたのが、入力層－出力層以外にさらに層を追加するというアプローチです。層を追加したモデルは多層パーセプトロン（multi-layer perceptron）と呼ばれます。図4.2 が多層パーセプトロンの概要図となります。図にあるように、入力層と出力層の間に追加された層を隠れ層と言います（中間層と呼ぶこともあります）。隠れ層を追加したことによりモデル全体の表現力が大きく向上し、多層パーセプトロンでは非線形分類も行うことができるようになりました。

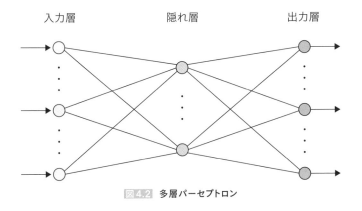

入力層　　　　　　隠れ層　　　　　　出力層

図4.2　多層パーセプトロン

　単純パーセプトロンと比較すると、隠れ層が追加されたことによりモデルは一見複雑になりましたが、各層を順番に見ていくと、実際は「同じ構造が繰り返されているだけ」ということが分かります。すなわち、ネットワークは「入力層－隠れ層」「隠れ層－出力層」で構成されており、単純パーセプトロンと同様の層構造が2層並んでいるだけと見ることができます。人間の脳の中に張り巡らされている神経回路を「層構造」として考えることによって、新たに複雑な概念を持ち込まずともモデルを拡張できたわけです。

1.3 モデルの学習

　隠れ層を追加した多層パーセプトロンによってモデルの表現力は向上しましたが、実際に適切な予測を行うにはモデルの学習が必要です。各層におけるニューロン間のつながりは重みで表されると前述しましたが、この重みをどのような値にすべきかを求めなくてはなりません。

　ニューラルネットワークに限らず、あらゆる機械学習の手法にはデータを正しく予測するために最適化すべき値が存在します。ニューラルネットワークにおいては重みの値が代表例となりますが、こうした学習によって求める値のことをモデルのパラメータと呼びます。モデルの学習とは、このパラメータを何かしらの最適化手法・計算によって求めることを指します。モデルが複雑になるほど求めるべきモデルのパラメータ数も増えるた

め、より計算に時間がかかることになります。

　また、モデルによっては最適化手法・計算では求めることができず、実際にいくつかの値を試して予測結果を比較するまでは何が一番良いのか分からない値も存在します。このような、モデルの構造や振る舞いを決めるものの、最適化計算で求めることができない値のことをパラメータに対し**ハイパーパラメータ**と呼ばれます。例えばニューラルネットワークでは「隠れ層のニューロン数をいくつにすべきか」はハイパーパラメータの代表例になります。

　では、どのようにパラメータを求めればよいのでしょうか。これは機械学習のモデルによって手法が異なりますが、ひとまず共通して言えることは「モデルの予測値と実際の値を一致させる」必要があるということです。予測誤差の値がモデルの予測性能を表すというのは3章の 3-2「2.1 予測誤差」でも言及しました。

　ニューラルネットワークでは、この予測誤差を**誤差関数**、すなわち関数として捉え、「誤差関数を最小化する」というアプローチを取ります。「予測を一致させる」という目的を、関数の最小化問題という数学の問題に落とし込んだわけです。これにより具体的に最適化計算を行うことができるようになり、適切な予測ができるような重み（などのパラメータ）が求まることになります。具体的にどのような誤差関数を用いてどのような計算を行うのかについては 4-2「誤差関数」以降で詳しく見ていくことにします。誤差関数は**損失関数**と呼ぶこともあります。

1.4 ディープラーニングの基本

　ニューラルネットワークの原点として、単純パーセプトロン（もしくはロジスティック回帰）という隠れ層がないモデルがありました。これは入力層・出力層のみからなるシンプルな構造であるために、線形分類問題しか解くことができないという欠点がありました。一方、多層パーセプトロ

ンはここに隠れ層を追加することによって、非線形分類問題にも対応することができるようになりました。

　では、ここからさらに隠れ層を増やしたらどうなるでしょうか。隠れ層を1つ追加するだけで非線形分類ができるようになったのですから、さらに隠れ層を追加していけば、より複雑な問題を解くことができるようになりそうです。

　その考えはあながち間違いではありません。とても簡単に言ってしまうと、ディープラーニングとは、隠れ層を増やしたニューラルネットワークなのです。ディープラーニングは深層学習とも言いますが、これはニューラルネットワークの層が多い、すなわち層が「深い」ためです。では、図4.3 の概要図を見てみましょう。

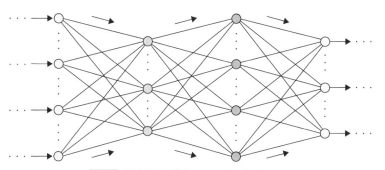

図4.3　隠れ層が複数あるニューラルネットワーク

　ただし、あくまでもこれはディープラーニングの基本形です。実際はただ深層にするだけでは期待した成果は得られず、いくつもの課題が立ちふさがりました。そして、これらの課題を克服するために様々な手法・工夫が考えられ、実践されました。ディープラーニングとは、いくつもの工夫が積み重なってできたニューラルネットワークと言えるでしょう。

　また、現在はこの基本形以外にも様々なモデルが考えられており、ネットワークの形も様々です（詳しくは5章以降で見ていきます）。ニューラル

ネットワークはもともと人間の脳の構造を参考にして考えられた手法ですが、そこから解きたい課題の種類に応じて、工学的に様々なアプローチが考えられ、様々なモデルが考えられることとなりました。

　いずれにせよ、まず基本となるのは隠れ層を増やしたニューラルネットワークです。機械学習にはニューラルネットワーク以外にも色々な手法がありますが、あくまでもディープラーニングはニューラルネットワークを応用した手法である、ということに注意してください。ただし、ディープラーニングはあくまでも機械学習と同じように人工知能の研究分野を指すものですので、ニューラルネットワークのモデル自体はディープニューラルネットワークと呼ぶことが大半です。

1.5 ハードウェアの制約と進歩

■ 半導体の性能

　ディープラーニングで実践された「隠れ層を増やす」というアイデアですが、このアイデア自体は非常にシンプルなものですし、誰でもすぐに思いつきそうなものです。一体なぜ、今頃になってディープラーニングが大きな成果を上げるようになったのでしょうか。大きな理由のひとつとして、昔はディープラーニングのモデルを学習するのに必要な計算量に耐えられるだけのコンピュータがなかった、ということが挙げられます。ディープラーニングを考えるうえでは切っても切れない関係にあるのがハードウェアの制約と進歩です。

　Intel社の創設者の1人であるゴードン・ムーアが提唱した「半導体の性能と集積は、18ヶ月ごとに2倍になる」という経験則、通称ムーアの法則（図4.4）は、今でこそ限界を迎えてきたと言われていますが、逆に言うと、これまで凄まじい勢いでコンピュータの性能が進化してきたことを示しています。

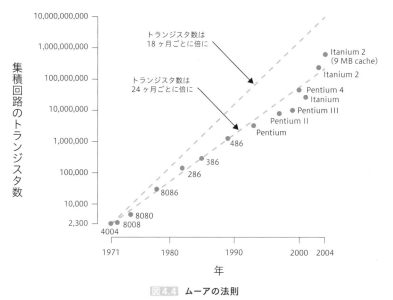

図4.4 ムーアの法則

（https://ja.wikipedia.org/wiki/ ムーアの法則 より引用の上日本語訳）

　現在は基本的なディープニューラルネットワークならば誰でも手軽に試せるようになりましたが、ひと昔前のコンピュータでは、仮に「深層にしよう（隠れ層を増やそう）」というアイデアを思いついたとしても、モデルの学習・評価に必要な計算コストが高すぎてなかなか実験することができなかったというのが現実です。層を増やせばそれだけモデルのパラメータ数も増えることになりますし、最適化計算に必要なデータ数もそれに比例して増えることになります。ディープラーニングには莫大な計算量がつきものですが、コンピュータの演算処理装置は高密度な半導体チップですので、まさしく半導体の性能・集積が鍵を握ることになります。

■ CPUとGPU

　コンピュータには CPU（Central Processing Unit）と GPU（Graphics Processing Unit）の2つの演算処理装置があり、両者は異なる役割を担っていますが、とりわけ、ディープラーニングの発展に大きく貢献しているのはGPUです。それぞれ、どういったものなのかを見ていきましょう。

CPUはコンピュータ全般の作業を処理する役割を担います。普段、私たちはパソコンやスマートフォンでメールをしたり、音楽を聴いたり、SNSに写真をアップしたり、動画を見たりと様々なことを行っています。こうした日常の操作をストレスなく快適に行えるのは、コンピュータがメールの送受信や音楽の再生といったタスクを次々にこなしてくれているからに他なりません。CPUはこうした様々な種類のタスクを順番に処理していくことに長けています。

一方、GPUは"graphics"という名前が表している通り、画像処理に関する演算を担います。映像や3DCGなどを処理する場合は、同一画像に同じ演算を一挙に行うことが求められますので、大規模な並列演算処理が必要になります。この処理はCPUでもできなくはないのですが、CPUは様々なタスクを順序よくこなすものですので、あまり効率的ではありません。そこで、大規模な並列演算処理に特化した存在としてGPUが作られたのです。注意してもらいたいのが、GPUのほうがCPUより「優れている」というわけではないという点です。GPUはCPUのように様々なタスクをこなすことができません。決められた処理を行うからこそ、大規模かつ高速に演算することができるのです。

■ GPGPU

ディープラーニングではテンソル（行列やベクトル）による計算が主になりますから、同じような計算処理が大規模で行われることになります。これはまさしくGPUにうってつけです。ただし、もともとのGPUは画像処理に最適化されたものですから、そのままではディープラーニングの計算には適していませんでした。

現在では、GPUは画像以外の計算にも使えるように改良され、もはやGPUなしでは学習できない（学習しようとしても何週間、何ヶ月とかかってしまう）ような巨大なネットワークが当たり前のように試されています。こうした、画像以外の目的での使用に最適化されたGPUのことを、GPGPU（General-Purpose computing on GPU）と呼びます。

このディープラーニング向けのGPU（GPGPU）の開発をリードしているのが米国の半導体メーカーであるNVIDIA社です。ディープラーニング実装用のライブラリのほぼ全てがNVIDIA社製のGPU上での計算をサポートしており、ディープラーニングのモデル学習になくてはならないものになっています。

一方、Apple社やMicrosoft社といったNVIDIA社以外の企業も、独自にディープラーニング向けのチップを開発しています。特にGoogle社は早くから独自のチップ開発を進めており、TPU（Tensor Processing Unit）という名前で公開しています。その名の通りテンソル計算処理に最適化されており、まさしく機械学習に特化した演算処理装置と言えます。

1.6 ディープラーニングのデータ量

ディープラーニングも機械学習の1つですから、データをもとに学習をするというステップを踏むことに変わりありません。学習とはすなわちモデルがもつパラメータの最適化というわけですが、ディープニューラルネットワークは、ネットワークが深くなればなるほどその最適化すべきパラメータ数も増えていきますので、必要な計算量も増えていきます。

例えば、畳み込みニューラルネットワーク（詳しくは5章で扱います）の手法の1つである AlexNet（アレックスネット）と呼ばれるモデルのパラメータ数は、約6000万個にもなります。これだけの数のパラメータを最適化しなくてはならないわけですから、膨大なデータ数が必要になるだろうことは想像に難くありません。では、実際にはどれだけのデータが必要になるのでしょうか。

実は、ディープラーニングだけに限らず、機械学習のモデル全般に言えることとして、「この問題にはこれだけのデータがあればよい」という明確に決まった数字は（残念ながら）ありません。扱う問題が単純、すなわちノイズもなくキレイに分類できるようならば少ないデータ量でも済むでしょ

うが、そんなケースは稀でしょう。問題が複雑であればあるほど必要な
データ量も増えていくことになります。しかし、問題の「複雑さ」に絶対的
な基準はありませんので、必然的に必要なデータ量も定まらないというこ
とになるわけです。

　ただし、データ量の目安となる経験則は存在します。バーニーおじさん
のルールと呼ばれるこの経験則は、「モデルのパラメータ数の10倍のデー
タ数が必要」というものです。これに従うと、先ほどのAlexNetでは必要な
データ数が約6億個ということになります。ただし、この数のデータを用
意するというのは全くもって現実的ではないので、データ数が少なくても
済むようなテクニックが適用されることになります。

　とは言うものの、データ数が少なすぎる場合はさすがにディープラーニ
ングの学習はできません。データ数が数百個にも満たない場合は、データ
を集めるところから考えるべきです。あるいは、ディープラーニング以外
のアプローチで解くことができないかを考えてみるのもよいでしょう。

4-2. 誤差関数

ディープラーニングのモデルの学習には、予測誤差を関数で表した誤差関数を最小化するアプローチを取ります。この誤差関数は、扱う問題によって異なります。ここでは代表的な誤差関数をいくつか見ていくことにします。

1. 平均二乗誤差関数

　モデルの予測性能の評価に用いられた平均二乗誤差ですが、これはもちろんそのまま誤差関数としても用いられ、平均二乗誤差関数と呼びます。訓練データを用いてこの関数を最小化する＝モデルの予測値と正解値との誤差（の2乗の平均値）が小さくなるということなので、平均二乗誤差関数の最小化を考えることがモデルの予測性能の向上につながる、ということは直感的にも分かりやすいかと思います。

　予測値はモデルのパラメータの値によって決まるので、誤差関数における変数は各モデルのパラメータということになります。よって、関数の最小化、すなわち最適化問題を解くには、誤差関数をそれぞれのパラメータで微分（偏微分）してゼロになるような値を求めればよいことになります。

　文章で読むと難しく見えるかもしれませんが、例えばxの関数 $f(x) = x^2$ が最小となるようなxの値を求めよという問題だったらどうでしょうか。$f(x)$ の微分 $f'(x) = 2x$ を求め、これがゼロになるような値「$x = 0$」を答えとして求めたと思います（このとき $f(0) = 0$ が最小値）。この問題よりかは関数も複雑になりますし、求めるべき値も増えますが、やるべきことは同じです。「誤差関数の最小化のために微分してゼロになるような値を求める」という流れに違いはありません。これは他のあらゆる誤差関数に関して言えることです。

　平均二乗誤差関数は予測誤差をそのまま表していると言っても良い関数ですので、予測性能の評価のときと同様、分類問題・回帰問題にかかわらず

用いることができます。ただし、分類問題では別の誤差関数が用いられることも多く、実際は回帰問題の誤差関数として用いられることが大半です。

2. 交差エントロピー誤差関数

交差エントロピー（cross entropy）は2つの確率分布がどれくらい異なるかを定式化したもので、これを誤差関数として利用したのが交差エントロピー誤差関数です。分類問題で最も用いられる誤差関数になります。

分類問題において、ニューラルネットワークの最後の出力層部分でシグモイド関数あるいはソフトマックス関数を活性化関数として用いると、モデルの各クラスの予測値（出力）は0から1の確率として表現できます。正解値と予測値をそれぞれ確率分布として捉えると、2つの分布が一致するときに最小値をとるような関数も、予測誤差を適切に表す関数であると言えます。

なぜ分類問題では平均二乗誤差関数ではなく交差エントロピー誤差関数が用いられるのでしょうか。これは誤差関数の最小化計算に伴う微分計算において、交差エントロピーの式がシグモイド関数やソフトマックス関数に含まれる指数計算と相性が良いことが大きな理由のひとつです。

参考のために交差エントロピーの式を見てみましょう。正解値の確率分布をp、予測値の確率分布をqとすると、交差エントロピー $H(p,q)$ は次式で与えられます。

$$H(p,q) = -\Sigma_x p(x)\log q(x)$$

交差エントロピーでは対数計算が含まれていることが分かりますが、指数・対数の微分ではいずれも指数計算が出てくるので計算が行いやすくなります。

今でこそモデルの実装を行う際、機械が代わりに微分計算をしてくれるので数式を意識する機会は少なくなりましたが、以前は自分で微分式を計算し、その数式を自らコードに書き換える必要がありました。なので、数式が簡単にまとまるかどうか・計算が簡単にできるかどうかはかなり重要だったわけです。

　逆に言うと、今は式の複雑さは重要ではなくなったので、例えば手計算が交差エントロピー誤差関数に比べ煩雑になってしまう平均二乗誤差関数を分類問題に用いるような実装をしても何も問題はありません。

3. その他の誤差関数

3.1 距離学習における誤差

　世の中には様々な問題が存在し、場合によっては回帰問題・分類問題の枠組みに当てはまらないケースも多く存在します。機械学習・深層学習ではそうした問題にも対処できるように、入力・出力データを工夫したり、誤差関数を工夫したりすることで解決を図ってきました。

　例えば距離学習 (metric learning) は、文字通りデータ間の「距離」を測るためのアプローチです。「距離」と聞くとイメージしづらいかもしれませんが、要はデータ間の類似度を推定するための手法で、顔認証や類似データの検索など様々な分野に応用されています。距離学習自体はディープラーニング以前から存在していた手法ですが、これをディープラーニングに応用した手法を深層距離学習 (deep metric learning) と呼びます。

　深層距離学習ではSiamese NetworkやTriplet Networkが有名で、それぞれ入力が2つのデータを用いるか、3つのデータを用いるかの違いがあります。そして前者ではContrastive Loss、後者ではTriplet Lossと呼ぶ誤差関数を用います。いずれも数式は複雑になってしまうので割愛します

が、各入力に対するモデルの出力値間での距離を考え、似ているデータ間の距離は小さく、似ていないデータ間の距離は大きくなるような設計となっています。ここで大事なのは、課題がどういう内容であろうとも、その課題を解決するような誤差関数をうまく定義することができれば、あとは数学的・工学的なアプローチで解くことができるということです。

3.2 生成モデルにおける誤差

機械学習はもともと識別問題を解くことを得意としていましたが、ディープラーニングの発展によって、画像や文章などを生成する生成問題も精度高く実現できるようになりました（詳しくは6章の「6.5 データ生成」で扱います）。データの生成を行うための生成モデルが目指すのは、与えられたデータをうまく分けることができる境界線を見つけることではなく、与えられたデータがどのような確率分布に基づいているかを見つけることです。つまり、生成モデルは「今観測できているデータはなんらかの確率分布に基づいて生成されているはずだ」という考えに基づいて、そのデータを生成している確率分布をモデル化しようと試みていることになります。

データ分布になるべく近いモデル分布を求めることが目的になるわけですので、両者の分布の「ズレ」を誤差関数として定義すればよさそうです。この確率分布の「ズレ」を測る指標として用いられるのが、カルバック・ライブラー情報量（Kullback-Leibler divergence）とイェンゼン・シャノン情報量（Jensen-Shannon divergence）になります。「情報量」は英語のまま「ダイバージェンス」と表記することもあり、それぞれKLダイバージェンスとJSダイバージェンスと略記することもあります。

生成モデルにディープラーニングを活用したモデルを深層生成モデルと呼びますが、例えば深層生成モデルのひとつである変分オートエンコーダ（variational autoencoder, VAE）では、カルバック・ライブラー情報量をベースとした誤差関数（厳密には式変形などの過程で誤差を表すものではなくなるので、純粋に目的関数と言います）が最適化計算に用いられます。

4-3. 正則化

本節では、過学習を防ぐための手法である正則化について見ていきます。なぜ過学習が起きてしまうのか、どのようにしてそれを解決したのかについて理解していきましょう。

1. 誤差関数の改良

　誤差関数を最小化することによってモデルの学習が行われ、適切な予測ができるようになると述べました。しかし、その過程で注意しなければならないのが過学習です。特にディープラーニングはモデルの表現力が高いので、何も工夫せずにそのままモデルの学習を行うと、表現しなくても良い訓練データに含まれるわずかなノイズまで表現するように学習してしまうケースが多く見受けられます。

　ディープラーニングを含む機械学習の最大の敵であると言っても過言ではない過学習ですが、その対応策も色々と考えられており、総じて正則化（regularization）と呼びます。訓練データへの過剰な当てはまりを抑制しつつ、より単純なモデルが当てはまるようにすることが求められます。どのような正則化手法があるのかを見ていきましょう。

　正則化の中でも広く用いられる手法が誤差関数にペナルティ項を課すというものです。モデルの学習では訓練データを用いて誤差関数の最小化をする以上、訓練データを過学習してしまうのはどうしても避けられません。そこで、誤差関数に制約条件を課すことによって、モデルのパラメータが取り得る範囲を制限するのがこのアプローチです。有名な正則化にL1正則化、L2正則化があります。名前に含まれるL1やL2は数学用語のノルムに対応しており、L1ノルムは重みなどモデルパラメータの各成分の絶対値の和、L2ノルムは各成分の2乗和の平方根なので距離に相当します。それぞれの特徴は下記のとおりになります。

- L1正則化……一部のパラメータの値をゼロにすることで、不要なパラメータを削減することができる
- L2正則化……パラメータの大きさに応じてゼロに近づけることで、汎化された滑らかなモデルを得ることができる

　他にも、ゼロではないパラメータの数で正則化するL0正則化もありますが、計算コストが非常に大きくなる場合が多いので、一般的に用いられることはほぼありません。

　また参考までに、線形回帰に対してL1正則化を適用した手法をラッソ回帰、L2正則化を適用した手法をリッジ回帰と呼びます。両者を組み合わせた手法をElastic Net と呼びます。

2. ドロップアウト

　表現力が高く過学習しやすいディープニューラルネットワークにおいては、L1正則化やL2正則化以外にも正則化の手法が存在します。ドロップアウトと呼ばれる手法は、モデルの学習の行い方を工夫することで過学習を防ぐアプローチで、名前の通り学習の際にランダムにニューロンを「除外する」ものです。このときネットワークから、学習のエポックごとに除外するニューロンを変えることで、毎回形の異なるネットワークで学習を行います。

　除外されたドロップアウトを適用したニューラルネットワークの例は 図4.5 のとおりです。×印がついているニューロンが除外されたニューロンです。学習のエポックごとにランダムに除外するニューロンを選ぶことで、学習全体ではパラメータの値が調整されることになります。

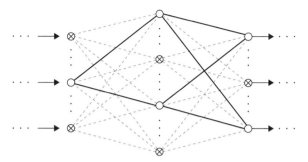

ドロップアウトを適用したニューラルネットワーク

　単一のネットワークで学習をする場合、それが過学習してしまうように
パラメータが調整されてしまうとどうしようもありませんが、形の異なる
ネットワークを学習すれば、そのリスクを回避することができます。つま
り、ドロップアウトは内部的にアンサンブル学習を行っていることになり
ます。

4-4. 最適化手法

本節では、ディープニューラルネットワークの学習に用いられるアルゴリズムである勾配降下法について扱います。モデルのパラメータ最適化を行ううえでどういったことを考慮しなくてはならないのか、どのように学習を効率化するのかなどについて見ていきます。

1. 勾配降下法

モデルの学習とは、誤差関数（あるいは何かしらの目的関数）の最小化を目指すことでした。関数の最小化問題であるため、誤差関数を各層の重みなどモデルのパラメータで微分してゼロになるような値を求めればよいわけなのですが、実はここで問題が生じます。一般的にニューラルネットワークで解こうとするような問題は入力の次元が多次元にわたるので、最適なパラメータが解析計算では求まらない、すなわち簡単には求まらないケースがほとんどなのです。

そこで、実際のモデルの学習では、解析的に解を求めにいくのではなく、アルゴリズムを用いて最適解を探索する、というアプローチを取ります。ここで用いる手法のことを勾配降下法 (gradient descent) と呼びます。勾配降下法は機械学習に限らず様々な分野において最適化計算に用いる手法で、名前の通り「勾配に沿って降りていくことで解を探索する」手法です。ここで言う勾配とは微分値に当たります。

例えば、x の関数 $f(x) = x^2$ とし、$y = f(x)$ を xy 平面上で考えてみると、微分は「接線の傾き」を表すので、微分値が勾配を表しているというのは直観的にも理解できるかと思います。勾配（接線の傾き）を坂道に見立て、その坂道に沿って降りていけば、いずれ平らな道に行き着くはずです。そして、その行き着いたところは傾きがゼロ、すなわち微分値がゼロの点なわけですから、まさしく目的の点が得られることになります。図で表すと 図 4.6 のようになりますが、式で表すと次のように書くことができます。

$$x^{(k+1)} = x^{(k)} - \alpha f'(x^{(k)}) \quad (\alpha > 0)$$

式中のkはこの式を何回繰り返し計算したかを示すもので、**イテレーション**と呼ばれます。目的のxが得られるまで勾配に沿って降りていくので、一度だけ式を計算すれば良いわけではなく、最適解に行き着くまで何度もこの式を計算することになります。また、αは**学習率**と呼ばれるハイパーパラメータで、「**勾配に沿って一度にどれだけ降りていくか**」を決めるものになります。

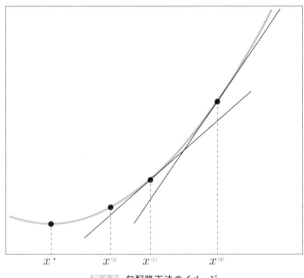

図4.6　勾配降下法のイメージ

2. バッチ勾配降下法

ニューラルネットワークの学習に勾配降下法を適用する場合、更新式には目的関数の微分が用いられているので、誤差関数の微分を用いて更新式を計算していくことになります。訓練データを用いて誤差関数の微分値を計算し、勾配降下法の更新式を適用していくわけですが、複数ある訓練

データに対して、どのタイミングで更新式の計算をすれば良いのでしょうか？

　例えば、勾配降下法の更新式の項を計算すると、訓練データの予測誤差をすべて計算し、その合計値を利用して勾配降下法の更新式の計算をすることになります（実際の計算式は複雑になるので割愛します）。すなわち、下記のような流れで学習が進むことになります。

全データの誤差を計算→更新式を計算→（更新されたパラメータを用いて）全データの誤差を計算→更新式を計算→…

　このように(理論通りに)全データの予測誤差の総和を用いて更新式の計算をすることをバッチ勾配降下法と言います。バッチ (batch) とはデータの固まりを表し、一回の更新計算にすべてのデータを用いるためこのような名前が付いています。ただし、単に「勾配降下法」と書く場合はこのバッチ勾配降下法を指すことが一般的です。バッチを用いて学習を行うので、バッチ勾配降下法による学習のことをバッチ学習と言います。また、バッチ勾配降下法は最急降下法と呼ぶこともあります。

3. 確率的勾配降下法

　理論的にはバッチ勾配降下法できちんと最適解の探索ができるのですが、ディープラーニングの学習においては問題が生じる場合があります。特に発生しやすい問題としては、「扱うデータ数が大きい・扱うデータの次元数が大きいために、全データの誤差を計算するためのメモリが足りなくなる」というものです。これもハードウェアの制約と言えるでしょう。

　そこで、全データの誤差を計算してから更新式の計算をするのではなく、「訓練データをシャッフルしたうえでデータをひとつランダムに抽出、そのデータの予測誤差だけを用いて更新式を計算する」というアプローチ

を取ることがあります。これならばひとつのデータ（の誤差計算）分しかメモリは必要なくなるので、メモリが足りなくなるという心配はないです。このアプローチのことを**確率的勾配降下法**と呼びます。確率的勾配降下法を用いた学習を、バッチ学習に対し**オンライン学習**と呼びます。

　データひとつひとつで更新式を計算するので、1回の更新できちんと正しい方向（最適解に近づく方向）に探索が進むかは分かりませんが、たくさん更新計算を繰り返すことによって最適解を目指すことになります。また、ニューラルネットワークの学習では、基本的に全データをシャッフルした後、ひとつひとつのデータを結局すべて更新計算に用いることが大半です。

　例えば全データ数が1000だったとき、バッチ学習では1000個のデータの誤差計算をしてから更新計算を1回行いますが、オンライン学習では1個のデータの誤差を用いた更新計算を1000回行うことになります。いずれも結局は全てのデータを用いているわけですが、オンライン学習では全データを1回使うまでのイテレーション数が多くなることになります。

　そして、バッチ学習で更新計算を何度も行い最適解を探索するのと同様、オンライン学習でも全データを（ひとつずつ）何度も更新計算に用います。そこで、全データを用いる回数を**エポック**と呼び、イテレーションと区別します。先ほどの例では、オンライン学習では1エポック＝1000イテレーションになります。バッチ学習ではエポック数とイテレーション数は一致することになります。

4. ミニバッチ勾配降下法

　バッチ勾配降下法・確率的勾配降下法いずれも一長一短ありますが、両者のちょうど間をとった手法が**ミニバッチ勾配降下法**になります。確率的勾配降下法ではデータひとつごとに更新計算を行いましたが、ミニバッチ勾配降下法では全データをいくつかのデータセットに分割し、そのデータセットごとに更新計算を行います。バッチは全データを指しましたが、それをいくつかの小さいデータセットに分割するので**ミニバッチ**と言うわけです。また、各データセット内のデータ数のことを**バッチサイズ**と言います。

　ミニバッチ勾配降下法は実際の学習で最もよく使われる手法で、バッチ勾配降下法のように全データ分のメモリを確保する必要もないのでメモリ不足にもなりにくいですし、確率的勾配降下法のようにデータによって探索方向がばらつくといったことも起こりにくいという利点があります。ミニバッチ勾配降下法を用いた学習のことを**ミニバッチ学習**と呼びます。

　ミニバッチ学習におけるバッチサイズ、エポック、イテレーションについて確認しておきましょう。先ほどと同様、全データ数が1000のときを考えてみます。例えば各データセット内のデータ数を50とすると、これはそのままバッチサイズになるので、バッチサイズは50となります。このとき全データは20のデータセットに分割されますが、ミニバッチ学習はこの各データセットごとに更新計算を行っていくので、イテレーション数は20となり、1エポック=20イテレーションということが分かります。バッチサイズやエポックはハイパーパラメータになります。

5. 勾配降下法の問題と改善

5.1 学習率の調整

　勾配降下法によって最適解の探索ができるようになりましたが、実は探索がいつもうまくいくとは限りません。適切な最適解が得られないケースが多々あります。例えば、**図4.7**のような形をした関数があったとしましょう。勾配がゼロになる点が★と☆の2つあります。この2点のうち、★の点が最小値を取るので最適解なわけですが、もし●から勾配に沿って探索をしてしまうと、☆の点に行き着いてしまいそうです。勾配降下法の式上は、勾配がゼロの点に行き着くことが目的になっているので、☆の点でもまた良しとなってしまうのです。つまり、勾配降下法は「見せかけの最適解」であるかどうかを見抜くことができません。この見せかけの解（☆）のことを局所最適解、本当の最適解のことを大域最適解と言います。特に何も工夫をしないと、勾配降下法は局所最適解に陥ってしまう可能性が高くなります。

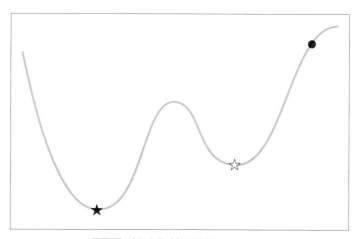

図4.7　適切な最適解が得られないケース

　では、局所最適解を防ぐ方法として、どのようなアプローチがあり得るでしょうか。まず考えられるのは、学習率の値を大きく設定することです。

学習率は、勾配に沿ってどれくらい進むかを調整するものでした。ということは、☆の点とその左にある山を越えるくらい学習率を大きくすれば、大域最適解に行き着くことができそうです。一方、学習率が大きいままだと、最適解を飛び越えて探索し続けてしまうという問題が起こりやすくなってしまうので、**適切なタイミングで学習率の値を小さくしていくこと**が必要になります。

さらに別の問題も存在します。図4.7は2次元上で考えましたが、3次元（以上）ではより厄介な点に行き着いてしまう可能性があるのです。

鞍点と呼ばれるその点は、ある次元から見れば極小であるものの、別の次元から見ると極大となってしまっているもののことを言います。図4.8における点（◉）が鞍点の例です。鞍点は一般的に勾配の小さな平坦な地点に囲まれている場合が多いので、一度鞍点付近に陥ると、そこから抜け出すことは困難になります（こうした停留状態にあることを**プラトー**と言います）。

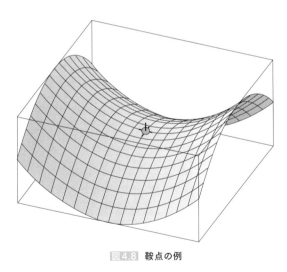

図4.8 鞍点の例

ディープラーニングではパラメータの次元も大きいので、鞍点が発生する確率が高くなります。鞍点（そして局所最適解）に陥ってしまう問題を回

192

避するには、どの方向に沿って勾配を進んでいるときに学習率を大きく（あるいは小さく）すべきかを考える必要があります。

　実は、ディープラーニングが考えられる以前に、この鞍点問題にどう対処すべきかについては考えられていました。1990年代に提唱されたモーメンタムと呼ばれる手法は、まさしく物理でいう慣性の考え方を適用したもので、最適化の進行方向に学習を加速させることで、学習の停滞を防ぐものです。

　そして、ディープラーニングのブームを受けて、モーメンタムよりさらに効率的な手法が立て続けに考えられました。古いものからAdagrad、Adadelta、RMSprop、Adam、AdaBound、AMSBoundなどがあります。アルゴリズムの詳細はもちろんそれぞれ異なりますが、いずれも土台となっているのはモーメンタムと同じで、どの方向に学習を加速すればいいか（そして学習を収束させるか）を考えたものになります。基本的には新しい手法ほどより効率化が進んでいるため、よく用いられる傾向があります。

5.2 早期終了（early stopping）

　勾配降下法による最適化において、学習率の調整以外にもうひとつ厄介な問題があります。それは過学習です。「4-3 正則化」でも言及しましたが、過度に最適解の探索をすることは過学習につながります。正則化によってある程度は過学習を避け、モデルの汎化能力を高めることはできますが、やはり訓練データを用いて誤差関数を最小化するアプローチしか取れない以上、どう工夫しても過学習していってしまうのは避けられません。

　実際、訓練データ、テストデータに対する誤差関数の値をそれぞれエポックごとに見てみると、ほとんどの場合で、訓練データに対する値はエポックが進むにつれ徐々に小さくなっていきますが、テストデータに対する値は、ある程度エポックが進むと緩やかに大きくなっていってしまいます。これはすなわち、訓練データには最適化されていっているが、テスト

データには最適化されていない状態になっているので、過学習していることを表しています。

　そこで用いられる手法が早期終了（early stopping）です。名前の通り、学習を早めに打ち切るものです。先述した通り、学習が進むにつれてテストデータに対する誤差関数の値は右肩上がりになってしまいます。その上がり始めが過学習のし始めと考え、その時点で学習を止めれば、そこが最適な解が得られたところと言えます。ですので、手法自体はいたってシンプルです。

　シンプルこの上ない手法ですが、効果の面でも、どんなモデルにも適用できるという面でも、非常に強力であることは間違いありません。ジェフリー・ヒントンも、early stoppingのことを"Beautiful FREE LUNCH"と表現しています。これはノーフリーランチ定理という、「あらゆる問題で性能の良い汎用最適化戦略は理論上不可能」であることを示す定理を意識して発せられた言葉です。

　ただし、最近の研究では、一度テストデータに対する誤差が増えた後、再度誤差が減っていくという二重降下現象（double descent phenomenon）も確認されており、どのタイミングで学習を止めれば良いのかについては慎重に検討しなくてはならない場合もあります。

6. ハイパーパラメータの探索

　モデルのパラメータは勾配降下法によって最適化できるようになりましたが、どんなモデルを学習するにせよ、ハイパーパラメータは自分で設定しなければなりません。ニューラルネットワークを何層にするか、各層のニューロン数をいくつにするか、ドロップアウトはどれくらいにするか、L1正則化やL2正則化をどれくらい効かせるか…などなど、設定すべきハイパーパラメータを挙げればキリがありません。

幸い、これまでの研究・実験の積み重ねの知見が溜まっているため、ハイパーパラメータの値をどれくらいに設定すれば良いか、ある程度（最適ではないかもしれないが、大きく外れてはいない）は絞られてきます。ただし、きちんとハイパーパラメータも「最適化」したい場合は、様々な値で実験をして予測性能を比較するしかありません。このハイパーパラメータの値を調整していくことを**ハイパーパラメータチューニング**と呼びます。

ただし、手動でいちいちハイパーパラメータの値を調整していてはこちらもまたキリがありませんので、ハイパーパラメータの探索も特定の方針にしたがって機械的に処理することが大半です。探索手法の代表例として、**グリッドサーチ**と**ランダムサーチ**があります。

グリッドサーチは調整したい（複数の）ハイパーパラメータの値の候補を明示的にいくつか指定し、その候補の全ての組み合わせに対して学習・評価を行うことで、一番よいハイパーパラメータを抽出します。あくまでも手動で値の組み合わせを試す代わりに機械的に処理するようにしただけなので、ある程度ハイパーパラメータの値が絞られている時に用いられることが多いです。また、単純に組み合わせの数だけ学習時間が増えることに注意が必要です。

ランダムサーチは値の候補そのものを指定するのではなく、値の取り得る範囲を指定します。その範囲の中で何かしらの確率分布に基づいた乱数を発生させ、その乱数をハイパーパラメータとして実験を行います。ハイパーパラメータの値に見当が付いていない場合も、取り得る値の範囲を広めにとっておけばある程度探索できるのが特徴です。

他にも**ベイズ最適化**や**遺伝的アルゴリズム**といった手法を用いてハイパーパラメータ最適化を目指すアプローチもありますが、パラメータの最適化と同様、探索に時間がかかってしまうのが難点です。

4-5. 誤差逆伝播法

本節では、ディープニューラルネットワークの学習を効率よく行うための手法である誤差逆伝播法について扱います。実際にモデルの学習を行う上で欠かせない手法になりますので、しっかりと理解するようにしましょう。

1. 誤差逆伝播法の導入

最適化計算に用いられる勾配降下法ですが、ディープである・ないにかかわらず、更新式をそのままニューラルネットワークの学習に実装して適用しようとすると、いくつか問題が生じます。まず挙げられるのが計算コストの問題です。

勾配降下法の更新式はパラメータごとに計算するので、ネットワークが深くなればなるほど、探索すべきパラメータの数は膨大になっていきます。また、更新式に誤差関数をパラメータで微分した式が出てきましたが、この微分式(あるいは微分値)をそれぞれのパラメータに対し求めることも当然ながら容易ではありません。そのため、理論的にはどんなニューラルネットワークも学習することはできるのですが、実際にきちんと学習できるようにするには困難が伴いました。

そこで、複数のパラメータに対して微分を効率よく求めるために考えられたのが誤差逆伝播法 (backpropagation) です。誤差逆伝播法では、ネットワークの各層において、その層に伝播してきた値には自分より前の層(入力層に近い層)のパラメータの値が含まれている(計算に使われている)ことに着目し、微分計算を再利用することを考えます。そのために、合成関数の微分あるいは連鎖律と呼ばれる微分の公式を用います。

簡単な例で合成関数の微分を確認してみましょう。zがyの関数で、さらにyがxの関数であるとき、zをxで微分した式は以下になります。

$$\frac{dz}{dx} = \frac{dz}{dy} \cdot \frac{dy}{dx}$$

　この式を覚える必要はありませんが、ここで大事なのは、微分において「変数を中継」することができるということです。これを応用すれば、一度微分値を求めた部分についてはその計算を再利用できるので、計算コストを削減することにつながりそうです。

　ニューラルネットワークにおいては、最終層に含まれるパラメータで誤差関数の微分を計算するのが一番容易なので（出力値を得るまでに伝播式を1回しか計算しないため）、出力層側からネットワークを遡って微分計算を順番に行っていくのが最も効率よい計算方法になります。ここで大事なのは、前述した通り、各層に伝播してきた値には自分より前の層のパラメータの値が含まれている、ということです。他の層のパラメータの関数にもなっているからこそ、連鎖律を用いることができるためです。

　「誤差逆伝播法」という名前は、この計算の流れが、あたかも「予測誤差がネットワークを逆向きにたどっているように見える」ために付けられた

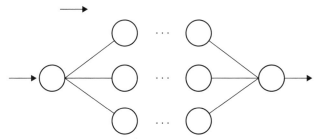

図4.9 誤差逆伝播法のイメージ

名前です。予測値を求めるまではネットワークを順向きに、学習ではその予測誤差をネットワークを逆向きにフィードバックする形でパラメータの値が更新されていきます。話が複雑になってしまいましたが、要約すると、「勾配降下法を用いてニューラルネットワークの学習をする際に、微分計算を誤差逆伝播法を用いて効率よく行う」ということになります。

2. 誤差逆伝播法の副次的効果

誤差逆伝播法の導入によるメリットは計算の効率化だけでなく、どのニューロンが予測結果に寄与している・していないかを判別できるようになったことも挙げられます。各勾配値が逆伝播の過程で求められるので、どのニューロンをどれだけ更新すれば予測結果に影響あるのかが実験できるようになったためです。これは機械学習においてよく指摘される「モデルのどの部分がその予測結果をもたらしているのかが分からない」という信用割当問題（credit assignment problem）を解決できているとも言えます。ただし、あくまでもこれはモデルの「どこ」が予測結果に影響しているかだけであり、「なぜ」その予測結果が得られるのかについては関係ないことに注意してください。

誤差逆伝播法の導入により効率よくニューラルネットワークの学習を行うことができるようになり、モデルを多層化することも容易になりました。これにより新たに出てきた問題が勾配消失問題や勾配爆発問題です。名前の通り誤差を逆伝播する過程で勾配値が小さくなりすぎてしまう（消失）、あるいは大きくなりすぎてしまう（爆発）問題のことで、いずれも勾配を用いた最適解の探索ができなくなってしまい、学習の失敗の要因となります。特に勾配消失問題はネットワークが深いほど生じやすく、ディープラーニングの発展を妨げてきましたが、現在では様々な手法を組み合わせることにより、これらの問題は発生しにくくなっています。

4-6. 活性化関数

本節では、シグモイド関数やソフトマックス関数以外にどのような活性化関数が用いられているのか、またなぜ活性化関数がディープラーニングの学習に重要なのかについて見ていきます。

1. シグモイド関数と勾配消失問題

　誤差逆伝播法によって出力層側から順番に隠れ層のパラメータを更新していく際、数式上では前の層（出力層に近い層）の誤差情報にいくつかの項が掛け合わされた形で勾配値を計算します。その項の1つに「活性化関数の微分」があるのですが、この項の式の構造がディープラーニングを実装するうえで勾配消失問題を発生させる大きな原因となりました。

　ニューラルネットワークの活性化関数としてシグモイド関数が使われていましたが、これを微分した関数（導関数）は 図4.10 のようになります。図からも分かるように、シグモイド関数の微分は最大値が0.25にしかなりません。これは1よりもだいぶ小さいですから、隠れ層を遡るごとに、（活性化関数の微分が掛け合わさって）伝播していく誤差はどんどん小さくなっていくことになります。その結果、多くの隠れ層があると、入力層付近の隠れ層に到達するまでには、もはやフィードバックすべき誤差がほとんど0になってしまい、勾配消失問題が発生するというわけです。

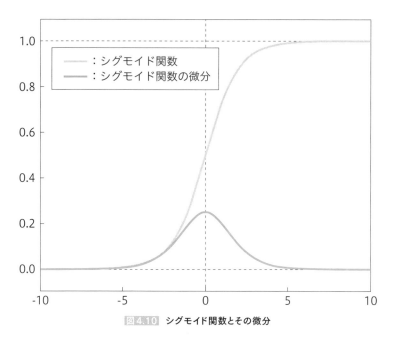

図4.10 シグモイド関数とその微分

　理論的には、隠れ層を増やすとより複雑な関数を作ることができ、より複雑な問題でも予測できるはずなので、ディープラーニングの実現に向けてはこの勾配消失問題を解決する必要がありました。

2. tanh関数

　勾配消失問題はディープラーニングの実現に向けて大きな妨げとなりますが、原因はシグモイド関数の微分にあると分かっているので、ここを何とかできれば解決することができそうです。ディープラーニングの黎明期では学習のステップを工夫することでこの問題の解決に臨みましたが、現在は活性化関数にシグモイド関数以外を用いることで勾配消失問題を防いでいます。

　ここで大事なこととしては、出力層ではシグモイド関数（またはソフトマックス関数）を用いなければ出力を確率で表現することができないの

で、もはやこれらの関数を変えることはできません。一方、出力を得る前の隠れ層に関しては、その値が確率の表現になっていようがいまいが関係ないので、任意の実数を（非線形に）変換することができる関数でさえあれば、どんな関数であろうと活性化関数として用いるのに特に問題はないということです。活性化関数が微分できないと誤差逆伝播法を用いることができないので、効率的に重みを求めるには任意の実数で微分できなくてはなりませんが、それ以外の制約は実は特にないのです。

　隠れ層の活性化関数を工夫するというアイデアは、第3次AIブームの前から実践されていました。その中でもよい結果が得られたのがtanh（ハイパボリックタンジェント）関数です。図4.11 で表されるこの関数は、シグモイド関数を線形変換したもので、シグモイド関数が0から1の範囲をとるのに対して、tanh関数は-1から1の範囲をとるのが特徴です。

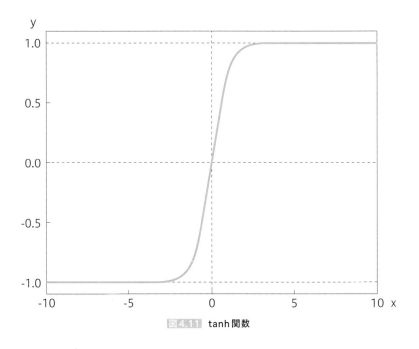

図4.11　tanh関数

シグモイド関数の微分とtanh関数の微分を比較したものが 図4.12 です。シグモイド関数の微分の最大値が0.25であったのに対して、tanh関数の微分の最大値は1であるので、勾配が消失しにくくなることが分かるかと思います。ですので、一般的なディープニューラルネットワークの隠れ層の活性化関数にシグモイド関数が使われている場合、それはすべてtanh関数に置き換えたほうがよいことになります。

　tanh関数はディープラーニングのブームにより活性化関数が再研究されるまで、最も有用な活性化関数であったと言うことができるでしょう。ただし、この関数も、シグモイド関数よりは高い精度が出やすいものの、あくまでも微分の"最大値"が1であり、1より小さい数になってしまうケースがほぼ全てですので、ディープネットワークでは、勾配消失問題を完全に防げてはいません。

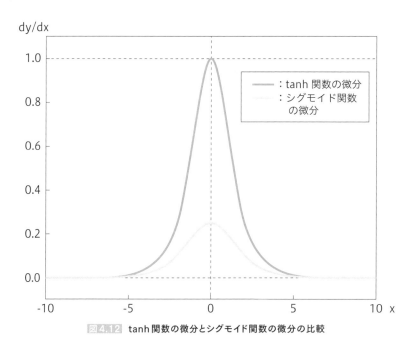

図4.12　tanh関数の微分とシグモイド関数の微分の比較

3.ReLU関数

tanh関数よりも勾配消失問題に対処できるのがReLU（Rectified Linear Unit）関数と呼ばれるもので、図で表すと 図4.13 のようになります。もはやシグモイド関数やtanh関数とは全く異なった形をしていますが、式自体は $y = \max(0, x)$ と非常にシンプルです。

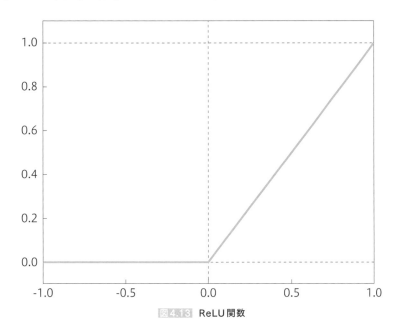

図4.13 ReLU関数

ReLU関数を微分すると 図4.14 のようになりますから、x が0より大きい限り、微分値は常に最大値である1が得られることになります。tanh関数のようにピーク値のみが1のときと比較すると、誤差逆伝播の際に勾配が小さくなりにくい（勾配消失しにくい）ことが分かります。実際、ReLUを活性化関数に用いることによって、ディープニューラルネットワーク全体をそのまま効果的に学習できる場合が多くなりました。ただし、図からも分かる通り、x が0以下の場合は微分値も0になりますから、学習がうまくいかない場合もあるということには注意が必要です。

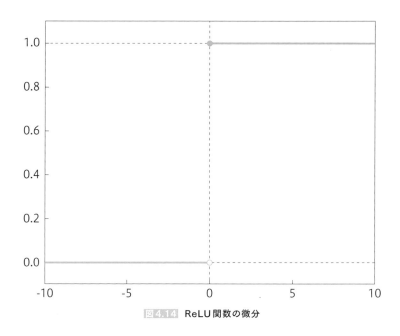

図4.14 ReLU関数の微分

　ReLU関数は、既存の活性化関数と比べて劇的に精度の向上に貢献したため、様々な派生系も考えられました。その中の1つとして、Leaky ReLU関数が挙げられます。グラフは 図4.15 の通りで、ReLU関数との違いは、$x < 0$においてわずかな傾きをもっているという点です。これにより、微分値が0になることはなくなりますから、ReLUよりも勾配消失しにくい、すなわちよりよい精度が出やすい活性化関数として期待されました。しかし実際は、精度が出るときもあれば、ReLUのほうがよい場合もあり、Leaky ReLUのほうが必ず「よい」活性化関数であるとは言い切れないことには注意が必要です。

　他にも、このLeaky ReLUの$x < 0$部分の直線の傾きを学習によって最適化しようというParametric ReLUや、複数の傾きをランダムに試すRandomized ReLUなどがありますが、どれが一番いいか、というのは一概には言うことはできません。

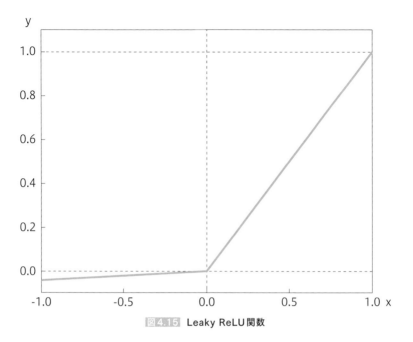

図 4.15 Leaky ReLU関数

章末問題

問題1

ディープラーニングの説明として、最も**不適切なもの**を1つ選べ。

1 ニューラルネットワークの隠れ層を深くしたものである。
2 他の多くのアルゴリズムと比べて一般的に計算量は少なくて済む。
3 非線形の回帰や分類を行うことができる。
4 過学習に陥る可能性がある。

解答 2

解説

ディープラーニングの基本理解を問う問題です。ディープラーニングはさまざまな問題に適用できる一方、過学習することや計算量が必要なことなど、メリット・デメリットを理解しましょう。

問題2

勾配消失問題の対策として、最も**不適切なもの**を1つ選べ。

1 ReLU等の活性化関数を使用する。
2 バッチ正規化を行う。
3 スキップ結合をネットワークに組み込む。
4 ドロップアウトを行う。

解答 4

勾配消失問題についての理解を問う問題です。勾配消失問題の対策として活性化関数に ReLU 等を利用したり、スキップ結合を組み込んだりすることが有効です。ドロップアウトは過学習を抑制するのに効果的です。

問題3

以下の文章を読み、空欄に最も**よく当てはまるもの**を1つ選べ。

　単純パーセプトロンでは非線形分類を行うことはできないが、（　）と呼ばれる層を加えた多層パーセプトロンを用いることで非線形分類は可能となる。

1	隠れ層	2	プーリング層
3	活性化層	4	スキップ層

解答　1

解説

多層パーセプトロンについての理解を問う問題です。多層パーセプトロンは隠れ層を多層にした構造です。

問題4

誤差逆伝播法に関する説明として、最も**適切なもの**を1つ選べ。

1　誤差逆伝播法で、誤差を出力層から入力層へフィードバックさせるときに勾配が小さくなりすぎる問題は過学習と呼ばれる。

2　勾配消失問題を回避するため、ディープニューラルネットワークをより深くするのが有効である。

3 勾配消失問題を回避するには、適切な活性化関数を選ぶ必要がある。

4 誤差逆伝播法は、複数回の積分操作によって実現される。

解答 3

解説

誤差逆伝播法についての理解を問う問題です。誤差逆伝播法により学習する際、勾配消失問題は対策すべき重要な問題なので、対策方法を理解しましょう。

問題5

ディープラーニングの膨大な計算量を処理する演算装置に関する説明として、最も**不適切なもの**を1つ選べ。

1 GPUは画像に関する並列演算処理を得意としており、言語認識や音声のモデルにはCPUを用いる。

2 CPUは様々なタスクを順序よくこなすことを得意としており、大規模な並列演算の効率的な処理は得意でない。

3 ディープラーニング実装用のライブラリのほぼ全てがNVIDIA社製のGPU上での計算をサポートしている。

4 Google社はテンソル計算処理に最適化されたTPUと呼ばれる演算処理装置を開発している。

解答 1

解説

GPUについての理解を問う問題です。GPUは、ディープラーニングを学習する上で重要なハードウェアです。どのような特長があるか理解しましょう。

畳み込みニューラルネットワーク（CNN）を用いた学習を行う際、必要な
データについて述べたものとして、最も**適切なもの**を1つ選べ。

1 学習に必要なデータが不足していると思われる場合、データ拡張を
行い、不足するデータ量を補うことがある。
2 バーニーおじさんのルール「モデルのパラメータ数の10倍のデータ
数が必要」は厳守すべきである。
3 同じパラメータ数のモデルを学習する場合は、必ず同じデータ数に
しなければならない。
4 ビッグデータは学習に必要である多様な特徴を含んでいるため、加
工せずそのまま用いるべきである。

解答　1

解説
畳み込みニューラルネットワークについての理解を問う問題です。学習には膨大な
データを用いますが、どのように準備するか理解しましょう。

以下の説明に当てはまる活性化関数として、最も**適切なもの**を1つ選べ。

　多層ニューラルネットワークの学習における勾配消失問題とは、出力層
から誤差を伝播する過程で勾配が減衰してしまい、入力層に近い層の重み
成分の学習が進まなくなってしまう現象である。この勾配消失問題に対し
ては、関数への入力値が0以下の場合には出力値が0となり、入力値が0よ
り大きい場合には、出力値として入力値と同じ値となる活性化関数を適用
することが有効であると言われている。

1 シグモイド関数   2 ReLU関数

3 ステップ関数   4 ソフトマックス関数

解答 2

解説

活性化関数についての理解を問う問題です。ReLU関数を含めた各活性化関数の特長を理解しましょう。

問題8

以下の文章を読み、空欄に最も**よく当てはまるもの**を1つ選べ。

どんな値を入力しても0から1の間に変換されるため、最終的に確率を出力する際に有用な活性化関数は（　）である。

1 tanh関数   2 シグモイド関数

3 ReLU関数   4 ステップ関数

解答 2

解説

活性化関数についての理解を問う問題です。シグモイド関数は0から1の値に変換します。tanh関数は-1から1の間に範囲が限定されますが、ReLU関数は0以上の値、ステップ関数は0または1の値に変換します。

問題9

テストデータの一部が訓練データに紛れ込んだ場合に起こり得る問題として、最も**適切なもの**を1つ選べ。

1 モデルの性能が不当に高く評価される。
2 モデルの性能が不当に低く評価される。
3 学習時間が増大する。
4 特に問題は生じない。

解答 1

解説

学習時に気をつけることを問う問題です。訓練データとテストデータが重複しないようにデータを分割しないといけません。もし重複した場合に起こりうる問題を理解しましょう。

問題10

勾配降下法において、誤差関数を最小化する際には学習データを用いて計算を行い、それによりパラメータを更新することを繰り返す。その更新の各回を表す語句として、最も**適切なもの**を1つ選べ。

1 カーネル   2 パディング
3 ストライド   4 イテレーション

解答 4

解説

学習方法についての理解を問う問題です。イテレーションと共にエポックなどの語句を理解しましょう。カーネルやパディング、ストライドは畳み込み層に関連する語句です。

問題11

勾配降下法などを用いてモデルを訓練する場合、オンライン学習、バッチ学習、ミニバッチ学習の3者の関係を記述する上で、最も**適切なもの**を1つ選べ。ただし、全訓練データ数をNとする。

1 オンライン学習では、パラメータ更新時に用いられるデータ数が1であり、バッチ学習ではN、ミニバッチ学習ではn < Nである。

2 オンライン学習では、パラメータ更新時に用いられるデータ数がNであり、バッチ学習では1、ミニバッチ学習ではn < Nである。

3 オンライン学習では、パラメータ更新時に用いられるデータ数がNであり、バッチ学習ではn < N、ミニバッチ学習では1である。

4 オンライン学習では、パラメータ更新時に用いられるデータ数がNであり、バッチ学習では1、ミニバッチ学習ではn < Nである。

解答 1

解説

学習方法についての理解を問う問題です。オンライン学習、バッチ学習、ミニバッチ学習の違いを理解しましょう。

問題12

ディープラーニングに限らず、機械学習の手法ではハイパーパラメータの地道なチューニングが必要になる。ハイパーパラメータの説明として、最も**適切なもの**を1つ選べ。

1 モデルに含まれるパラメータの中で最も値が大きいパラメータである。

2 モデルの学習の過程で決定されないパラメータである。

3 別の学習済みモデルから再利用されたパラメータである。

4 前処理の際にのみ必要となるパラメータである。

解答 2

解説

学習方法についての理解を問う問題です。学習には人があらかじめ決めておくハイパーパラメータが存在します。ハイパーパラメータは学習で自動的に決められるものではありません。

以下の文章を読み、空欄に最も**よく当てはまるもの**を1つ選べ。

　（　　）は2つの確率分布の差を表す尺度である。誤差関数として利用する場合、学習中のモデルの予測が、正解データと一致する割合が高いほど（　　）の値は0に近づき、低いほど大きな値をとる。

1　交差エントロピー　　　　　　2　結合エントロピー
3　部分エントロピー　　　　　　4　情報エントロピー

解答　1

解説

誤差関数についての理解を問う問題です。ディープラーニングを適用する問題によって適切な誤差関数を選べるよう、それぞれの特徴を理解しましょう。また、選択肢2や選択肢3は存在しない誤差関数であり、選択肢4も誤差関数には利用しません。

4

ディープラーニングの概要

問題14

確率的勾配降下法の説明として、最も**適切なもの**を1つ選べ。

1　ニュートン法と同じ計算手法である。
2　ベイズの確率により勾配を求める手法である。
3　学習データごとに勾配を求めて修正量を出し、逐次更新する手法である。
4　固定の関数を微分した関数に学習データを代入し、勾配を求める手法である。

解答　3

問題15

ノーフリーランチの定理が示す内容として、最も**適切なもの**を1つ選べ。

1 未知の入力に対して常に良好な結果を出力するモデルは実現可能である。

2 モデルの次元数が増えるにつれて必要なデータは指数関数的に増加する。

3 競合する複数の仮説があるとき、もっとも単純な仮説を選ぶべきである。

4 あらゆる問題で性能の良い汎用最適化戦略は、理論上存在しない。

解答　4

解説

学習方法についての理解を問う問題です。どんな問題でも通用するような学習プロセスは存在しないので、問題に応じて試行錯誤する必要があります。

問題16

以下の文章を読み、空欄（A）（B）に最も**よく当てはまるもの**を1つ選べ。

　（A）は誤差関数が増加し始めた段階で学習を停止する手法である。誤差関数が増加に転じた後、再び減少する（B）が起こりうるため、学習を停止するタイミングについては慎重な検討が必要な場合がある。

1　(A) ドロップアウト　(B) 二重降下現象

2　(A) ドロップアウト　(B) 勾配停留現象

3　(A) 早期終了　(B) 二重降下現象

4　(A) 早期終了　(B) 勾配停留現象

解答　3

解説

学習方法についての理解を問う問題です。二重降下現象のように学習の繰り返し回数を多く設定しておかないと分からない現象もあります。

問題17

ディープラーニングにおいて過学習を防ぐ方法としてドロップアウトがある。ドロップアウトの説明として、最も**適切なもの**を1つ選べ。

1　学習の繰り返しごとに、確率的に特定のニューロンを予測に用いない手法である。

2　過学習を避けるために学習を早く打ち切る手法である。

3　層が深くなっても誤差が伝播しやすくするため、層を飛び越えた結合を設ける手法である。

4　ペナルティ項を付加することで、重みの値の範囲を制限する手法である。

解答　1

解説

ドロップアウトについての理解を問う問題です。ドロップアウトはランダムに選択したニューロンの値を0にすることで予測に用いません。選択されるニューロンはエポックごとに変更します。

第5章

ディープラーニングの要素技術

5-1. ネットワークの構成要素

畳み込みニューラルネットワークは、ディープラーニングの中で最も成功を収めているモデルです。その各層を構成する要素について、詳細な構造を見てみましょう。

1. 畳み込み層

　畳み込み層は畳み込みニューラルネットワークの重要な構成要素なので、処理を詳しく説明します。

1.1 畳み込み層の処理

　畳み込み層では、フィルタ（またはカーネル）を用いて、特徴を特徴マップとして抽出する畳み込み処理（convolution）を行います。例えば図5.1 のような縦横の2次元に数値とフィルタがあったとします。畳み込み処理は、図5.2 のように、フィルタを画像の左上から順番に重ね合わせていき、画像とフィルタの同じ位置の値をかけ合わせて総和をとる処理になります。このフィルタは3×3など、小さなサイズのものが用いられることが多いです。

　入力が、幅W×高さH×チャネルNだったとします。このとき、畳み込み層のフィルタは、3×3×Nのように、3次元の構造となります。

画像

1	0	0	1	1
0	1	1	1	0
1	1	1	0	1
0	1	0	1	1
1	0	0	1	1

カーネル（フィルタ）

1	0	1
0	1	0
1	0	1

図5.1　画像とカーネル（フィルタ）

フィルタの値は、どうやって決めるのでしょうか。人が1つずつ値を決めるのではなく、それぞれのフィルタの値を学習により獲得します。この学習にも誤差逆伝播法が用いられます。

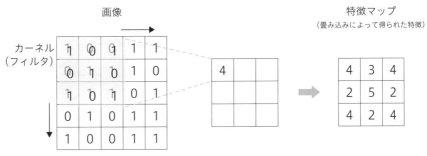

図5.2 畳み込み処理

1.2 パディング処理

　畳み込み処理を適用すると、特徴マップのサイズは少し小さくなります。フィルタのサイズによりどれだけ小さくなるかは変わり、フィルタサイズ-1分小さくなります。入力と同じサイズの特徴マップにしたい場合は、パディング処理を適用します。パディング処理は、入力の上下左右に要素を追加し、0の値で埋めます。このとき、(フィルタサイズ-1)/2分を上下左右に追加します。

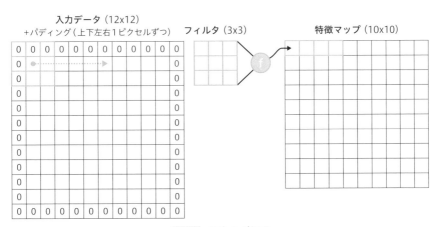

図5.3 パディング処理

1.3 ストライド

　畳み込み処理は、フィルタを重ねる位置をずらしていきますが、そのずらし幅をストライドと呼びます。ストライドが1の場合は、1画素ずつずらしていきます。ストライドが2の場合は、1画素飛ばして畳み込み処理します。よって、特徴マップのサイズは小さくなります。

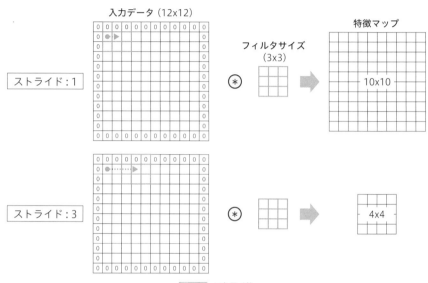

図5.4　ストライド

1.4 Atrous Convolution

　通常の畳み込み層では、フィルタの値を特徴マップの値に対して、密にかけ合わせます。これにより、限られた範囲の情報のみが集約されます。では、広い範囲の情報を集約するにはどうしたらよいでしょうか。フィルタのサイズを大きくすると広い範囲の情報を集約できますが、計算量と学習するパラメータ数が増えてしまいます。そこで、Atrous Convolutionが用いられます。Atrous Convolutionは、図5.5のように、フィルタの間隔を空けて、広い範囲に対して畳み込み処理を行います。Atrous Convolutionは、特徴マップの注目する領域が広がるにもかかわらず計算量は増えません。Atrous Convolutionは、Dilated Convolutionとも呼ばれています。

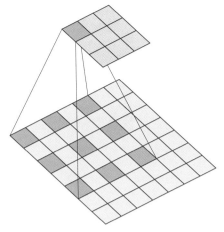

図 5.5 Atrous Convolution

1.5 Depthwise Separable Convolution

通常の畳み込み処理の代わりに、Depthwise Separable Convolutionを用いることもあります。Depthwise Separable Convolutionでは、空間方向とチャネル方向に対して独立に畳み込み処理を行います。空間方向はDepthwise Convolution、チャネル方向はPointwise Convolutionと呼びます。Depthwise Convolutionは、特徴マップのチャネル毎に畳み込み処理を行います。Pointwise Convolutionは、1 × 1の畳み込み処理を行います。

図 5.6 のように、特徴マップのサイズが $H \times W \times N$、出力チャネル数がM、フィルタサイズが $K \times K$ の場合、通常の畳み込み処理の計算量は $O(H \times W \times N \times K^2 \times M)$ です。一方、Depthwise Convolutionの計算量は $O(H \times W \times N \times K^2)$、Pointwise Convolutionの計算量は $O(H \times W \times N \times M)$ となります。通常の畳み込み処理をDepthwise Separable Convolutionに置き換えることで、計算量が $O(H \times W \times N \times K^2 \times M)$ から $O(H \times W \times N \times K^2 + H \times W \times N \times M)$ に削減できます。ただし、通常の畳み込み処理の近似計算なので、精度は一致しません。

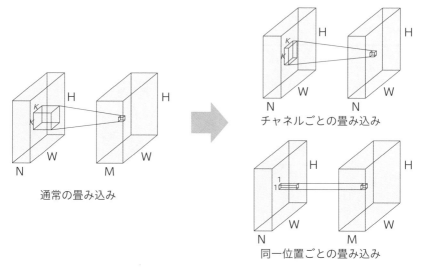

図 5.6 Depthwise Separable Convolution

2. プーリング層

　プーリング処理は、特徴マップをルールに従って小さくする処理です。これをダウンサンプリングあるいはサブサンプリングと呼びます。プーリングには、ある小領域ごとの最大値を抽出する最大値プーリング（max pooling）や平均値プーリング（average pooling）があります。

　図 5.7 は最大値プーリングの処理を表したものです。プーリングするサイズを 2 × 2 の小領域に設定して、その中の最大値を抽出します。これでダウンサンプリングした特徴マップが得られます。これにより、特徴を集約して、特徴次元を削減する効果もあります。また、この処理も畳み込み処理同様、画像のズレに対する頑健性を持ち、不変性を獲得します。

　プーリング層は、あらかじめ決めたルールに従って演算を行うだけです。畳み込み層と異なり、プーリング層には学習すべきパラメータは存在しません。

図5.7 最大値プーリング

3. 全結合層

　全結合層では、層に入力された特徴に対して重みをかけて、総和した値をユニットの値とします。これは、通常のニューラルネットワークと同じで、線形関数となっています。

　CNN（LeNet）では、畳み込み層・プーリング層を繰り返した後、全結合層を積層します。このとき、図5.8 のように特徴マップを1列（フラット）に並べる処理を行います。

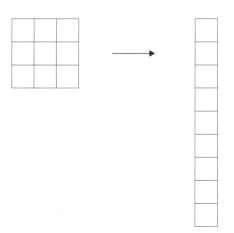

図5.8 入力に用いる画像データ変換の例

　この全結合層を用いず、特徴マップの平均値を1つのユニット（ニューロン）の値にするGlobal Average Poolingと呼ばれる処理が用いられることもあります。

4. スキップ結合

　畳み込み層やプーリング層、全結合層を重ねていくことで非常に深い
ネットワークを作ることができます。しかし、ネットワークの層を増やし、
「超」深層になると識別精度が落ちるという問題があります。「超」深層にす
ると、学習時に誤差を入力層近くまで逆伝播しにくくなることが原因です。

　そこで、「超」深層となる深いネットワークを実現するために考えられた
のが、「層を飛び越えた結合」であるスキップ結合です。この結合は、ResNet
で導入されました。スキップ結合を導入することにより、

- 層が深くなっても、層を飛び越える部分は伝播しやすくなる。
- 様々な形のネットワークのアンサンブル学習になっている。

ことが、学習がうまくいく理由として挙げられています。

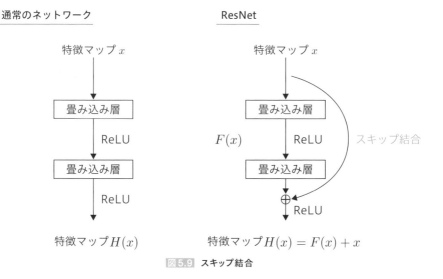

図5.9　スキップ結合

5. 正規化層

　学習するうえで、各層に伝わっていく特徴の分布は重要です。特徴の分布のバラツキを抑制するために、各層の特徴の平均値が0、分散が1になるように正規化処理を行います。

　バッチ正規化（batch normalization）は、各層で活性化関数をかける前の特徴を正規化します。いわば無理矢理データを変形させているわけなので、どのように変形すればいいのかを学習によって決めます。学習時、ミニバッチで複数の入力データを用いています。各層において、データ間での特徴のバラツキをチャネルごとに正規化するよう学習しています。特徴の正規化する範囲を変えることで、レイヤー正規化（データごとに全チャネルをまとめて正規化）、インスタンス正規化（データごとに各チャネルを正規化）、グループ正規化（データごとに複数のチャネルをまとめて正規化）などがあります。

　これらの正規化は非常に強力な手法で、学習がうまくいきやすくなるという利点以外にも、過学習しにくくもなります。

図5.10　正規化

5-2. リカレントニューラルネットワーク

時系列データを扱う場合に用いるネットワークがリカレントニューラルネットワークです。リカレントニューラルネットワークを構成する要素を見ていきましょう。

1. 回帰結合層

ネットワークは入力から出力まで情報が一方向に流れていくものばかりでした。各入力が互いに独立しているならばこれで問題ありませんが、次の入力が過去の入力と関係するような場合、その関係性を次の入力の処理にも利用したいはずです。このような時系列データを扱うために、ネットワークの中間状態を次の入力の処理に利用する回帰結合層が考案されました。この回帰結合層を含むネットワークをリカレントニューラルネットワーク（Recurrent Neural Network, RNN）と呼びます。

RNNを使ってできることの代表例として言語モデル（Language Model、LM）があります。これは過去に入力された単語列から次に来る単語を予測するというもので、音声処理でも自然言語処理でも使われます。また後ほど紹介するPretrained Modelsの基礎にもなっています。

CNN同様、RNNもいくつかのモデルが考えられていますので、それぞれどういったものなのかを見ていくことにしましょう。

2. RNNの基本形

図5.11はRNNの概略図です。通常のニューラルネットワークと比べると、過去の回帰結合層が追加されています。ここでは、回帰結合層と過去の回帰結合層を別で描いていますが、そのものは全ての時刻で共通です。回帰結合層は、過去の時刻の情報を反映した特徴をもっているだけであることに注意してください。

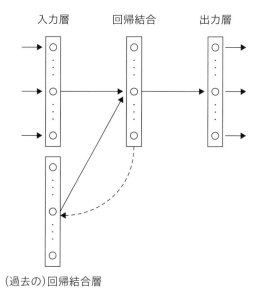

入力層　　　　　回帰結合　　　　　出力層

（過去の）回帰結合層

図5.11 RNNの概要図

　図5.11 はRNNの中でも特にエルマンネットワーク（Elman Network）
と呼ばれる構造で、回帰結合層の情報を伝播して、次の時刻の入力ととも
に利用します。これに対して出力層の情報を伝播して、次の時刻の入力と
ともに利用するモデルをジョルダンネットワーク（Jordan Network）と呼
びます。前者が自然言語処理などで利用されるのに対し、後者はロボット
の運動制御などで利用されます。

3.LSTM

　一見するとRNNは時系列データを分析するのに十分と思えるのです
が、実はいくつか厄介な問題を抱えています。まず1つ目は、通常のニュー
ラルネットワークでもあった勾配消失問題です。RNNは時間軸を展開する
と深いニューラルネットワークになりますから、誤差を逆伝播する際、過
去に遡るにつれて勾配が消えていってしまうという問題が発生します。

5

ディープラーニングの要素技術

また、時系列データを扱ううえでの固有の問題も発生します。ネットワークの重みがどうなるかを考えた場合、通常のニューラルネットワークでは、関係ある情報が入力された際は重みが大きくあるべきですし、関係のない情報が入力された際は、重みは小さくあるべきです。しかし、時系列データを扱う場合は、「今の時点では関係ないけれど、将来の時点では関係ある」という入力が与えられた際、重みは大きくすべきであり、同時に小さくすべきであるという矛盾を抱えることになります。この問題は入力重み衝突と呼ばれ、RNNでの学習がうまくいかなくなる大きな要因となりました。同様に、出力に関しても出力重み衝突が発生し、学習を妨げることとなりました。

こうしたいくつかの問題を解決するために考えられたのがLSTM（Long Short-Term Memory）と呼ばれる手法です。通常のニューラルネットワークでは勾配消失問題を解決するために活性化関数を工夫するなどしましたが、LSTMでは、回帰結合層の構造を変えることで同様に問題を解決しています。また、同時に入力重み衝突といった問題も解決しています。

LSTMはLSTMブロックと呼ばれる機構を導入し、時系列情報をうまくネットワーク内に保持することを可能としています。図5.12がLSTMブロックの概要図です。実線で書かれている矢印は現在の時刻のデータの流れを表しており、点線は一つ前の時刻のデータの流れを表しています。また$\otimes$はベクトルの要素ごとの積で、fは活性化関数を表します。

これはネットワーク全体ではなく、あくまでも通常のニューラルネットワークにおけるユニットの1つがこのLSTMブロックに対応しているということに注意してください。

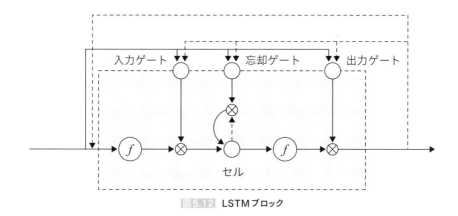

図5.12 LSTMブロック

　複雑なつくりをしているLSTMブロックですが、その構造はとても理にかなっています。大まかには2つの機構から成っています。

- 誤差を内部にとどまらせるためのセル
- 必要な情報を必要なタイミングで保持・消却させるためのゲート

　セルはCEC（Constant Error Carousel）とも言われ、その名前の通り誤差を内部にとどめ、勾配消失を防ぐためのものになります。一方、ゲートは入力ゲート、出力ゲート、忘却ゲートの3つからなり、入力ゲート、出力ゲートはそれぞれ入力重み衝突、出力重み衝突のためのゲート機構になります。そして忘却ゲートは誤差が過剰にセルに停留するのを防ぐために、リセットの役割を果たすためのゲート機構になります。

　LSTMは時系列データを扱ううえではデファクトスタンダードになっているモデルとも言えます。一方、LSTMはセルやゲートそれぞれを最適化しなくてはならないため、計算量を多く要します。そのため、LSTMを少し簡略化したGRU（Gated Recurrent Unit）と呼ばれる手法が代わりに用いられる場合もあります。図5.13 がGRUにおけるブロック機構です。GRUではリセットゲート、更新ゲートというゲートが入力ゲート、出力ゲート、忘却ゲートの代わりを果たします。

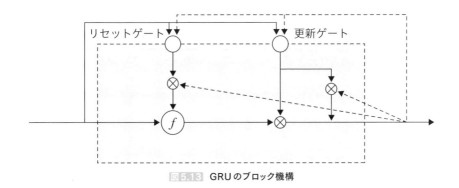

図5.13 GRUのブロック機構

4.Bidirectional RNN

　扱う時系列データの種類によっては、RNNをさらに応用したモデルが用いられます。例えば時間情報の途中が欠けていてそれが何かを予測したい場合は、過去の情報だけでなく、過去と未来両方の情報を使って予測したほうが効果的と言えるでしょう。自然言語処理においては例えば単語の品詞を推定したい場合などは、過去の単語だけでなく未来の単語の情報も用いる方がより高精度に行えます。通常のRNNは過去から未来への一方向でしか学習をすることができませんが、RNNを2つ組み合わせることで、未来から過去方向も含めて学習できるようにしたモデルのことをBidirectional RNN（BiRNN）と言います。

　図5.14 がBiRNNの概要図です。横方向は、時間軸に沿って展開しているものであることに注意してください。2つのRNNを組み合わせると言っても、それぞれは過去用と未来用とで独立しているので、取り立てて複雑なところはありません。

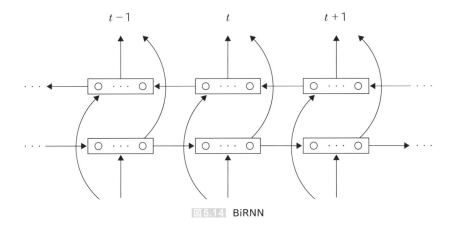

図5.14 BiRNN

5.エンコーダ-デコーダ

　ここまでで見てきたモデルはいずれも入力が時系列で、出力が1つでした。例えば言語モデルにおける入力は過去の単語列で、出力は次に来る単語1つです。一方、入力が時系列なら出力も時系列で予測したいという場合も往々にしてあることでしょう。そうした問題に対処したモデルをsequence-to-sequence（Seq2Seqと書かれることもあります）と言い、自然言語処理分野を中心に活発に研究されてきました。その代表例が機械翻訳です。機械翻訳では入力文の長さとその翻訳である出力文の長さは必ずしも一致しません。

　とは言え、こちらも土台となるアプローチは2つのRNNを組み合わせることです。RNN エンコーダ-デコーダという名前の手法になりますが、入力も出力も時系列ならば、それぞれにRNNを対応させればいいという考えに基づいています。

　名前の通り、モデルは大きくエンコーダ（encoder）とデコーダ（decoder）の2つのRNNに分かれており、エンコーダが入力データを処理して符号化（エンコード）し、符号化された入力情報を使ってデコーダが復号化（デ

コード）します。もちろん、出力も時系列なため、全出力を一気に行うことは不可能です。そのため、デコーダは自身の出力を次のステップで入力として受け取って処理することになります。

　なお最近ではRNNに限らず、入力されたデータを処理するニューラルネットワークをエンコーダ、出力を生成するニューラルネットワークをデコーダと呼びます。例えば画像を入力としてその画像の説明文を生成するImage Captioningと呼ばれるタスクでは、エンコーダは画像を処理するためCNNが用いられ、デコーダでは自然言語文を出力するためRNNが用いられます。

6. RNNの学習

　RNNには、通常のニューラルネットワークと同様に、入力層から回帰結合層に情報が伝播する経路があります。そこに加えて、過去の回帰結合層から（現在の）回帰結合層にも情報が伝播する経路を持つことが大きな違いです。すなわち、これまでに与えられた過去の情報をどの程度現在の情報に反映するかを学習することになります。ですので、誤差を過去に遡って逆伝播させます。これには、時間軸に沿って誤差を反映していく、BackPropagation Through-Time（BPTT）を用います。

　なお、回帰結合層からの出力を次層の回帰結合層に入力することで、回帰結合層を何層も積み重ねた深いリカレントニューラルネットワークを構成することもできます。

　また、ある時刻の情報をRNNに入力するとその時刻に対する出力が得られます。n時刻分の情報を逐次入力すると、各時刻の出力が得られるので、入力数と出力数は一致します。

　RNNの学習も基本的には他のネットワークと同様で、出力層の値を

Softmax関数で確率に変換し、正解との誤差を計算して誤差逆伝播法によりパラメータの調整を行います。例えば言語モデルにおいては、いくつかの単語を順に入力したときに次に来る単語を予測し、これを正解の単語と比較して誤差を計算します。ここで、次に入力する単語について考えてみましょう。次に入力する単語は、一つ前の単語を入力したときの正解データそのものです。このように、正解データを次の入力データとして利用することを**教師強制（Teacher Forcing）**と呼びます。機械翻訳においても、デコーダへの入力として正解の翻訳文を利用しますので、教師強制を用いています。

　訓練時には正解データが与えられるので教師強制が使えますが、テスト時には正解データを利用することはできませんので、教師強制は使えません。テスト時には一つ前の出力を次の入力に利用することになります。ここで、訓練時とテスト時で入力データの傾向に違いが出てしまい、テスト時では訓練時ほどのパフォーマンスが出ないという問題が発生することがあります。これを**露出バイアス（Exposure Bias）**と呼び、言語生成AIにおける繰り返し（repetition）、矛盾（incoherence）、ハルシネーション（hallucination）などのエラーの原因の一つとされています。

　なお教師強制はRNNだけでなく、入力系列と出力系列が同じ場合には利用することができますので、次章のトランスフォーマーなどの学習においても同様に利用されています。

7.Attention

　RNNの応用によって、様々な時系列タスクで高い精度を達成するようになりました。一方で、RNNは（LSTMにしろ、GRUにしろ）1つ前の状態と新たな入力から次の状態を計算するだけであり、過去の（BiRNNでは過去と未来の）どの時刻の状態がどれだけ次の状態に影響するかまでは直接求めていません。

そうした背景から、「時間の重み」をネットワークに組み込んだのが
Attentionと呼ばれる機構です。過去の各時刻での回帰結合層の状態を保
持しておき、それぞれの重みを求め、出力を計算する際に回帰結合層の状
態の重み付き和を利用することで、時間の重みを考慮したモデルを実現し
ます。このAttentionも時系列タスクで精度の向上に多大に貢献しました。

　機械翻訳を例に取ると、Attention機構のないsequence-to-sequenceモデ
ルでは入力文全体の情報はエンコーダを通ることでただ1つのベクトルに
押し込められるため、入力文が長くなればなるほど全体の情報を適切に保
持することができなくなり、正しい翻訳を出力することが難しくなるとい
う問題がありました。Attention機構を導入することで過去の情報（入力文
の各単語をエンコーダで1つずつ読み込んだ際の隠れ層の情報）を適切に
重み付けして用いることが可能となり、長い文であっても正確な翻訳が出
力できるようになりました。

　Attentionは入力と出力の間を「時間の重み」によって対応づけていると
考えることもできるため、入力と出力の対応関係を可視化することができ
ます。例えば 図5.15 は、英語からフランス語への翻訳タスクにおいて、
Attentionの重みをヒートマップ状に表現したものです。モデルはフランス
語の単語をひとつずつ出力していくわけですが、該当の単語を出力する
際、入力となる英文のどの単語に重みが付いているかを表しています。

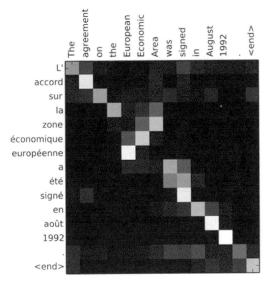

図5.15 翻訳タスクにおけるAttentionの重みの可視化の例

　Attentionは「出力から見た時の各入力の貢献度（重み）」を表しているので、こうした入出力の対応関係を可視化できるわけです。例えば前述のImage Captioningにおいても、入力された画像のどこに注目して説明文を生成しているかを可視化することができます。もちろんこうした可視化だけで予測の根拠が説明できるわけではありませんが、少なくとも全然関係のない対応関係が学習されてしまっていないかを確認することができるという意味では有用であることに変わりありません。

5-3. トランスフォーマー

RNNによって、時系列データを扱う様々なタスクにディープラーニングが利用できるようになりました。しかし、RNNにはいくつか欠点があります。その欠点を解決したトランスフォーマーの特徴を見てみましょう。

1. トランスフォーマーの基本形

トランスフォーマーはニューラル機械翻訳の新たなモデルとして提案されました。トランスフォーマー登場前の機械翻訳モデルでは、それぞれRNNで構成されたエンコーダとデコーダをAttention機構により橋渡ししたような構造を持っていました。なお入力文（source）と出力文（target）の橋渡しに使われるAttention機構は特にSource-Target AttentionもしくはEncoder-Decoder Attentionと呼ばれています。トランスフォーマーはエンコーダとデコーダからRNNを排除し、代わりにSelf-Attention（自己注意機構）と呼ばれるネットワーク構造を採用している点が最大の特徴です。ネットワーク全体がSelf-AttentionとSource-Target Attentionという2種類のAttention機構のみから構成されているため、並列計算がしやすく、RNNと比べて高速にモデルの学習が行えます。またSelf-Attentionのおかげで遠い位置にある単語同士の関係もうまく捉えることができるようになり、機械翻訳の精度もさらに向上しました。今ではGoogleが提供している機械翻訳サービスにもこのトランスフォーマーが部分的に取り入れられています。

2. RNNの問題点

RNNのおかげで時系列データを扱う様々なタスクの精度は大きく向上しました。しかし、RNNにはいくつか欠点があります。1つ目は入力データを時間軸に沿って必ず1つずつ順番に読み込む逐次処理が必要になる点です。そのため、並列計算ができず、処理速度が遅くなります。2つ目は時系

列の最初の時刻に入力した情報の影響が時間の経過とともに次第に薄れてしまう点です。時系列で与える入力データの長さが長くなると、遠く離れた単語間の関係が捉えきれません。これにより、精度が向上しない場合があります。これらの問題を解決した新たなニューラルネットワーク構造として、2017年にトランスフォーマー（Transformer）が提案されました。

3.Self-Attention（自己注意機構）

Source-Target Attentionが入力文と出力文の単語間の関連度を計算したものであるのに対し、Self-Attentionは入力文内の単語間または出力文内の単語間の関連度を計算したものです。自分と他の全ての単語との関係を重み付きで考慮することで、各単語がその文内でどのような役割を持つかをうまく捉えることができます。RNNで入力文内の単語間の関係を計算するにはその間にある単語数分のステップが必要でした。一方でSelf-Attentionでは入力文内の全ての単語間の関係を1ステップで直接計算することが可能です。また、ある単語と他の単語との間の関係計算は、別のある単語とその他の単語との間の関係計算とは独立ですので、全ての計算が並列に行え、高速に処理できます。

Self-Attentionは文内の単語間の関係を直接計算できるのですが、一方で語順の情報が失われてしまっています。トランスフォーマーではこれを回避するために、位置エンコーディング（positional encoding）と呼ばれる単語の出現位置に固有の情報を入力に付加します。これによりニューラルネットワークは間接的に単語の位置情報や単語間の位置関係を考慮することができます。

トランスフォーマーではエンコーダもデコーダもSelf-Attentionを用いているのですが、仕組み上の違いが2点あります。1点目は、デコーダはSource-Target Attentionにより入力文の情報も利用するという点です。2点目は、エンコーダでは入力文の全ての単語を見ながら計算を行います

が、デコーダでは先頭から順に出力を生成するため、まだ出力していない未来の情報は使えないという点です。このためデコーダが翻訳文を生成するプロセスは並列化することができません。なお、少し細かい話になりますが、モデルの訓練時は正解の翻訳が与えられており、これを利用することで並列計算を行うことができるため、訓練時はデコーダも高速に計算することができます。

4. クエリ、キー、バリューによるAttentionの計算

トランスフォーマーで使われている2種類のAttention（Source-Target Attention と Self-Attention）は、どちらもクエリ（Query）、キー（Key）、バリュー（Value）という3つの値を用いて計算されます。それぞれの値はベクトル、もしくはベクトルをまとめた行列です。これらの値の使われ方の

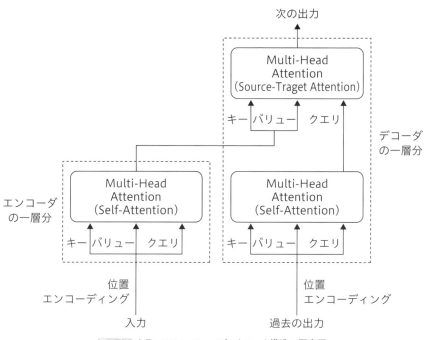

図5.16 トランスフォーマーのネットワーク構造の概念図

イメージとしては、データベースにキーベクトルとバリューベクトルのペアがいくつか格納されており、与えられたクエリベクトルに対して各キーベクトルを用いて各ペアの重要度を計算し、バリューベクトルの値を重要度で重み付けして足し合わせたものを出力する、という流れになります。

図5.16 のトランスフォーマーのネットワーク構造に、クエリ・キー・バリューがどのように入力されるかを示していますので参考にしてください。

図5.16 は簡略化したものですので、正式な構造は元論文 ("Attention Is All You Need" https://arxiv.org/abs/1706.03762) を参照してください。

Source-Target Attentionではクエリとしてデコーダの中間状態を利用し、キーとバリューはエンコーダの最終出力を利用します。これによりデコーダの状態に応じて、次の出力を決める際に必要となる入力の情報が適切に参照できるようになります。一方のSelf-Attentionでは、これら3つの値は全て自分自身をコピーして利用します。これにより例えば各単語のベクトル表現を、同じ文内の他の単語との関係性を考慮して計算することができます。

5.Multi-Head Attention

上記のAttentionの計算では、クエリとキーとの関係を1種類のパターンでしか捉えることができません。しかし実際には、視点の異なるいくつかのパターンでクエリとキーとの関係を見る方が良いこともあるでしょう。これを実現するために、上記のAttentionの計算を複数並列に行うことを考えます。これをMulti-Head Attentionと呼び、各Attentionの計算をHeadと呼びます。ただ、クエリ、キー、バリューの値が同じならばAttentionの計算も同じになってしまいます。そこでこれら3つの値をそれぞれ異なる全結合層に通して変形します。さらにHeadの数だけ異なる全結合層を用意します。こうすることで各Headがそれぞれ視点の異なるパターンでクエリとキーとの関係を見ることができるようになります。

5-4. オートエンコーダ

ディープラーニングでデータを生成する深層生成モデルの研究が活発に行われています。その基礎となるオートエンコーダについて見てみましょう。

1. 基本的なオートエンコーダ

オートエンコーダは、可視層と隠れ層の2層からなるネットワークです。可視層は入力層と出力層がセットになったものだと考えてもらって構いません。図5.17 が概要図になります。

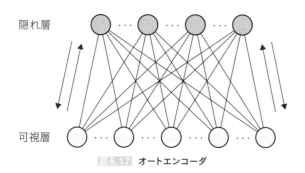

図5.17 オートエンコーダ

オートエンコーダに与えられる入力は、可視層（入力層）→ 隠れ層 → 可視層（出力層）の順に伝播し、出力されることになります。これが意味することは、オートエンコーダは「入力と出力が同じになるようなネットワーク」ということになります。図5.17 の可視層を、入力層と出力層にあえて分けて描くと、図5.18 のようになります。形だけ見ると、普通の多層パーセプトロンのように見えます。

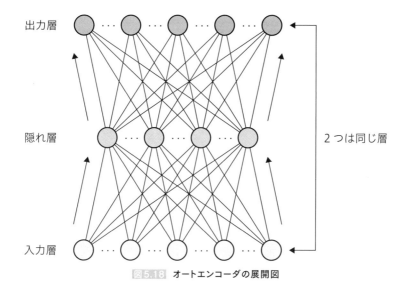

図5.18 オートエンコーダの展開図

2つは同じ層

　入力と出力が同じ、ということは、例えば手書き数字の"3"という画像データを入力したら、同じく"3"という数字画像を出力するようにネットワークが学習をするということになります。一見すると意味がないようにも思えてしまいますが、この学習により、隠れ層には「入力の情報が圧縮されたもの」が反映されることになります。ここで注意すべき点は、入力層（可視層）の次元よりも、隠れ層の次元を小さくしておくことです。これにより、文字通り入力層の次元から、隠れ層の次元まで情報が圧縮されることになります。感覚的には、情報が「要約される」とでも思っておけばよいでしょう。一度入力された情報を要約し、それを元に戻すように出力するわけですから、大事な情報だけが隠れ層に反映されていくことになります。この入力層→隠れ層における処理をエンコード（encode）、隠れ層→出力層における処理をデコード（decode）と言います。

　オートエンコーダ自体は教師なし学習に分類されるもので、例えば画像のノイズ削減などに応用されています。オートエンコーダ自体は古くに考えられていますが、このオートエンコーダを応用したディープラーニングの手法が色々考案されています。

2. 積層オートエンコーダ

　オートエンコーダを応用して、ディープラーニングの黎明期に考えられた手法が積層オートエンコーダ（stacked autoencoder）です。ディープラーニングの祖であるジェフリー・ヒントンが考えたもので、文字通りオートエンコーダを「積み重ねる」ことによってできたディープオートエンコーダと言えます。現在はこの手法が使われることはまずないですが、参考のために中身を見ていきましょう。

　積層オートエンコーダは、オートエンコーダを順番に学習させ、それを積み重ねていくというアプローチを取りました。

　例として、オートエンコーダを2つ積み重ねる場合を考えてみましょう。1つめのオートエンコーダをオートエンコーダA、2つめをオートエンコーダBと名前を付けておきます。

　まず、オートエンコーダAは可視層 ←→ 隠れ層の学習をそのまま行います。これでオートエンコーダAの重みが調整されることとなります。今度は、このオートエンコーダAの隠れ層が、オートエンコーダBの可視層になります。オートエンコーダAを通ってやってきた情報をもとに、今度はオートエンコーダBで学習が行われます。 図5.19 がこの流れを描いたものになります。図の左をオートエンコーダA、図の右をオートエンコーダBに対応させて見てもらえば、イメージしやすいのではないでしょうか。

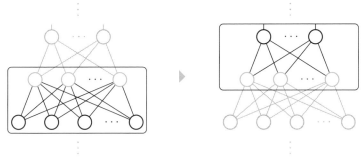

図5.19 積み重ねたオートエンコーダを順番に学習

　オートエンコーダの数が増えても、この流れは同じです。どんなに層が積み重なっていっても、肝心なのは、順番に学習していくこと。これにより、それぞれで隠れ層の重みが調整されるので、全体で見ても重みが調整されたネットワークができることにつながるのです。このオートエンコーダを順番に学習していく手順のことを 事前学習（pre-training）と言います。

　ただし、現在はこの「事前学習」は転移学習の文脈で用いられることが大半です。

3. 変分オートエンコーダ

　変分オートエンコーダ（Variational Auto-Encoder, VAE）は、モデルの名前にも含まれている通り、オートエンコーダを活用します。従来のオートエンコーダは、入力と出力を同じにするような学習を行います。隠れ層は入力データ（の特徴）をうまく圧縮表現したものになります。

　変分オートエンコーダは入力データを圧縮表現するのではなく、統計分布に変換します。すなわち、平均と分散で表現するように学習します。入力データ（画像）が何かしらの分布に基づいて生成されているものだとしたら、その分布を表現するように学習すれば良いという考えから、こうしたアプローチが取られました。入力データはこの統計分布のある1つの点と

なります。変分オートエンコーダは、図5.20 のように、エンコーダが入力データを統計分布のある1点となる潜在変数に変換します。デコーダは、統計分布からランダムにサンプリングした1点を復元することで、新しいデータを生成します。

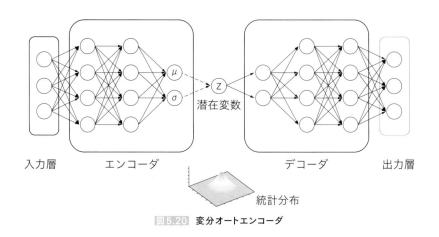

図5.20 変分オートエンコーダ

　変分オートエンコーダは色々な応用手法も考えられており、潜在変数を連続値ではなく離散値にした VQ-VAE や、潜在変数とデータの相関を高めることで生成の精度を上げた infoVAE、VAEの目的関数において正則化を工夫することにより画像の特徴を潜在空間上でうまく分離し、画像生成を行いやすくした β-VAE などがあります。

章 末 問 題

問題1

Random Erasingについての説明として、最も**適切なもの**を1つ選べ。

1 画像処理に用いられるデータ拡張の1手法である。画像の一部分の画素をランダムに決定した値に変更することで、新しい画像を生成する。

2 ディープニューラルネットワーク（DNN）の学習を行う際、過学習に陥るリスクを軽減するため、学習の繰り返しごとに、ランダムにニューロンを除外して学習を進める手法である。

3 自然言語処理において用いられる手法で、文中の一部の単語をランダムにマスクして見えないようにした状態で入力し、マスクされた単語を予測させることで学習を進める手法である。

4 学習済のネットワークにおいて、推論に与える影響が少ないニューロン間の接続をランダムに取り除く手法である。

解答　1

解説
データ拡張についての理解を問う問題です。Random Erasing は画像処理に用いられるデータ拡張手法です。

問題2

ResNetにおいて、1つ下の層だけでなく、層をまたぐ結合の構造が導入されており、これにより誤差の逆伝播を行いやすくなるという特徴がある。この結合の名称として、最も**適切なもの**を1つ選べ。

1 サブ結合	2 スキップ結合
3 ドロップ結合	4 リカレント結合

解答　2

解説

スキップ結合についての理解を問う問題です。スキップ結合は、勾配消失問題を解消する ResNet の重要な構成要素です。

問題3

畳み込みニューラルネットワーク（CNN）において、フィルタを移動させる幅の呼称として、最も**適切なもの**を1つ選べ。

1 ストローク	2 パディング
3 ストライド	4 スライド

解答　3

解説

畳み込み層についての理解を問う問題です。移動させる幅はストライド、入力データの周囲に領域を追加するのがパディングです。ストロークやスライドは畳み込み層とは関係ありません。

問題4

データ拡張の目的として、最も**不適切なもの**を1つ選べ。

1 学習データの水増し
2 未知のデータに対する汎化性能の向上
3 過学習の抑制
4 学習時間の短縮

データ拡張についての理解を問う問題です。データ拡張によりデータを水増しすることで汎化性能が向上し、過学習を抑制できますが、その分学習時間は増えます。

問題5

畳み込みニューラルネットワーク（CNN）において畳み込み層の処理を行う前に、入力データの周囲に0など固定のデータを埋める処理の名称として、最も**適切なもの**を1つ選べ。

1　パディング　　　　　　　　　2　ストライド
3　ドロップアウト　　　　　　　4　プーリング

解答　1

解説
畳み込み層についての理解を問う問題です。パディングとストライドの処理を理解しておきましょう。ドロップアウトやプーリングは畳み込み層の処理に関係ありません。

問題6

以下の文章を読み、空欄（A）（B）に最も**よく当てはまるもの**を1つ選べ。

　畳み込みニューラルネットワーク（CNN）の畳み込み層においては、（A）と呼ばれる小領域を1画素または複数画素ずつ動かしながら、画像と重なった領域において演算を行う。このとき動かす画素数のことを（B）といい、この処理のことを畳み込み処理という。

1 （A）フィルタ　　（B）エポック
2 （A）フィルタ　　（B）ストライド
3 （A）レイヤー　　（B）ストライド
4 （A）レイヤー　　（B）エポック

|解答|　2

|解説|

畳み込み層についての理解を問う問題です。フィルタまたはカーネルの役割、ストライドの意味を理解しておきましょう。

問題7

畳み込みニューラルネットワーク（CNN）に関する説明として、最も**適切なもの**を1つ選べ。

1 CNNは、自然言語処理と強化学習のみに適したニューラルネットワークである。
2 畳み込み処理は、生物の視覚の情報処理にヒントを得たニューラルネットワークの処理法の1つである。
3 CNNに、スキップ結合を加えると学習速度が低下する。
4 CNNには、プーリング処理が必ず必要である。

|解答|　2

|解説|

畳み込みニューラルネットワークについての理解を問う問題です。どのようなアイデアで生まれたのか理解しておきましょう。

問題8

ゲートの数を削減することでLSTMにおける高い計算コストの削減を実現
した手法の名称として、最も**適切なもの**を1つ選べ。

1　LSTNet
2　Adam
3　GRU
4　BPTT

解答　3

解説

リカレントニューラルネットワークについての理解を問う問題です。LSTMはメモ
リセルと3つのゲートがあるため、学習するパラメータ数が多いです。GRUはメ
モリをなくし、ゲート数も減らしたため、学習するパラメータ数が少なくなってい
ます。

問題9

ニューラルネットワークの中間層の値を再帰させることによって、時系列
データや言語などのデータに対応できるようにしたものをなんと呼ぶか、
最も**適切なもの**を1つ選べ。

1　DNN
2　RNN
3　CNN
4　DCNN

解答　2

解説

リカレントニューラルネットワーク（RNN）についての理解を問う問題です。時
系列データに対応する再帰構造がRNNの特徴です。

以下の文章を読み、空欄に最も**よく当てはまるもの**を1つ選べ。

　自然言語処理の文脈において、複数の単語ベクトルにどのベクトルを重要視するかをも含めて学習させる仕組みを（　）という。

1　Attention
2　オートエンコーダ
3　ボルツマンマシン
4　敵対的生成ネットワーク（GAN）

解答　　1

解説

Attentionについての理解を問う問題です。Attentionにより単語ベクトル間の関連性を捉えることができます。

TransformerはEncoder-Decoderモデル構造を持っているが、Encoder側の計算に利用されるAttentionの種類として最も**適切なもの**を1つ選べ。

1　Source-Target Attention
2　Encoder-Decoder Attention
3　Self-Attention
4　Encoder-Attention

解答　　3

解説

TransformerとAttentionについての理解を問う問題です。TransformerではいくつかのAttention構造が採用されています。各Attention構造がどのようなものなのか理解しておきましょう。

Transformerの説明として、**不適切なもの**を1つ選べ。

1 リカレントニューラルネットワーク（RNN）を一切排除し、かわりに
  Attention機構を採用したEncoder-Decoderモデルである。
2 並列計算ができないため、データの処理に時間がかかる。
3 入力系列の中で遠い位置にある要素間の関係も直接考慮することが
  できる。
4 Transformerの応用として様々なPretrained Modelが開発された。

解答　2

解説

Transformerについての理解を問う問題です。RNNの課題を解決するための
Attention構造や並列処理が可能な構造について理解しておきましょう。

自然言語処理における位置エンコーディングに関する説明として、最も**適
切なもの**を1つ選べ。

1 時系列分析を可能とするために用いられる。
2 埋め込むことで計算コストが小さくなる。
3 モデルの解釈可能性を高めるために用いられる。
4 汎化性能を確認する指標として用いられる。

解答　1

解説

位置エンコーディングについての理解を問う問題です。位置エンコーディングにより、
時系列データの並列処理が可能となりますが、計算コストは小さくなりません。

5

ディープラーニングの要素技術

第6章

ディープラーニングの応用例

6-1. 画像認識

画像認識分野は、ディープラーニングが活用されている代表的な分野です。画像認識分野での進歩に伴い、ディープラーニングの注目度があがってきました。この画像認識の進歩を時系列に沿って見てみましょう。

1. 画像データの入力

　画像データは縦横の2次元に数値が並んでいます。厳密には、図6.1のように画像データは赤色、緑色、青色の3つの色情報を持ち、RGB画像、またはカラー画像と呼びます。RGB画像は縦と横だけでなく奥行きをもつ3次元となります。奥行きをチャネルと呼びます。この画像データに適した構造として考えられたのが畳み込みニューラルネットワーク（Convolutional Neural Network、CNN）です。通常のニューラルネットワークでも画像を扱うことはできます。その場合、縦横に並んでいる画像データを分解して縦一列の情報に変換します。画像は、縦横の位置関係が重要な意味を持つので、一列に分解してしまうと大事な関係が失われてしまいます。畳み込みニューラルネットワークのように畳み込み層とプーリング層を利用して、2次元のまま入力として扱うネットワーク構造のモデルの方が画像データには適しており、画像認識タスクでさまざまなモデルが考案されています。

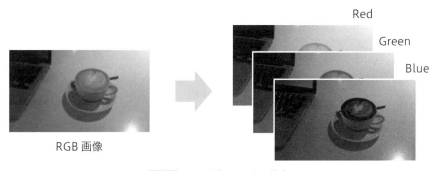

RGB画像

Red
Green
Blue

図6.1　RGB画像のチャネル構成

2. ネオコグニトロンとLeNet

CNNは、私たち人間がもつ視覚野の神経細胞の2つの働きを模してみようという発想から生まれています。その2つとは次の通りです。

- 単純型細胞（S細胞）：画像の濃淡パターン（特徴）を検出する。
- 複雑型細胞（C細胞）：特徴の位置が変動しても同一の特徴であるとみなす。

この2つの細胞の働きを最初に組み込んだモデルはネオコグニトロンと呼ばれるもので、福島邦彦らによって考えられました。 図6.2 はネオコグニトロンの概要図です。S細胞層とC細胞層を交互に複数組み合わせた構造をとっており、ニューラルネットワーク同様、多層構造をしています。

6

ディープラーニングの応用例

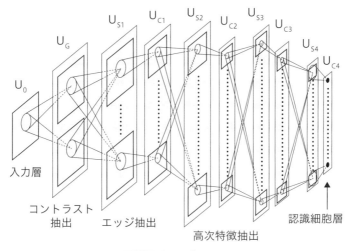

図6.2 ネオコグニトロン

その後1998年に、ヤン・ルカンによってLeNetと呼ばれる有名なCNNのモデルが考えられました。 図6.3 のように、畳み込み層とプーリング層（またはサブサンプリング層）の2種類の層を複数組み合わせた構造をしています。

ネオコグニトロンとLeNetは層の名前こそ違うものの、構造上は非常に似ています。ネオコグニトロンにおけるS細胞層がLeNetにおける畳み込み層、C細胞層がプーリング層にそれぞれ対応しています。ただし、ネオコグニトロンは微分（勾配計算）を用いないadd-if silentと呼ばれる学習方法を用いるのに対し、LeNetでは誤差逆伝播法を用います。

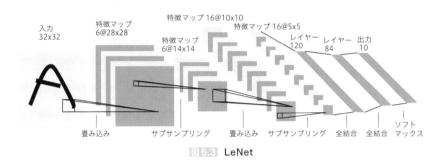

図 6.3　LeNet

　より良いモデルを学習するためには、大量の学習データを用意しなければいけません。ただ単にデータを用意するだけでなく、そのデータの多様性も重要です。現実的にはあらゆるパターンを想定したデータを準備することは困難です。

　そこで、手元にあるデータから擬似的に別のデータを生成するアプローチをとります。このアプローチは、データ拡張（data augmentation）と呼ばれ、データの「水増し」に相当します。手元にあるデータに対して、ランダムにいくつかの処理を施して新しいデータを作り出します。具体的な処理の例は次の通りです。

- 上下左右にずらす。
- 上下左右を反転する。
- 拡大・縮小をする。
- 回転をする。
- 斜めにゆがめる。

- 一部を切り取る。
- 明るさやコントラストを変える。
- ノイズを加える。

　このような処理のほか、データの一部を別の値に入れ替えるparaphrasingやデータの一部分の値を0またはランダムにするCutoutやRandom Erasing、2つのデータを合成するMixupがあります。Cutoutはデータの一部分を遮蔽したようなデータを擬似的に生成することに相当します。一方、Mixupは2つのデータを合成するので、存在しないデータを擬似的に生成することに相当します。CutoutとMixupを組み合わせたCutMixなど擬似的なデータを生成する方法は組み合わせ次第で様々な方法が考えられます。さらに、どのようなデータ拡張の処理をどのくらいの強さで行えばよいか自体を学習により決めるRandAugmentもあります。

　このデータ拡張の効果は大きく、学習に必須の処理です。一方、やみくもに全ての処理を施さないように注意が必要です。例えば親指を上げている「いいね」ボタンの画像を180°回転させてしまうと、意味が真逆になってしまうので、これらを同じパターンとして学習するのは適切ではありません。あくまでもデータ拡張が行っているのは、現実的にあり得るデータを再現しているということです。

4. 物体認識タスク

　物体認識タスクは、入力画像に対してその画像に映る代表的な物体クラスの名称を出力するタスクです。厳密には、識別対象としている物体クラスすべてに対する確信度を出力します。その確信度が最も高い物体クラスを識別結果として出力しています。

　画像認識の精度を競うコンペティション（ILSVRC）において、2012年にAlexNet（アレックスネット）が、従来手法の精度を圧倒し、ディープラーニングに基づくモデルとして初めて優勝しました。AlexNetは、図6.4 のような畳み込み層→プーリング層→畳み込み層→プーリング層→畳み込み層

→畳み込み層→畳み込み層→プーリング層→全結合層（3層）という構造を
しています。

　AlexNet以降、畳み込み層とプーリング層の繰り返しをさらに増やした、
より深いネットワークのモデルが続々と登場しました。

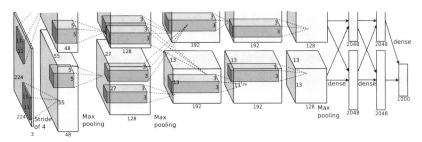

図6.4 AlexNet

　VGGは、畳み込み層→畳み込み層→プーリング層の塊を繰り返し、16層
まで積層しています。ネットワーク構造の設計思想をなるべく分かりやす
くするために、各畳み込み層のフィルタサイズを3×3に統一し、プーリ
ングを行った次の畳み込み層からフィルタ数を2倍に増やすというシンプ
ルな基本設計を採用しています。また、VGGでは、深くなっても学習でき
るよう、いったん少ない層数で学習した後、途中に畳み込み層を追加して
深くする学習方法をとっています。

　2014年に優勝したGoogLeNetは、層を深くするだけでなく、図6.5 の
ような同時に異なるフィルタサイズの畳み込み処理を行うInceptionモ
ジュールを導入しています。Inceptionモジュールを積層することで深い
ネットワークにしつつ、着目する範囲が異なる特徴を合わせて捉えること
ができています。また、ネットワークの層数が増えているため、ネットワー
クの途中に認識結果を出力する層を追加し、学習時に誤差を逆伝播する補
助的な機構を導入しています。

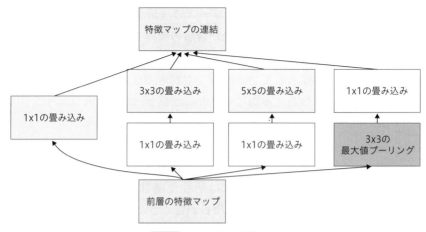

図6.5 Inception モジュール

VGGやGoogLeNetは、10から20層程度の深さですが、さらに「超」深層になると識別精度が落ちるという問題に直面しました。そこで、この問題を解決するスキップ結合を導入したResNetが、2015年に優勝しました。ResNetは、図6.6のような構成となっており、ILSVRC で優勝したモデルは152層と「超」深層です。ILSVRCのテスト画像を人間が画像認識した場合、エラー率はおおよそ5%です。ResNetは、人の識別精度を超えることができています。ただし、ILSVRCでは、1000クラスの識別対象の中でどれかを識別しているので、ResNetは、この1000クラス以外の物体を人間のように識別できません。あくまで限られた条件において、人間を超えているということに注意しましょう。

ResNetは、単純なアイデアにもかかわらず高い識別精度を達成しました。以降、ResNetが主流のモデルとなり、フィルタ数を増やしたWide ResNetやスキップ結合を工夫したDenseNetなど派生モデルが登場しています。

2017年は、畳み込み層が出力した特徴マップに重み付けするAttention機構を導入したSqueeze-and-Excitation Networks（SENet）が優勝しました。このAttention機構はVGGやResNetなどの様々なモデルに導入できる汎用的なアイデアです。そのため、以降の研究では様々なところで応用されています。

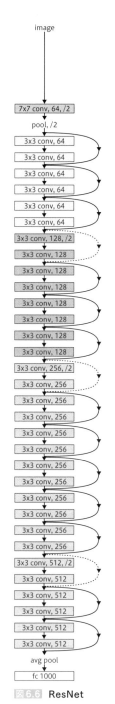

image

7x7 conv, 64, /2

pool, /2

3x3 conv, 64
3x3 conv, 64

3x3 conv, 64
3x3 conv, 64

3x3 conv, 64
3x3 conv, 64

3x3 conv, 128, /2
3x3 conv, 128

3x3 conv, 128
3x3 conv, 128

3x3 conv, 128
3x3 conv, 128

3x3 conv, 128
3x3 conv, 128

3x3 conv, 256, /2
3x3 conv, 256

3x3 conv, 256
3x3 conv, 256

3x3 conv, 256
3x3 conv, 256

3x3 conv, 256
3x3 conv, 256

3x3 conv, 256
3x3 conv, 256

3x3 conv, 256
3x3 conv, 256

3x3 conv, 512, /2
3x3 conv, 512

3x3 conv, 512
3x3 conv, 512

3x3 conv, 512
3x3 conv, 512

avg pool

fc 1000

図6.6 ResNet

一方、ネットワークの層数を深くすると畳み込み層のフィルタや全結合層の重みなどのパラメータ数が増加します。モバイル端末などの使用できるメモリ量が限られている環境でも利用できるよう、MobileNetは、畳み込み層にDepthwise Separable Convolutionを用いてパラメータ数を削減しています。

新たなネットワークの構造を考える際、層数だけでなく、フィルタのサイズやフィルタ数、スキップ結合の有無、さらには活性化関数やプーリングの種類など、決めるべき項目がたくさんあります。これまで、開発者がこれらの各項目を試行錯誤して決定し、ネットワークの構造を考案してきました。しかしながら、人が最適なネットワーク構造を探し出すことは不可能です。また、全ての組み合わせを含めた最適化はスーパーコンピュータを利用したとしても困難です。そこで、学習により準最適なネットワーク構造の探索を行うことが注目されています。

Neural Architecture Search（NAS）では、リカレントニューラルネットワークと深層強化学習を用いてネットワーク構造を探索しています。NASは、リカレントニューラルネットワークが出力した各層のフィルタサイズやフィルタ数などをもとにネットワークを作成し、学習および評価します。そして、認識精度が高くなるよう深層強化学習によりネットワークを生成する部分を学習します。このとき、生成する単位をResNetのResidual Blockのような塊にする工夫を導入したNASNetや、認識精度だけでなくモバイル端末での計算量も考慮する工夫を導入したMnasNetなどもあります。

これらのネットワーク構造の探索には非常に時間がかかりますが、優れたネットワーク構造も誕生しています。その構造をもとにしたモデルがEfficientNetです。EfficientNetは、単に高精度度なだけでなく、転移学習に有用なモデルとして、様々なコンペティションに活用されています。

5. 物体検出タスク

　物体検出タスクは、入力画像に映る物体クラスの識別とその物体の位置を特定するタスクです。物体の位置は、矩形領域（四角形）とし、その左上の座標と右下の座標を出力します。

　物体検出には、大まかな物体の位置を特定した後、その物体クラスを識別する2段階モデルと位置の特定とクラスの識別を同時に行う1段階モデルがあります。1段階モデルは処理を単純にできるため、高速な処理を実現できることが期待されています。2段階モデルにはR-CNNとその後継モデルやFPNが、1段階モデルにはYOLOとその後継モデルやSSDが挙げられます。

　R-CNNは、画像から物体候補領域をSelective Searchというセグメンテーションの方法で抽出します。そして、この物体候補領域を一定の画像サイズにリサイズ後、CNNに入力します。R-CNNでは、CNNで最終判定まで行うのではなく、最上位層の1つ前の層を特徴ベクトルとし、サポートベクターマシン（SVM）によりクラス識別を行います。R-CNNは、物体候補領域ごとにこのような識別処理を行うため、処理時間がかかります。

　R-CNNの構造を簡略化して、高速化されたモデルがFast R-CNNです。Fast R-CNNは、物体候補領域をそれぞれCNNに入力するのではなく、画像全体を入力して特徴マップを獲得することで高速化します。特徴マップ上で物体候補領域に相当する部分を切り出し、識別処理を行います。

　Fast R-CNNまで利用していたSelective Searchは、処理時間がかかります。この処理をRegion Proposal Network（RPN）というCNNモデルに置き換えてさらに高速化したモデルがFaster R-CNNです。

　物体検出タスクでは、検出精度も重要ですが、高速な処理も重要です。高

速化に取り組んだ1段階モデルがYOLO（You Only Look Once）です。YOLOは、図6.7のように出力層を工夫して入力画像の各位置における物体領域らしさと矩形領域を直接出力する仕組みになっています。この各位置は入力画像の画素単位ではなく、グリッドに分割した領域単位となっています。YOLOには、バッチ正規化や入力画像サイズの高解像度化などの新たなテクニックを導入したモデルも登場し、より高い検出精度を達成しています。

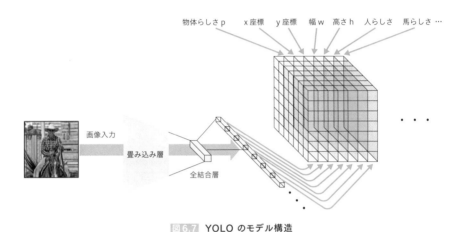

図6.7 YOLO のモデル構造

SSDは、CNNの途中の特徴マップからYOLOのように領域単位で物体らしさと矩形領域を出力します。図6.8 は、SSDの構造です。CNNの途中の特徴マップサイズは、徐々に小さくなり、最後の特徴マップは入力画像の1/32程度です。そのため、小さな物体を検出しにくくなります。SSDでは途中の特徴マップからも出力することでこの問題を解決しています。また、デフォルトボックスという矩形領域のテンプレートのようなパターンに対するズレを矩形領域の情報として出力する工夫も導入されています。デフォルトボックスのパターンを複数用意しておくことで、縦長や横長の物体を検出しやすくしているのです。

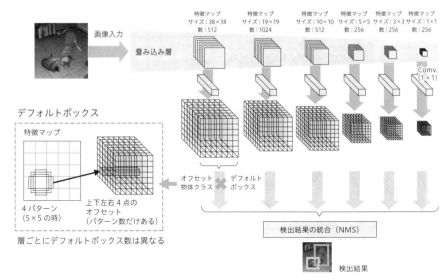

画像入力

畳み込み層

特徴マップ
サイズ：38×38
数：512

特徴マップ
サイズ：19×19
数：1024

特徴マップ
サイズ：10×10
数：512

特徴マップ
サイズ：5×5
数：256

特徴マップ
サイズ：3×3
数：256

特徴マップ
サイズ：1×1
数：256

Conv.
(1×1)

デフォルトボックス

特徴マップ

4パターン
(5×5の時)

上下左右4点の
オフセット
(パターン数だけある)

層ごとにデフォルトボックス数は異なる

オフセット
物体クラス ✕ デフォルト
ボックス

検出結果の統合（NMS）

検出結果

図6.8 SSD のモデル構造

6. セグメンテーションタスク

　セグメンテーションタスクは、画像の画素ごとに識別を行うタスクです。セグメンテーションタスクには、画像全体を対象とするセマンティックセグメンテーション、物体検出した領域を対象とするインスタンスセグメンテーションがあります。セマンティックセグメンテーションの場合は、同一クラスの物体をひとまとめにするので、集団の歩行者などを一人一人分離することができません。インスタンスセグメンテーションは、物体検出した領域に対してセグメンテーションを行うため、一人一人を分離できるようになります。個々の物体をそれぞれ分離しつつ、道路や建物などはひとまとめにするパノプティックセグメンテーションもあります。各セグメンテーションの例は 図6.9 のようになります。

(a) image

(b) semantic segmentation

(c) instance segmentation

(d) panoptic segmentation

図 6.9　セグメンテーションの例

　セマンティックセグメンテーションは、画像の画素ごとに画像認識タスクを行いますが、1画素の情報から何のクラスかを識別することは不可能です。CNNは畳み込み層とプーリング層を繰り返し積層することで、特徴マップサイズは小さくなります。このサイズが小さくなった特徴マップの1つの画素は入力画像の広い範囲の情報を集約しているので、1画素ごとにクラス識別ができるようになります。CNNをセマンティックセグメンテーションタスクに利用した方法がFCN（Fully Convolutional Network）です。一般的なCNNは、畳み込み層とプーリング層だけでなく、全結合層を用います。FCNは、図 6.10 のように全結合層を用いず、畳み込み層だけで構成するモデルを採用しています。FCNの最後の特徴マップは入力画像に対して小さいため、出力を入力画像サイズまで拡大すると解像度が粗いセグメンテーション結果になります。

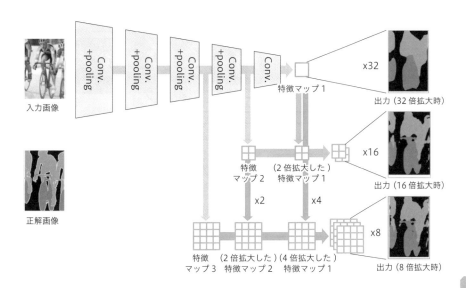

入力画像

正解画像

Conv.
+pooling

Conv.
+pooling

Conv.
+pooling

Conv.
+pooling

Conv.

特徴マップ1

x32

出力（32倍拡大時）

特徴
マップ2　（2倍拡大した）
特徴マップ1

x16

出力（16倍拡大時）

x2

x4

特徴　（2倍拡大した）（4倍拡大した）
マップ3　特徴マップ2　特徴マップ1

x8

出力（8倍拡大時）

図6.10 Fully Convolutional Network

　畳み込み層とプーリング層を繰り返し積層することで小さくなった特徴
マップを徐々に拡大する構造を採用した方法にSegNetがあります。図
6.11のように、特徴マップを徐々に小さくしていく部分をエンコーダ、
徐々に大きくしていく部分をデコーダと言います。デコーダでは、特徴
マップを拡大して畳み込み処理を行います。SegNetのエンコーダとデコー
ダは対になっています。エンコーダ側の最大値プーリングした位置を記憶
しておき、デコーダ側の拡大時に記憶していた位置に特徴マップの値を配
置してそれ以外の位置の値は0にすることで、境界付近のセグメンテー
ション結果をぼやけさせない工夫が採用されています。

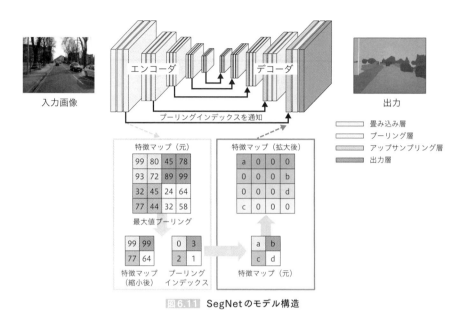

図6.11 SegNetのモデル構造

デコーダ側で特徴マップを拡大して畳み込み処理する際、**図6.12** のように エンコーダ側の特徴マップを同じサイズになるよう切り出して利用する U-Net というモデルもあります。U-Net は X 線画像（CT、MRI など）の医療画像診断に用いられています。

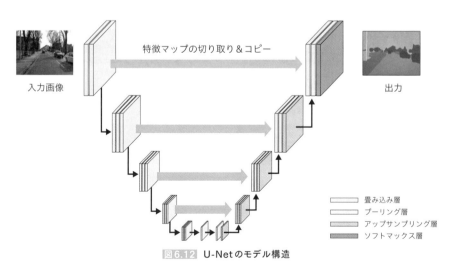

図6.12 U-Net のモデル構造

エンコーダとデコーダの間にPyramid Pooling Moduleという複数の解像度で特徴を捉えるモジュールを追加したPSPNetがあります。Pyramid Pooling Moduleは、エンコーダで得られた特徴マップを異なるサイズでプーリングし、それぞれの大きさで畳み込み処理を行います。

例えば、1×1までプーリングされた特徴マップでは、画像全体のコンテキストを捉えることができます。このように、画像全体や物体の大きさに応じた特徴をマルチスケールで捉える方法となっています。

セマンティックセグメンテーションでは、広い範囲の情報を集約することが重要となります。そこで、畳み込み層には、Dilated convolutionまたはAtrous convolutionが利用されています。このAtrous convolutionを導入したモデルがDeepLabです。さらにSegNetやU-Netのようなエンコーダとデコーダの構造、PSPNetのような複数解像度の特徴を捉える機構（ASPP:Atrous Spatial Pyramid Pooling）を採用したモデルはDeepLab V3+と呼ばれています。

7. 姿勢推定タスク

姿勢推定は、人の頭や足、手などの関節位置を推定するタスクです。姿勢推定結果を利用することで、監視カメラ映像から人の異常行動を認識したり、スポーツ映像から人の動作を解析したりできます。

関節の位置は、人の姿勢により大きく異なります。そのため、信頼度マップによるアプローチが有効です。これは、図6.13のように入力画像に対して各関節の位置を信頼度マップとして出力する方法です。

Convolutional Pose Machinesは、CNNを多段に組み合わせて徐々に各骨格の信頼度マップを高精度化していきます。多段に組み合わせることで、着目する範囲を広げていき、人の体全体の構造を考慮して各骨格の位置を推定できます。

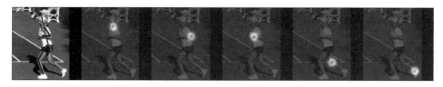

図6.13 姿勢推定タスクでの信頼度マップの出力

　複数の人の骨格を同時に推定できるようにした手法にOpenPoseがあります。画像中に複数人いる場合、各骨格の信頼度マップは、それぞれの人物の骨格に対応する位置の信頼度が高くなります。そのため、骨格間のつながり、すなわちどの頭の位置とどの肩の位置が同じ人物に属するかなどが分かりません。OpenPoseは、Parts Affinity Fieldsと呼ばれる骨格間の位置関係を考慮した処理を導入しています。これにより、骨格の位置関係が分かるようになります。図6.14 は、OpenPoseによる姿勢推定結果例になります。

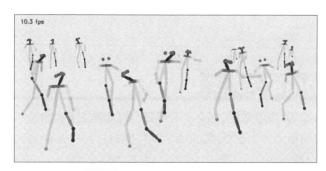

図6.14 OpenPoseの姿勢推定結果例

8. マルチタスク学習

　画像認識分野において、CNNは出力層やネットワーク構造を工夫することで様々なタスクに応用されています。複数のタスクを1つのモデルで対応することをマルチタスクと呼びます。Faster R-CNNやYOLOなどの物体検出モデルは、物体クラスの識別と物体領域の位置検出を同時に行っているのでマルチタスクとも言えます。

Mask R-CNNは、Faster R-CNNによる物体検出だけでなく、セグメンテーションも同時に行うマルチタスクのモデルです。このセグメンテーションは、物体検出した領域ごとに行うので、インスタンスセグメンテーションになります。図6.15は、Mask R-CNNによるインスタンスセグメンテーション結果例になります。

図6.15 Mask R-CNNのインスタンスセグメンテーション結果例

6-2. 音声処理

音声はアナログデータであり、そのままではコンピュータでは扱えません。また音声はさまざまな特徴の組み合わせで構成されています。本節では音声データをコンピュータで扱うための音声処理技術について紹介します。

1. 音声データの扱い

　音声は本来、空気の振動が波状に伝わるものであり、時間とともに連続的に変化するアナログなデータです。これをコンピュータで扱うには離散的なデジタルデータに変換する必要があります。この変換処理をA-D変換（Analog to Digital Conversion）と呼びます。音声はパルス符号変調（Pulse Code Modulation、PCM）という方法でデジタルデータに変換されることが一般的です。PCMでは連続的な音波を一定時間ごとに観測する標本化（サンプリング）、観測された波の強さをあらかじめ決められた値に近似する量子化、量子化された値をビット列で表現する符号化の3つのステップを経てデジタルデータに変換します。

　音声信号は様々な周波数の三角関数に適切な重みをかけて足し合わせたものと考えることができます。そのため入力された音声信号にはどのような周波数がどれほどの強さで含まれているかを分析することは重要です。また音声信号は時々刻々と変化するため、そこに含まれる周波数成分も変化していきます。このため非常に短い時間ごとに周波数解析を行う必要があるのですが、これを高速に行うことができる手法として高速フーリエ変換（Fast Fourier Transform、FFT）が広く使われています。FFTにより音声信号は周波数スペクトルに変換できます。

メル尺度について

　音の高さは周波数で表され、周波数が倍になると音楽では1オクターブ上がることと同じ意味を持ちます。一般的に人間が聴き取ることができる周波数の範囲は20Hzから20kHzと言われていて、特に日常生活で触れる周波数は数百Hz程度の低周波が多いようです。そのためか、人間の聴覚は低周波領域の周波数の違いには敏感であるのに対し、高周波領域では鈍感であると言われています。そこで人間が感じる音の高低に合わせた尺度としてメル尺度(mel scale)が提案されました。1000Hzの音を1000メルと定義し、メル尺度の差が同じであれば、人間が感じる音の差も同じであるように定義されています。

　音(音声も含みます)は「高さ」「長さ」「強さ」「音色」という属性を持ちますが、このうち「音色」が音の違いを認識する上で重要な属性です。「高さ」「長さ」「強さ」が全く同じ音であっても異なる音として認識できる場合には「音色」が違うと言うことができます。「音色」の違いは周波数スペクトルにおけるスペクトル包絡(スペクトル上の緩やかな変動)の違いと解釈することが多く、このためスペクトル包絡を求めることが重要となります。スペクトル包絡を求めるためのデファクトスタンダードとなっているのがメル周波数ケプストラム係数(Mel-Frequency Cepstrum Coefficients、MFCC)を用いる方法です。MFCCを用いると入力された音のスペクトル包絡に相当する係数列が得られ、これが「音色」に関する特徴量となり、以降の処理、例えば音声認識等で使うことになります。なおスペクトル包絡を求めるといくつかの周波数でピークを迎えることが分かりますが、このピークをフォルマントと呼び、フォルマントのある周波数をフォルマント周波数と呼びます。入力された音声の音韻(言語によらず人間が発声する区別可能な音)が同じであればフォルマント周波数は近い値となりますが、個人差により多少のズレが生じます。

6

ディープラーニングの応用例

2. 音声認識

　音声認識は与えられた音声データをテキストに変換して出力する技術
で、Speech-to-Text（STT）とも呼ばれます。一般的な音声認識器は音響モデ
ルと言語モデルの2つのモデル、および単語とその単語を発音したときの
音素（言語ごとに区別される音の最小単位）列をペアにした辞書で構成され
ています。音響モデルはある単語列を発声したときに、それに対応する音
素列がどれぐらいの確率で観測されるかを表す確率モデルです。言語モデ
ルはある単語列がどのぐらいの確率で出現するかを表す確率モデルで、単
語列の文章としての自然さを表しています。音声認識器に音声データが入
力されると、辞書に格納された情報から考えうる数多くの音素列および単
語列が生成され、それぞれが音響モデルおよび言語モデルによってスコア
付けされます。これら2つのスコアを統合して最も良いものが最終的な音
声認識結果として出力されます。

　音響モデルとして長い間、標準的に用いられているのが隠れマルコフモ
デル（Hidden Markov Model、HMM）です。HMMは音素ごとに学習してお
きます。こうすることで様々な単語の認識に対応することができます。単
語を認識する際にはあらかじめ定義された単語と音素列の対応辞書により
音素列に変換し、音素列に従ってHMMを連結することでモデル化しま
す。音響モデルとしてはHMMの他にも混合正規分布モデル（Gaussian
Mixture Model, GMM）や、CNNやRNNなどのニューラルネットワークも
用いられます。

　RNNの場合、音声データを時系列で逐次入力していき、入力に対する音
声の音素を出力します。しかし、入力した音声データの時系列の数と、認識
すべき正解の音素の数は必ずしも一致しません。そこで、Connectionist
Temporal Classification（CTC）を用います。CTCでは、出力候補として音
素に加えて空文字（何も出力しないのと同義）を追加し、さらに連続して同
じ音素を出力した場合には一度だけ出力したものと縮約する処理を行いま
す。これにより、出力の長さと正解の長さが違う場合でも処理できるよう
対処しています。なお、空文字は、同じ音素を出力することが正解の場合

に、空文字を出力することで誤って縮約してしまうことを防ぐために必要です。

　言語モデルとしてはn-gram言語モデルが長い間用いられてきました。これはある単語が出現する確率を、それより前のN-1個の単語が出現したという条件のもとでの条件付き確率としてモデル化するもので、与えられた文全体の確率はその中の各単語の条件付き確率の積として計算されます。また最近ではRNNやトランスフォーマーなどのニューラルネットワークを用いた言語モデルも広く用いられています。

　音響モデルも言語モデルもニューラルネットワークの導入が進んでいるため、現在では音声データから直接単語列を生成するような、End-to-Endの音声認識モデルも登場しています。

　音声認識技術が発達すると、人間と機械が音声でストレスなく対話したり、複数の人が参加する会議等で議事録を自動作成したりといったことができるようになるでしょう。しかしこれらの応用を実現するためには、さらに解決すべき問題が出てきます。例えば機械との対話においては、機械がより適切な応答を返すために、人間の音声の感情分析を行う必要があるでしょう。自動議事録作成では誰の発話かを推定する話者識別が必要になります。このように、音声認識では単にテキストに変換するだけではなく、様々な問題も同時に解決する必要があります。

3. 音声合成

　音声合成は与えられたテキストを音声に変換して出力する技術で、Text-to-Speech (TTS)とも呼ばれます。従来の音声合成では与えられたテキストの形態素解析、読み推定、読みから音素列への変換、音素列から音声波形の生成などのいくつかのステップを経て音声合成が実現されていました。音声波形の合成には、ある話者の様々な音素の波形をあらかじめデータベース化しておき、これらを組み合わせて音声合成を行う波形接続方式と、声の高さや音色などに関するパラメータをHMMなどによって推定

し、これをもとに音声を合成するパラメトリック方式の2つがあります。それぞれ一長一短あるのですが、パラメトリック方式の方が波形接続方式よりも合成の質が低いとされていました。

　2016年にDeepMindからディープラーニングを用いたパラメトリック方式の音声合成モデルであるWaveNetが発表されました。従来の音声処理では、上記のように音声データを周波数スペクトルなどに変換してから処理するのが一般的でしたが、WaveNetではこの変換を行わず、量子化された状態のままニューラルネットワークで処理することで、音声合成の質を劇的に向上させることに成功しました。

6-3. 自然言語処理

「自然言語」とは我々が日常的に使っている言葉のことで、プログラミング言語などと区別してこう呼ばれています。本節では自然言語をコンピュータで処理させる自然言語処理技術について紹介します。

1. テキストデータの扱い方

　テキストデータを扱う場合、文字列を直接入力することはできません。そのため、何かしらの変換が必要となります。代表的な変換方法について、次に説明していきます。

1.1 テキストデータの表現

　テキストデータを扱う場合には文章、段落、文、単語、サブワード（単語と文字の中間的な表現）、文字など様々な単位が考えられますが、ひとまず単語を単位として扱うことを考えましょう。するとある文字列は複数個の単語を並べたものとして表現できます。これを単語n-gram（nは並べる個数）と呼びます。n-gramは単位となるものを複数個並べたものという意味なので、例えば単位が文字ならば文字n-gramになりますし、音声処理では音素n-gramなどが使われます。なおn=1の場合をユニグラム（uni-gram）、n=2をバイグラム（bi-gram）、n=3をトライグラム（tri-gram）と呼びます。

　では単語を単位として文や文章などを表現するにはどのようにすればよいでしょうか。これらを単に単語列として表現することは可能ですが、それでは複数の文や文章をまとめて分析するときなどに不便です。そこで文や文章を、そこに出現する単語の集合として表現することを考えます。これをBag-of-Words（BoW）と呼びます。BoWでは単語がバラバラに保存されており、出現順序の情報は失われてしまいますが、局所的な出現順序が重要な意味を持つ場合もあります。そこでn-gramとBoWを組み合わせたBag-of-n-gramsを利用することもあります。

単語をコンピュータで扱うときには、文字列としてではなく数値に変換して扱うことが一般的です。特にニューラルネットワークは数値列（ベクトル）しか扱えないので、単語もベクトルとして入力する必要があります。典型的な方法は、各単語に異なる整数値を順に割り当てて ID化 し、この ID に相当するベクトルの次元の値だけが1で他が全て0となっている ワンホットベクトル（one-hot vector）に変換するというものです。こうすることで BoW として表現された文章も、各次元の値がその次元に相当する単語の文章中の出現頻度である1つのベクトルとして表現することができます。

　大量の文章をそれぞれ BoW のベクトルで表現し、これを全て並べていくと行列のような形になります。このように文章集合を行列として表現すると、線形代数を用いて様々な分析を行ったり、情報を圧縮したりといったことが可能となります。また行列の形にしておくと、全ての文章間のコサイン類似度を計算するといった処理も簡単に行えるようになります。

　さて、コサイン類似度により文章間の類似度を計算する際には、特定の文章にのみ頻繁に出現するような特徴的な単語と、どの文章にでも出てくるような一般的な単語は異なる重みで計算する方が、文章間の類似度をもっともらしく求めることができそうです。このように単語の重要度のようなものを計算する手法の一つに、TF-IDF（Term Frequency–Inverse Document Frequency）があります。TF-IDF は各文章の単語ごとに計算され、TF と IDF という2つの値を掛け合わせたものになります。TF は1つの文章内での単語の出現割合（単語の頻度を文章内の全単語数で割ったもの）であり、IDF はある単語が出現する文章の割合（ある単語が出現する文章の数を全文章数で割ったもの）の逆数を取り、さらに対数を取ったものです。TF-IDF は1文章内での出現回数が多く、出現する文章の数が少ない単語ほど大きな値となるため、TF-IDF の値の大きさがある程度その単語の重要度を表していると考えることができます。

1.2 単語埋め込み（word embedding）

　ワンホットベクトルは値が0か1しかなく離散的で、1をとる次元が1つしかないため情報が疎であり、次元数が単語の種類数と等しいため、非常に高次元であるという特徴があります。このような単語の表現を**局所表現**（local representation）と呼びます。局所表現では単語同士の意味の近さを考慮するといったことができないため、局所表現を連続的（実数値全体を取る）で、情報が密であり（値が0である次元が少ない）、次元数の低いベクトルに変換することを考えます。このような単語の表現を**分散表現**（distributed representation）や**単語埋め込み**（word embedding）と呼びます。単語を分散表現で表すことで、ベクトル間の距離や位置関係から単語の意味を表現することができます。ここでは単語の分散表現を得る代表的な手法である**word2vec**を解説します。

　word2vecは、「単語の意味は、その周辺の単語によって決まる」という**分布仮説**と呼ばれる言語学の主張をニューラルネットワークとして実現したものと考えられます。ニューラルネットワークの中間層の値は一種のベクトルとみなすことができますが、その中間層の値を単語の意味を示す値と考えることになります。例えば「王様」－「男性」＋「女性」＝「女王」というベクトルの演算が有名ですが、これは王様ベクトルの値から男性ベクトルの値を引いて、女性ベクトルの値を加える処理を行うと「女王」ベクトルに最も近くなることを表しています。同様にして、saw – see + eat = ate であれば「見る」の過去形であるsawから「見る」の原形であるseeを引いて、「食べる」の原形であるeatを加えると「食べる」の過去形であるateのベクトルになることを表します。つまりsawからseeを引くことで、「過去形に変化させるベクトル」が得られていると考えられます。

　word2vecには、**スキップグラム**（skip-gram）と**CBOW**（Continuous Bag-of-Words）という2つの手法があります。スキップグラムとは、ある単語を与えて周辺の単語を予測するモデルであり、CBOWはその逆で周辺の単語を与えてある単語を予測するモデルです。**図6.16**はそれぞれの手法の違いを図示したものです。どちらのモデルでも中間層の表現（したがって中

間層のニューロン数の次元を持つ実数ベクトル）をその単語の意味表現と
みなします。

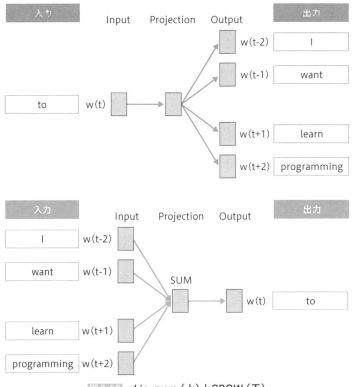

図6.16　skip-gram（上）とCBOW（下）

　図6.17 はword2vecによって得られた意味表現のうち、国と対応する首
都との関係を取り出し、主成分分析（Principle Component Analysis、PCA）
を用いて2次元に次元圧縮（dimensionality reduction）した値を表示した図
です。横軸は大まかに国と首都との対応関係を表しており、対応する国名
とその首都とが線で結ばれています。一方、縦軸は下から上に向かって
ユーラシア大陸を西から東に横断するように地理的関係を保ってそれぞれ
がプロットされていることが分かります。

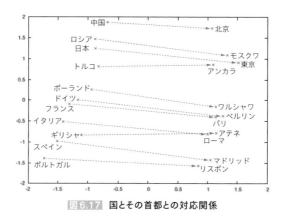

図6.17 国とその首都との対応関係

　word2vecを提案したトマス・ミコロフらによって新たに開発された、word2vecの延長線上にある **fastText** というライブラリがあります。word2vecと比較した場合のfastTextの変更点は、単語埋め込みを学習する際に単語を構成する部分文字列の情報も含めることです。部分文字列の情報を併用することで訓練データには存在しない単語（Out Of Vocabulary、OOV）であっても単語埋め込みを計算したり、活用する単語の語幹と語尾を分けて考慮したりすることを可能にしました。

　またfastTextは学習に要する時間が短いという特徴を持っています。ウィキペディアとコモンクロールを用いて訓練した世界中の157言語によるそれぞれの訓練済みデータを提供しています。

　word2vecやfastTextで得られる分散表現は各単語1つだけですが、これだと多義性を持つ単語や他の特定の単語と結びついて特別な意味を持つ単語などを正しく扱うことができません。そこで新たに **ELMo**（Embeddings from Language Models）と呼ばれる、文脈を考慮した分散表現を得る手法が提案されました。ELMoを用いると英語の "bank" のように複数の意味を持つ単語であっても、その単語が出現した文の他の単語の情報から、その文において適切な意味を表した分散表現を得ることができます。

2. 事前学習モデル（Pre-trained Models）

画像認識分野では以前から、VGG16などのように大規模なデータで事前学習（pre-training）したモデルを基に、特定のカテゴリの小規模なデータを使って転移学習（transfer learning）することで、小規模なデータであっても高精度に認識を行うことが可能でした。自然言語処理分野においても同様に、事前学習＋転移学習という枠組みで様々な応用タスクを高精度に解くことができるモデルが2018年に提案されました。ここではその先駆者であるGPTとBERTを紹介します。

なおword2vecやELMoも事前に大規模なデータを使って学習をしているという点では共通しています。しかし、これらのモデルはそれだけで応用タスクを解くことはできず、タスクに応じた別のニューラルネットワークを用意する必要があります。一方でGPTやBERTは事前学習と同じモデルを使って応用タスクを解くことができるという大きな違いがあります。そのため、事前学習モデルというときはGPTやBERTのことを指し、word2vecやELMoは含まないことが一般的です。

2.1 GPT

GPT（Generative Pre-Training）はOpenAIが開発した事前学習モデルです。事前学習として行うのは大規模なコーパスを用いた言語モデルの学習で、トランスフォーマーのデコーダと似た構造を持ったネットワークを用いています。言語モデルという性質上、将来の単語の情報は使うことができませんので、トランスフォーマーのエンコーダではなくデコーダの構造のみを用いることになります。

図6.18 にGPTの事前学習と転移学習の概要を示します。図の左側が事前学習で、過去の単語列から次の単語を予測する言語モデルの学習が行われています。右側が転移学習で、ここでは評判分析（sentiment analysis）タスクを解いている様子を示しています。与えられた文をGPTに入力し、

全て入力し終わった最後の状態を使って、入力された文の極性（positiveか negativeかneutralか）を判定しています。

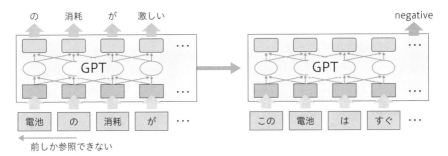

図6.18 GPTの事前学習（左）と転移学習（右）の概要

　ここでポイントとなるのは、事前学習と転移学習で全く同じモデルを用いているという点です。モデルの中身はトランスフォーマーのデコーダと同様、Self-Attentionを利用しています。ただしエンコーダがないのでSource-Target Attentionはありません。図6.18 と全く同じ方法で入力データの与え方を工夫するだけで、評判分析だけでなく以下のような様々なタスクを解くことができます。

- 自然言語推論（Natural Language Inference、NLI）：与えられた2つの文書の内容に矛盾があるか、一方が他方を含意するかなどを判定するタスク。含意関係認識（Recognizing Textual Entailment、RTE）とも呼ばれる。
- 質問応答（question answering）：文章とこれに関する質問文が与えられ、適切な回答を選択肢の中から選ぶタスク。しばしば常識推論（commonsense reasoning）が必要となる。
- 意味的類似度（semantic similarity）判定：2つの文が与えられ、これらが同じ意味であるか否かを判定するタスク。
- 文書分類（document classification）：与えられた文書がどのクラスに属するかを予測するタスク。評判分析タスクも文書分類の一種である。

　これらのタスクは文書に書かれている内容やその背景などを正確に理解しないと高精度に解くことができないため、一般的に言語理解タスクと呼

ばれています。なおこれら様々な言語理解タスクをまとめたGeneral Language Understanding Evaluation（GLUE）ベンチマークというデータセットが公開されており、世界中の研究者がこのデータセットでの精度を競っています。またGLUEだけではなく、様々な言語理解タスクのデータセットが公開されています。

2.2 BERT

BERT（Bidirectional Encoder Representations from Transformers）はGoogle社が開発した事前学習モデルで、その名の通りトランスフォーマーのエンコーダを利用しています。エンコーダということは入力される文全体が見えている状態ですので、通常の言語モデルによる学習は行えません。代わりにBERTではMasked Language Model（MLM）とNext Sentence Prediction（NSP）という2つのタスクにより事前学習を行います。MLMは文内の単語のうちの一部をマスクして見えないようにした状態で入力し、このマスクされた単語を予測させるタスクです。NSPは2つの文をつなげて入力し、2つの文が連続する文かどうかを判定するタスクです。大規模なコーパスを用いてこれら2種類のタスクを解くことで、BERTの事前学習を行います。文全体が見えているということは、通常の言語モデルのように過去から現在までの一方向だけの情報しか使えないのではなく、未来から現在までも合わせて両方向（Bidirectional）の情報を同時に使うことができるため、通常の言語モデルによる事前学習よりも強力であることが期待されます。

図6.19にBERTの事前学習と転移学習の概要を示します。図の左側が事前学習の様子を示しており、右側が転移学習により評判分析タスクを解いている様子を示しています。事前学習においては2つの文を[SEP]（separateの意味）という文区切りを表す特別なトークンで結合したものに、さらに先頭に[CLS]（classificationの意味）という特別なトークンを付加したものを入力しています。また文内の単語の一部がマスクされ、[MASK]というトークンに置き換わっています。

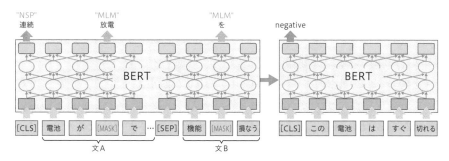

図6.19 BERTの事前学習（左）と転移学習（右）の概要

[MASK]に相当する部分の最終状態を使ってMLMを行い、[CLS]に相当する部分の最終状態を使ってNSPを行います。[CLS]トークンの最終状態には文全体の情報など分類問題を解くために必要な情報が保存されており、これを使うことで事前学習ではNSPを、転移学習ではGPTでも解くことができた様々な応用タスクを解くことができます。さらに各単語の最終状態を使って品詞タグ付けや固有表現解析を行ったり、SQuAD（Stanford Question Answering Dataset）のような回答の範囲を予測するタイプの質問応答タスクを解いたりすることも可能です。

3. 大規模言語モデル

GPTやBERTが登場してからまだ数年しか経っていません。しかし次々と新たな事前学習モデルが提案され続け、タスクを解く精度も上がり続けていますので、最新の情報には常に目を光らせておく必要があります。これらのモデルはそれぞれに特徴がありますが、ここではモデルが持つパラメータ数に注目します。

GPTのパラメータ数は約1億で、BERTは約3億でした。この時点で既に扱うのが困難なほどのパラメータ数であったため、タスクの精度を落とさずにパラメータ数を削減する工夫をしたALBERTやDistilBERTといったモデルが提案されました。一方で、さらにパラメータ数を増やすことでより強力なモデルを目指したものも提案されています。GPTの後継で2019年

2月に登場したGPT-2は約15億のパラメータを持ち、GPTでは行えなかった機械翻訳などの言語生成タスクも行えるようになりました。2019年9月にはNVIDIAからMegatron-LMという約83億のパラメータを持つモデルが登場し、2020年2月にはMicrosoftからTuring-NLGという170億ものパラメータを持つモデルが登場しました。そして2020年5月にはGPTの最新版であるGPT-3が登場し、パラメータ数は1750億にまで巨大化しました。GPT-3を使うと様々な言語生成タスクが非常に高精度に行えるということで話題となりました。また面白いことに、トランスフォーマーが画像処理分野にも持ち込まれ、CNNを使わない新たな事前学習モデルであるVision Transformer（ViT）も2020年に登場しています。

その後もさらにパラメータ数を増やしたモデルや、出力を高精度化するための様々な工夫が提案され、大規模言語モデルは年々進化していきました。GoogleからはPaLM、DeepMindからはChinchilla、メタからはLLaMAといったモデルが出ています。最近では1兆を超えるパラメータ数を持つPanGu-Σといったモデルも登場しています。そんな中、世界中で話題となったのが2022年11月に登場したChatGPTです。ChatGPTではこれまでのようなテキストデータからの言語モデルの学習だけでなく、生成された応答が適切かどうかを人間が判断し、その判断結果から強化学習を用いることで、より高精度な応答を生成することができるようになりました。これをRLHF（Reinforcement Learning from Human Feedback）と呼びます。またチャットインタフェースにより、ユーザーが意図した回答を生成させることが非常に容易になりました。その後もさらに進化したGPT-4が登場していますが、あまりにも高精度なため危険であるという理由から、その詳細が明かされていません。他にもGoogleからはPaLM2をベースとしてチャット機能を搭載したBardが登場しました。

4. 自然言語処理のタスク

　自然言語処理には基礎から応用まで様々なタスクがあります。文を形態素という単語のような単位に分割する形態素解析、形態素間の関係を分析し、文全体の構造を求める構文解析といった基礎解析から、検索エンジンに代表される情報検索、文書要約、機械翻訳、対話システムといった応用タスクまで、言語を扱うことは全て自然言語処理が関係します。身近なところでは仮名漢字変換やスパムメール判定などにも自然言語処理が用いられています。

　自然言語処理は年々高度化しており、人間が言語を扱うのと同じようなレベルの複雑なタスクも行えるようになってきました。特に大規模言語モデルを用いることで様々な言語理解タスクが解けるようになってきています。現在では数多くの言語モデルが提案され利用可能となっていますが、これらのモデルの性能を測るための指標の一つとして、様々な言語理解タスクをまとめたGeneral Language Understanding Evaluation（GLUE）ベンチマークというデータセットも公開されており、世界中の研究者がこのデータセットでの精度を競っています。GLUEには以下のようなタスクが含まれます。

- 文法が正しいかどうかの判定
- 感情分析（ポジティブかネガティブかの判定）
- 2つの文が同じ意味かどうかの判定
- 含意関係認識
- 質問応答

　またGLUEよりもさらに複雑なタスクを扱うSuperGLUEや、日本語に特化したJGLUEといったベンチマークデータセットも公開されています。

6-4. 深層強化学習

本節では、強化学習をディープラーニングで拡張した深層強化学習について扱います。最初に、深層強化学習で最も基本的な手法であるDQNの詳細とその拡張手法を解説し、続いて深層強化学習の主要な応用分野であるゲームAIやロボット学習で用いられる重要な手法や概念を解説します。

1. 深層強化学習の基本的な手法と発展

　ディープラーニングと強化学習を組み合わせた手法は深層強化学習（deep reinforcement learning）と呼ばれます。2013年に、深層強化学習で最も基本的な手法であるDQN（Deep Q-Network）がDeepMind社から発表されました。DQNは、Atari社が開発した家庭用ゲーム機Atari2600の多種多様なゲームを、人間並み、または人間以上のスコアで攻略できることが示され、深層強化学習が注目を浴びるきっかけとなりました。

　DQNの登場後、このDQNを拡張した手法や、その他にディープラーニングをうまく強化学習に取り入れた手法が多く登場することとなり、深層強化学習は人工知能研究の一大分野となっています。図6.20 に、従来の強化学習と深層強化学習手法の発展をまとめました。

1.1 DQNとその拡張手法

　3章で解説したQ学習では、ある特定の状態に対して1つの行動価値（Q値）を割り当てて、その行動価値に対する学習を行っていました。しかし、デジタルゲームや、ロボットの制御では、状態がゲームや実世界の画像として与えられ、画像内のピクセル単位のわずかな違いであっても別の状態と認識されるため、考えられる状態数は膨大になります。これら全ての状態に対して従来のQ学習のように1つ1つ行動価値を割り当てる手法を適用するのは、非現実的です。そこでDQNでは、ゲームや実世界の画像をそ

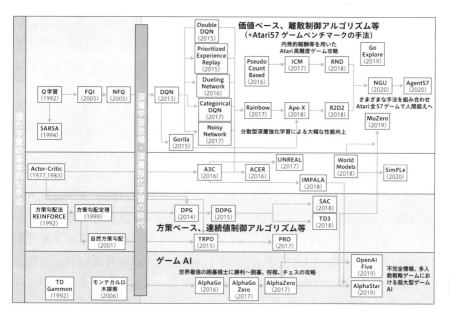

図6.20 強化学習と深層強化学習のアルゴリズムの種類と発展

のままディープニューラルネットワークの入力とし、行動候補の価値関数や方策を出力として学習するというアプローチをとります。この時に使うディープニューラルネットワークを畳み込みニューラルネットワークにすることで、入力の画像から価値推定に必要な情報をうまく処理できます。

DQNでは、経験再生（experience replay）やターゲットネットワーク（target network）という新しい学習手法が導入されています。経験再生は、環境を探索する過程で得た経験データをリプレイバッファと呼ばれる機構に保存し、あるタイミングで、これらの保存データをランダムに複数抜き出してディープニューラルネットワークの学習に使う手法です。これにより、学習に使うデータの時間的偏りをなくし学習の安定化を図っています。ターゲットネットワークは、現在学習しているネットワークと、学習の時間的差分がある過去のネットワークに教師のような役割をさせる手法です。これにより価値推定を安定させます。

DQNの登場以降はこれらの経験再生やターゲットネットワークの使い方を工夫したダブルDQN（double deep q-network）や優先度付き経験再生（prioritized experience replay）、ディープニューラルネットワークのアーキテクチャや出力を工夫したデュエリングネットワーク（dueling network）、カテゴリカルDQN（categorical deep q-network）、ノイジーネットワーク（noisy network）などの拡張手法が発表され、これら全てを組み合わせたRainbowと呼ばれる手法に発展しています。

　Rainbowは、図6.21 に示すように、DQNやその他の拡張手法と比べると飛躍的に性能が向上しています。また、Rainbow以降も、複数CPUやGPUを使って学習を行う分散型強化学習により学習の収束速度が飛躍的に上昇しています。さらに、内発的報酬（intrinsic reward）と呼ばれる報酬の工夫により、極めて難易度の高いゲームにおいても人間以上のパフォーマンスを発揮する手法が発表されています。

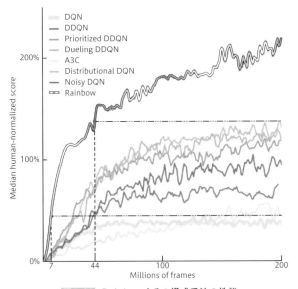

図6.21 Rainbowとその構成手法の性能

1.2 その他の発展的な手法

近年では、環境のモデルを作って深層強化学習を行うモデルベース強化学習が発展しており、前述したAtari2600のゲームをモデルベースで攻略する手法がいくつか提案されています。モデルベース強化学習については、後述します。また、2020年前半にDeepMind社から発表されたAgent57と呼ばれる手法では、Atari2600のベンチマークとなる57ゲーム全てで人間のスコアを超えるようになりました。

2. 深層強化学習とゲームAI

深層強化学習の応用で最も盛んな分野の1つは、囲碁や将棋などのボードゲームをはじめとしたゲームの攻略を行う、ゲームAIです。

ディープラーニング登場以前のゲームAIは、ゲームの現在の局面の良さを判断する評価関数を人間が設計し、これをもとにゲームの局面をノードとしたゲーム木を探索して最良の行動を求める手法が主流でした。これに加え、あらかじめゲーム展開に対して特定の行動を決定するルールを組み込んだルールベース手法や、ディープラーニングを使わない古典的な強化学習もよく使用されました。しかし、ディープラーニング登場以前のゲームAIは、囲碁のトッププレーヤーには及ばず、2.2で解説するような、リアルタイムの行動が要求されるゲーム分野でまともな性能を発揮することは不可能でした。ディープラーニングの登場後、評価関数の部分をディープニューラルネットワークで置き換える流れが出てきました。加えて、深層強化学習と従来のゲーム木の探索、またその他のディープラーニングを使った画像認識や系列処理の手法を取り入れることでゲームAIは飛躍的な性能向上を遂げました。その結果、いくつものゲームで人間のトッププレーヤーを破っています。ここでは深層強化学習を応用した代表的なゲームAIを解説します。

2.1 ボードゲームにおけるゲーム AI

囲碁や将棋、チェスなどのボードゲームは、行動を選択する時点で、盤面の状態や相手の持ち駒などのゲームに関する情報が全てプレーヤー側から把握できるゲームです。これに加えて、一方が勝てば他方が負けるゼロ和性、偶然の要素がない確定性という性質を満たすゲームは2人完全情報確定ゼロ和ゲームとも呼ばれ、ゲーム木を全て展開することで必勝法を見つけることができます。しかし、これを現実的な時間で行うのは不可能であるため、ゲーム木の探索を効率化する手法が必要です。

モンテカルロ木探索と呼ばれる手法は、複数回のゲーム木の展開によるランダムシミュレーション(プレイアウト)をもとに近似的に良い打ち手を決定する手法です。2000年代前半に考案されて以降、特に囲碁AIの分野で大きな成果を残し、限定的な条件ながらもプロの棋士相手に勝利できる囲碁AIの実現に大きく貢献しました。

■ AlphaGo

2016年、DeepMind社が開発したゲームAI、AlphaGo(アルファ碁)が、世界的なトップ囲碁棋士であるイ・セドル九段に囲碁で勝利し、世界に衝撃を与えました。人工知能が大きく注目されるきっかけともなった象徴的なAIであるAlphaGoですが、技術的には、モンテカルロ木探索に深層強化学習の手法を組み合わせて圧倒的な強さに到達しています。

モンテカルロ木探索では、探索範囲を決定するために、有望そうな打ち手を評価する必要があります。この打ち手を評価するために、AlphaGoでは 図6.22 に示すような盤面から勝率を計算するバリューネットワークや、ポリシーネットワークと呼ばれるディープニューラルネットワークが用いられています。これらのネットワークの学習には人間の棋譜のデータを使った教師あり学習や、複製したAlphaGoとの自己対戦(self-play)で獲得された経験を使って深層強化学習を行っています。

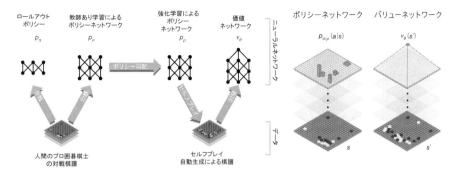

図6.22 AlphaGoに使うディープニューラルネットワークと学習

■ AlphaGo Zero

AlphaGoの発展系である **AlphaGo Zero**（アルファ碁ゼロ）では、文字通り「ゼロ」から、つまり、人間の棋譜データを用いた教師あり学習は一切行わず、最初から自己対戦を行って得たデータのみで深層強化学習を行います。このやり方では、人間の強い棋士の知識をAIに組み込めないため、直感的にはAlphaGoよりも弱体化しそうに思われます。しかし、AlphaGo Zeroは、人間の知識を一切参考にせず、このようなゼロからの自己対戦のみで、AlphaGoをも上回る強さに到達しました。

■ Alpha Zero

AlphaGoの完成系のゲームAIである **Alpha Zero**（アルファゼロ）では、囲碁のみならず、将棋やチェスなどの分野でも、既に人間のトッププレーヤーを超えていた多くのゲームAIを圧倒する性能を持つようになりました。Alpha Zeroも、AlphaGo Zeroと同じく人間のデータを一切使わず、自己対戦のみで学習し、ここまでの性能に達しています。

2.2 その他のゲームにおけるゲームAI

近年の深層強化学習を用いたゲームAIの研究では、大人数のチーム戦で、リアルタイムにゲームが進行し、不完全情報ゲームであるものを対象として、トッププレーヤーを打倒できる手法の開発が行われています。このよ

うなゲームにおける強化学習は、対戦中に操作する味方のエージェントや相手のエージェントが複数存在し、これらのエージェントの協調的な関係や競争的な関係を考慮して強化学習を行う必要があります。このような複数エージェントによる強化学習は、今までの単一エージェントによる強化学習と区別して、**マルチエージェント強化学習**（Multi-Agent Reinforcement Learning、MARL）と呼ばれます。ここでは、これらの深層強化学習を用いたゲームAIのうち代表的なものを2つ紹介します。

■ OpenAI Five

2018年、OpenAIは、MOBA（Multiplayer Online Battle Arena）と呼ばれる多人数対戦型ゲームDota2において、世界トップレベルのプレーヤーで構成されるチームを打倒できるゲームAI、OpenAI Fiveを発表しました。OpenAI Fiveでは、ディープニューラルネットワークに、系列情報を処理するLSTMを使い、PPOと呼ばれる強化学習のアルゴリズムを使って極めて大規模な計算資源で学習した5つのエージェントのチームによって、世界トップレベルのプレーヤーに勝利を収めました。OpenAI Fiveは、学習アルゴリズム自体は既存の単純なものを使っており、特別に新しい手法が導入されたわけではありません。特筆すべきはその学習に使った膨大な計算資源と学習時間であり、図6.23 に示すように、5万個以上のCPUと1000個以上のGPUを使用して10ヶ月に及ぶ強化学習を行っています。

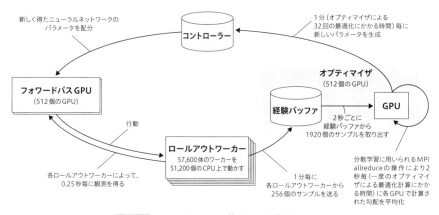

図6.23 OpenAI Fiveに使用された学習システム

■ **AlphaStar**

2019年、DeepMind社は、RTS（Real-Time Strategy）と呼ばれるゲームジャンルに属する対戦型ゲーム、スタークラフト2において、グランドマスターという称号を持つトッププレーヤーを打倒できるゲームAI、AlphaStar（アルファスター）を発表しました。

AlphaStarは、図6.24 のようにResNet、LSTM、ポインターネットワーク、トランスフォーマーなど、画像処理や自然言語処理の手法も多く取り入れたネットワークを使って学習、ゲームプレイを行います。また、強化学習時にはゲーム理論や、自己対戦の発展系の手法を使うなど、様々な人工知能技術が巧みに組み合わされて構成されており、いわば人工知能技術の集大成的なアルゴリズムになっています。

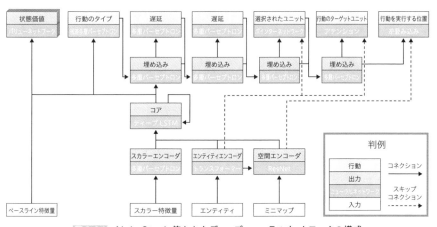

図6.24　AlphaStarに使われたディープニューラルネットワークの構成

3.実システム制御への応用

近年では、ディープラーニングや深層強化学習を、実世界のシステムの制御に利用する取り組みも多くなされています。ここでは、ロボット制御への応用を中心に、深層強化学習をシステム制御に応用する際の課題や手法について概観します。

3.1 深層強化学習をロボット制御に応用する際の課題

これまでに見てきたように、深層強化学習はゲームAIの分野で大きな成果が得られています。一方で、ロボット制御への応用を考える場合は、以下に挙げるような、対象となる実世界の性質に起因する複数の課題に対処する必要があります。

■ 状態や行動を適切に設定する必要がある

強化学習では、最も基本的な設定として、低次元で離散値の状態や行動が扱われてきました。一方で、実世界でのロボット制御では、しばしば連続値のセンサデータや制御信号を扱うため、状態や行動の適切な離散化が必要です。例えば、連続値のセンサや制御信号のデータを一定の幅で離散化するだけでは、状態や行動の数が指数的に増大するため学習が困難になるという、次元の呪い（curse of dimensionality）という問題があります。

この問題に対して、価値関数や方策を関数近似することで高次元の連続値のセンサデータや制御信号を状態や行動として扱うことができます。とくに、深層強化学習では、関数近似器としてディープニューラルネットワークを用いることで、データの特徴表現を表現できると期待されます。しかし、ディープラーニングの特徴表現学習の能力を十分に活用するためには、適切な手法の選択やモデル設計が必要になります。

まずは、状態の表現について考えてみましょう。例えば、ロボットアームを用いて位置制御を行うマニピュレーションのタスクの場合、位置に対して不変な特徴量を学習するCNNを利用するのは適切ではない可能性があります。このように、問題に対して適切な方策を学習できるように、エージェントは入力となるセンサデータから、「状態」に関する良い特徴表現を学習する必要があります。とくに、深層強化学習の文脈では、しばしば「状態」に関する特徴表現学習を指して、状態表現学習（state representation learning）と呼ぶことがあります。

行動の表現に関しても同様のことが言えます。例えば、DQNを利用する

ことで、状態として画像という高次元なデータを入力に利用することができるようになりましたが、出力である行動には低次元な離散値（「右」や「左」といったコマンド）が仮定されていました。そのため、ロボットが行動として関節角や台車の速度といった連続値を扱うためには、適切な離散化が必要になります。一方で、このような連続値の行動を直接出力する問題設定も存在し、連続値制御（continuous control）問題と呼ばれています。

■ 報酬設計が難しい

　強化学習では報酬関数の設計（どのような状態・行動の組にどのぐらいの大きさの報酬を与えるかの設定）によって、得られる方策の挙動は大きく異なります。そのため、エージェントに解かせたいタスクに対して、適切な報酬関数を設定することが重要になります。例えば、最終状態でタスクが解けたかどうかのみを根拠とする報酬を設計することもできますが、途中の状態や行動に対する評価がないため学習が困難になる可能性があります。一方で、期待される中間的な状態や行動に対して報酬を与えることも考えられますが、与え方によってはそれらを搾取するような局所的な方策を学習してしまい、最終的にエージェントに解かせたいタスクが遂行されない可能性もあります。

　実際には多くの場合で、報酬関数の設計と学習された方策の挙動の確認を繰り返して、適切に学習が行われるように報酬関数の作り込む報酬成形（reward shaping）が必要になります。

■ サンプル効率が低い割にデータ収集コストが高い

　強化学習は、データを収集しながら方策の学習を行うため、以前に集めたデータが必ずしも現在の方策の改善に寄与するとは限りません。また、明確な正解データが与えられる教師あり学習とは異なり、強化学習では、報酬や価値といった弱い情報に基づき学習を行うため、学習時に多くのサンプルが必要になる（サンプル効率が低い）と考えられています。一方で、一般的に、ロボットのハードウェアは高価なため大量に用意することが難しい上に、計算機上のシミュレーションとは異なり、実時間でしか動かせ

ないため、データ収集のコストが高くなりがちです。そのため、効率的に
データを収集し、なるべく少ないサンプルからより良い方策を学習できる
ような手法の開発が肝要になります。

■ **方策の安全性の担保が難しい**

　強化学習の問題設定上、エージェントは試行錯誤を繰り返しながら方策
の学習を行います。試行錯誤の過程で、現在得られている方策よりもより
良い方策を学習するためには、探索的な行動が必要になります。しかし、ロ
ボットを用いた実世界での探索には、ロボットが故障したり、周囲の環境
や人間に危害を与えたりするリスクが伴うことがあります。そのため、実
世界で強化学習を行うためには、多くの場合、実行する行動の安全性を担
保する仕組みを導入する必要があります。

3.2 課題に対する解決策

　以上に述べたような、深層強化学習を実ロボット制御に利用する際の課
題に対して、学習のためのデータの収集方法に関する工夫や、人間が環境
やロボットに行わせたいタスクに関する事前知識（ドメイン知識、domain
knowledge）を学習に組み込むための工夫を施すことで効率的な学習を目
指す手法が提案されています。

■ **オフラインデータの利用**

　強化学習の基本形は、エージェントが学習過程で環境内で実際に試行錯
誤して方策を獲得する枠組みです。これは、オンラインのアルゴリズムと
呼ばれています。一方、事前になんらかの方法によって集めたデータ（オフ
ラインデータ）から方策を学習する手法も盛んに研究されています。中で
も、模倣学習とオフライン強化学習はロボット学習領域で近年盛んに研究
されているアルゴリズムです。

　模倣学習（imitation learning）は、人間が期待する動作をロボットに対し
て教示することで、ロボットが方策を学習する問題設定です。これらの教

示データは**デモンストレーション**と呼ばれ、ロボットを直接手で動かしたり、リモコンやVRインタフェースにより遠隔操作したりすることで作成されます。

　また、**オフライン強化学習**(offline reinforcement learning)は、図6.25 のように、なんらかの方法によって収集された固定のデータセットがエージェントに与えられることを想定します。学習過程では、実際の環境との相互作用をすることなく、そのデータセットよりも高い性能をもつ方策を学習しようとする問題設定です。模倣学習と比較すると、オフライン強化学習は、デモンストレーションのデータが最適と考えず、各状態遷移に対して報酬の値が付与されているデータセットからの学習を行う点で異なります。

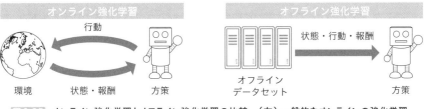

図6.25 **オンライン強化学習とオフライン強化学習の比較．（左）一般的なオンラインの強化学習．（右）オフライン強化学習では事前に収集された固定のデータセットから方策の学習を行う**

　オフライン強化学習は、学習時に実環境との相互作用を必要としない問題設定であり、学習過程での実環境での探索的な行動のリスクを軽減できるため、安全性の観点から実ロボット制御への利用が期待されています。また、ログデータを収集しやすい問題設定との相性が良いため、推薦システムや対話システムなどのWebサービスの最適化への応用も見込まれています。

■ シミュレータの利用

　強化学習を用いたロボットの制御方策の学習では、実世界からデータを収集するコストが高いことが問題になります。そのため、現実世界から解きたいタスクの重要な側面を切り出して、それを計算機上で再現するシミュ

レーションを活用した研究も多く行われています。シミュレータで学習した方策を現実世界に転移して利用する設定はsim2realと呼ばれています。ロボット制御の場合、カメラ画像などのセンサデータや、ロボットの存在する空間の幾何的な制約や力学を、シミュレータを用いて再現することで、現実世界よりも低いコストで大量のデータを生成することができます。しかし、sim2realの設定では、リアリティギャップ（reality gap）と呼ばれる、現実世界とシミュレータで再現された世界の間の差異が生まれてしまいます。これにより、シミュレータで学習した方策を実世界に転移した際、性能を低下させる大きな原因になることがあります。

　そのため、多くのsim2realの研究や応用では、シミュレータの各種パラメータ（例えば、物体の大きさなどの幾何的なパラメータや、摩擦などの力学的なパラメータ、光源、テクスチャなどのセンサデータに関するパラメータなど）をランダムに設定した複数のシミュレータを用いて生成したデータから学習するドメインランダマイゼーション（domain randomization）が活用されています。例えば、2019年にOpenAIは、5本指のロボットハンドの中でルービックキューブを解くタスクに関して、テクスチャや光源などの画像的な特徴や、摩擦といった力学的なパラメータのランダマイゼーションを活用して、実世界での追加学習なしに強化学習で頑健な方策を獲得する研究を公開し話題を呼びました。

■ 残差強化学習

　人間が環境の性質やタスクの解き方に関する何らかの事前知識を持っていることが多くあります。従来のロボット制御手法は、このような様々な問題に共通する幾何学や力学的な知見や法則を活用し、解こうとしているタスクをモデル化して開発されてきました。一方で、実応用上は、このような人間の事前知識のみでは簡単にはモデル化できない部分がある場合も数多く存在します。

　そこで、図6.26 のように、従来のロボット制御で用いられてきたような基本的な制御モジュールの出力と、実際にロボットがタスクを行う環境

における最適な方策との差分を強化学習によって学習することを目指す残差強化学習（residual reinforcement learning）と呼ばれる手法があります。残差強化学習では、強化学習の枠組みにある程度うまく動くことが事前に分かっている既存の制御手法を組み込むことができるため、サンプル効率や安全性の面で有効な手法であると考えられています。

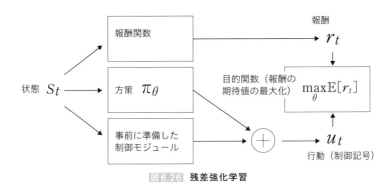

図6.26 残差強化学習

　2019年にはプリンストン大学やGoogle社などのチームが、ロボットアームを使って様々な物体を把持し、指定された箱に投げ入れることのできるTossingBotという研究を発表しました。この研究では、もし同じ投げ方をしたとしても、物体の形状や把持の仕方によって物体の運動が変わってしまうという問題に対して、運動方程式に基づくベースとなる制御モジュールの出力を調整する残差強化学習手法が用いられています。

■ 環境のモデルの学習

　強化学習に用いられる報酬や価値といった情報は、エージェントが利用可能な情報のほんの一部に過ぎません。より高度な知能の実現のためには、教師なし学習や教師あり学習で利用されるようなより豊富な情報を利用することが重要です。

　実際に、これまでに本書で紹介した深層強化学習の手法は、基本的には環境（状態がどのように遷移するか）に関する知識を明示的に学習しないモデルフリー（model-free）の強化学習のアルゴリズムでした。一方で、環境に関する予測モデルを明示的に活用しながら方策の学習を行う強化学習アル

ゴリズムは、モデルベース（model-based）強化学習と呼ばれ、研究が進められています（図6.27）。

図6.27 モデルベース強化学習

　環境のモデルの学習を伴うモデルベースの深層強化学習手法を用いると、モデルフリーの手法に比べてサンプル効率が向上するという報告がされており、実ロボット制御の強化学習における今後の応用が期待されています。特に「エージェントが、得られる情報を元に自身の周りの世界に関する予測モデルを学習して、方策の学習に活用する」枠組みは、世界モデル（world model）と総称されています。世界モデルに関連する研究は数多く実施されており、今後、実世界での知能を実現する上で重要な概念の1つになると考えられます。

6-5. データ生成

ディープラーニングは、幅広い応用先があり、「分類」するタスク以外にも応用できます。その1つである生成タスクについて見てみましょう。

1. 生成タスク

　ディープラーニングは、物体認識タスクなどの「分類」以外に、生成タスクにも応用されています。例えば、画像生成では、データセット（訓練データセット）から画像が持つ潜在空間を学習し、それをベクトルとして表現します。潜在空間を得ることで、そこから新しい画像を生成することができるようになります。

　画像生成以外にも、データセットを音声や文章にすることで、音声生成や文章生成に発展させることもできます。

　データ生成には、変分オートエンコーダ（Variational AutoEncoder、VAE）や敵対的生成ネットワーク（Generative Adversarial Network、GAN）が用いられ、画像生成ではGANに基づく手法がよい成果を残しています。

2. 敵対的生成ネットワーク

　GANは2種類のネットワークで構成されており、それぞれジェネレータ（generator）とディスクリミネータ（discriminator）という名前が付けられています。両者の役割は次の通りです。

- ジェネレータ：ランダムなベクトルを入力とし、画像を生成して出力する。
- ディスクリミネータ：画像を入力とし、その画像が本物か（ジェネレータによって生成された）偽物かを予測して出力する。

　ディスクリミネータによる予測結果はジェネレータにフィードバックされます。ここで大事なのは、ジェネレータはディスクリミネータが間違え

ディープラーニングの応用例

るような偽物画像をつくるように学習をしていき、ディスクリミネータは偽物をきちんと見抜けるように学習をしていくということです。すなわち、GANは 図6.28 のような構成で、これら2種類のネットワークを競い合わせることで、最終的には本物と見分けがつかないような偽物、すなわち新しい画像をつくりだすことを実現します。ジェネレータは絵画の贋作や偽札をつくる人、ディスクリミネータはそれを見抜く警官で、両者はイタチごっこのように競い合っているような状況に例えると理解しやすいかもしれません。

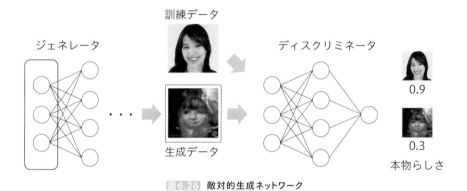

図6.28 敵対的生成ネットワーク

GANは、もともと（ディープ）ニューラルネットワークを用いていました。そこに畳み込みニューラルネットワークを採用したものをDCGAN（Deep Convolutional GAN）と呼びます。DCGANによって高解像度な画像の生成を可能にしています。

GANは、ランダムなベクトルから生成したデータが本物かどうかを予測していますが、このベクトルの代わりにある画像データを入力し、別の画像に変換する処理としたPix2Pixがあります。この場合、もとの画像データと変換した画像のペアが本物か偽物かを予測します。これによって、例えば昼の画像を夜の画像に変換したり、線画をカラー画像に変換したりできます。ただし、あらかじめペアの画像を学習のために用意しておかなければいけません。

画像のペアが必要ない方法としてCycle GANがあります。この方法の場合、ある画像を変換し、その変換した画像をもとの画像に再度変換します。

そのとき、通常のGANのように変換した画像が本物かどうかを予測するだけでなく、元の画像と再度変換した画像が一致するように学習します。

3.Diffusion Model

GANやVAEは、データを一度に生成します。Diffusion Modelは、データを生成する過程を時間的な連続的な拡散のプロセスとしています。

拡散のプロセスは、画像データにノイズを加えていき、ガウス分布にする拡散過程と、ノイズから徐々にノイズを除去して画像データを生成する逆拡散過程の2つに分かれています。各プロセスでは、それぞれの処理を繰り返し行います。学習時は拡散過程を行い、データ生成時は逆拡散過程のみ行います。

Diffusion Modelで生成したデータの品質は高く、生成AIの代表的なアプローチの1つとなっています。

拡散過程

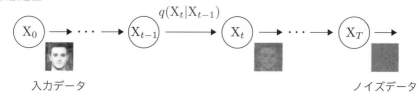

入力データ　　　　　　　　　　　　　　　　　　　　　　ノイズデータ

逆拡散過程

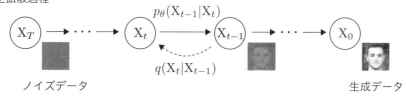

ノイズデータ　　　　　　　　　　　　　　　　　　　　　　生成データ

図6.29　Diffusion Model

4.NeRF

NeRF（Neural Radiance Fields）は、複数の視点の画像を手がかりに3次元形状を復元し、3Dシーンを生成する技術です。NeRFを用いることで、新たな視点の画像を生成することもできます。

NeRFでは、複数の画像データとそれらの視点や照明条件などの情報を用意します。そして、画像データとそれらの情報をもとに、3次元空間の各点での色や透明度を予測するネットワークを学習します。

NeRFは、非常に高品質な3次元形状を復元でき、新しい視点や照明条件下での画像を生成可能です。一方、計算リソースが必要であったり、シーンごとに学習が必要であったり、品質は入力データの質や量に強く依存します。

6-6. 転移学習・ファインチューニング

ディープラーニングには様々なモデルがあります。それらを幅広く活用するための方法について見てみましょう。

1. 学習済みモデル

今や「超」深層なネットワークを学習することが可能になりましたが、それに伴い学習に必要な計算量も莫大になりました。計算量を減らすような工夫が取られているものの、もはやGPUマシンが1台や2台あったところで、太刀打ちできるものではありません。そうすると、個人にはもはや実験することは不可能ですし、企業も莫大な投資が必要となってしまいます。

ディープラーニングを用いて予測を行いたいときに必要なのは、あくまでも最適化されたネットワークの重みであり、多大な時間が必要な学習は、その重みを得るためのステップに過ぎません。ですので、もしすでに学習済みのネットワークがあるならば、それを用いれば新たに学習する必要はありません。

先に説明したネットワーク構造のモデルは、ImageNetで学習済みのモデルが公開されており、誰でも利用できるようになっています。このモデルを事前学習済みモデルまたは学習済みモデルと呼びます。事前学習済みモデルを利用すれば、実際に利用したいデータで少し学習するだけで済みます。

2. 転移学習

ImageNetのデータセットで事前学習済みモデルは、1000クラスの分類モデルです。これを利用する場合、適用したい問題のクラス数やクラスの定義が異なるかと思います。そこで、最後の出力層は適用したい問題のクラス数になるように、図6.30 のように新たな出力層に変更して学習しま

す。学習する時は、この**出力層だけ初期化して学習**します。このような学習
の方法を**転移学習**と呼びます。また、出力層だけでなく、その手前に複数の
全結合層などを追加する場合もあります。適用したい問題に合わせて、追
加する層数を変えても問題ありません。

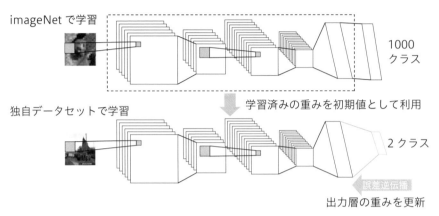

図6.30 転移学習

3. ファインチューニング

転移学習では、追加した層だけを学習していました。適用したい問題に
よって、それだけでは不十分な場合もあります。その場合は、 図6.31 のよ

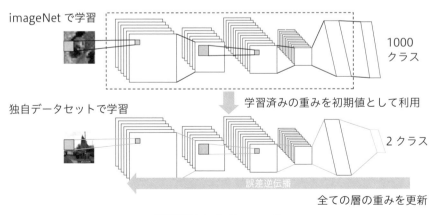

図6.31 ファインチューニング

うに追加した層だけではなく、モデルのすべての重みを更新するよう学習します。このような学習の方法をファインチューニングと言います。

4. 少量データでの学習

　転移学習やファインチューニングを行う場合、学習に用いるデータ数はそれほど多くなくても良いことが多いです。それでも数百枚程度は必要です。もっと極端に少ないデータ数、例えば数枚程度で学習する方法をFew-shot学習と呼びます。Few-shot学習には様々な方法があり、その1つとしてMAML（Model-Agnostic Meta-Learning）があります。MAMLは、モデルの重み自体を更新するのではなく、モデルの重みをどのように更新すれば良いかという学習方法自体を学習します。これをメタ学習と呼びます。

　さらに少ない1つのデータで学習する方法は、One-shot学習となります。Few-shot（少ショット）学習やOne-shot（ワンショット）学習は、自然言語分野でもよく用いられます。ChatGPTなどの生成モデルの場合、我々が欲しい情報を得るために、指示をプロンプトとして与えます。このプロンプトに、1つまたは複数のサンプルを例題として追加します。この場合、モデルの重みなどのパラメータは更新しません。あくまで、生成モデルが出力する際のヒントとして例題を与えるだけです。Zero-shot（ゼロショット）学習では、この例題を与えず指示だけ与えます。

5. 半教師あり学習

　ディープラーニングが高い精度を達成できるのは大量の学習データのおかげです。学習データには、データと共にその正解となる情報がついています。この正解を利用して学習するのが教師あり学習です。

　一方で、正解となる情報をすべてのデータにつけるのはとても手間がかかります。正解のついていないデータも学習に利用する方法が半教師あり学習です。半教師あり学習では、正解のついているデータを利用して学習

を行い、正解のついていないデータを評価します。そして、その結果をもとに擬似的な正解をつけます。これにより、学習に利用できるデータを増やすことができます。

　半教師あり学習では、どのようにしてより正しい擬似的な正解をつけるか、またはより正しいデータを選択するかが重要となります。正しくない擬似的な正解を利用すると、精度低下の原因になります。

　また、データに対してノイズを加えた変換後のデータと変換前のデータをそれぞれモデルに入力した際、同じような出力になるべきです。この変化前と変化後のデータ間の差を最小化する考え方を一致性正則化（Consistency regularization）と呼びます。

　FixMatchでは、擬似的な正解ラベルと一致性正則化を組み合わせて高い精度を達成しています。この方法では、入力データに対して、反転などの単純な弱いデータ拡張と変換が大きい強力なデータ拡張の2通りのデータ拡張を適用しています。そして、弱いデータ拡張を行った入力に対する出力から擬似的な正解を作成します。強いデータ拡張を行った入力に対する出力と擬似的な正解との間で一致性正則化を求めています。

6. 自己教師あり学習

　自己教師あり学習では、データに対する正解を利用せずに学習します。では、どのように学習するのでしょうか。自己教師あり学習では、プレテキストタスクという人があらかじめ設定した問題を学習します。

　例えば、画像認識分野の場合、入力データに異なるデータ拡張を施して、モデルに入力します。モデルが出力する特徴が類似するように学習します。これは、半教師あり学習のところで説明した一致性正則化と同じ原理です。他にもジグソーパズルのように画像をパッチに分割して並び替えたものを正しい位置に配置するような問題や、画像の一部をマスク処理して、その領域の画像を正しく生成するような問題もあります。

　自然言語分野の場合、文章の一部の単語をマスク処理して、正しく単語を予測する問題や、2つの文章が連続する文章かどうかを予測する問題な

どがあります。

　自己教師あり学習をしたモデルは、下流タスクと呼ばれる目的の問題の
データを用いてファインチューニングされます。このとき、少量のデータ
だけで学習できます。

7. 継続学習

　転移学習やファインチューニングにより、事前学習済みモデルを特定の
問題に適用することができます。さらに、認識したいクラスが増えていく
場合や、認識したい環境（ドメイン）が変わっていく場合など、適用範囲が
広がることもあります。このように適用範囲が増えるごとに学習を行うこ
とを継続学習と呼びます。継続学習では、過去に学習したクラスを正しく
認識できない破壊的忘却が起きることがあります。いかに破滅的忘却が起
きないようにするかは、継続学習において重要な課題です。

6-7. マルチモーダル

ディープラーニングのモデルには、画像や言語、音声など様々なデータを入力することができます。複数の形式のデータを同時に扱う方法について見てみましょう。

1. マルチモーダルタスク

画像とテキストなど異なるモダリティのデータを同時に取り扱う取り組みが増えています。Image Captioningでは、画像データを入力すると、その内容を要約したテキストを出力します。反対に、Text-To-Imageのように、テキストから画像を生成することもできるようになりました。

2. 基盤モデル

これまで、画像とテキストは別々の分野で利用されていましたが、よく考えてみると「りんご」の写真には「りんご」というテキストが関連づけられており、同じものを指しています。よって、特徴としても同じ特徴になっても良いはずです。

CLIPでは、画像から抽出する特徴とテキストから抽出する特徴が同じようになるよう非常に大量のデータで学習します。CLIPで抽出した特徴は、物体認識や物体検出、Visual Question Answeringなど、さまざまなタスクに利用することができます。CLIPとDiffusion Modelを用いるDALL-Eは、テキストで指定した画像を高品質に生成できるようになりました。

さらにCLIPは、学習していない新しいタスクに対しても、そのタスクの説明を与えると実行できます。これをZero-shot学習と呼びます。これは、モデルがテキストと画像の広範な関連性を捉える能力に起因しています。CLIPの登場以降、FlamingoやUnified-IOなど画像とテキストの関連性を捉える特徴を抽出できるモデルが考案され、基盤モデルと呼ばれています。

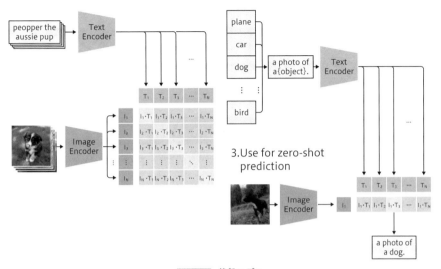

1.Contrastive pre-training

2.Create dataset classifier from label text

3.Use for zero-shot prediction

図6.32 基盤モデル

ディープラーニングの応用例

6

6-8. モデルの解釈性

ディープラーニングによる予測は「ブラックボックス」と言われていますが、その問題をどのように解決しようとしているのか、いくつか手法を見てみましょう。

1. 説明可能AI (Explainable AI)

　ディープラーニングにより高い精度を達成できるケースが増えていますが、モデルが「どのように予測をしているのか」も考慮しておくべきです。正しい認識結果でも、その認識対象と関係ない特徴に注目している可能性もないとは言えません。予測精度が向上したからこそ、その予測の根拠が求められるようになっています。どのようにモデルの判断根拠を解釈し、説明可能にするか、ということで説明可能AI (Explainable AI) が注目されています。

　モデルがどのように判断しているかを解釈するために、入力データの特徴の一部だけを与え、その時の振る舞いを線形モデルに近似するLIMEがあります。Permutation Importanceでは、入力データの特徴をランダムに入れて、振る舞いの変化をもとに特徴の寄与度を測ります。SHAPも特徴量の寄与度を測ることでモデルの解釈を行います。これらは、ディープラーニング以外の機械学習全般で利用されています。一方で、計算コストが高かったり、特徴間の相関が高かったりすると、寄与度を測るのが難しくなります。

2. CAM

　Class Activation Mapping (CAM) は、画像認識タスクに用いるモデルの予測判断根拠を示すために「画像のどこを見ているか」を可視化します。CAMは、図6.33のようにGlobal Average Pooling (GAP) を最終層の手前に用いたネットワークの構造をしています。GAPは、各チャネルの特徴

マップについて平均値を求めます。最終層では、その値に重みをかけて各
出力の値を求めます。判断根拠を可視化する際は、可視化したいクラスに
対応する重みをGAP前の特徴マップに乗算し、すべての特徴マップを足し
て1つのヒートマップにします。このヒートマップの中で大きな値の部分
が判断根拠となります。

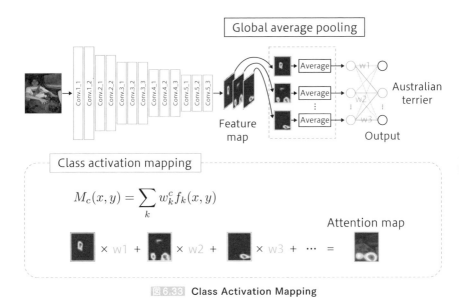

図6.33 Class Activation Mapping

3. Grad-CAM

CAMはシンプルですが、判断根拠を可視化する層が決まっています。
Grad-CAMは、図6.34 のように勾配情報を用いて、指定した層における
判断根拠を可視化できます。

図6.35 の中央（c）がGrad-CAMの例です。モデルが「猫」を予測した際、
画像のどこを見て「猫」と予測したかをヒートマップで示しています。これ
により、モデルが正しく「猫」を認識して出力していることが確認できます。

Grad-CAMは、判断根拠の可視化には勾配情報を用いるのですが、その
際に勾配が大きい、すなわち出力値への影響が大きいピクセルが重要だと
判断して重み付けをします。

ただし、Grad-CAM はその過程で画像が低解像度になってしまうという問題点があり、その問題点を解決するために入力値の勾配情報も用いた Guided Grad-CAM という手法もあります。図6.35 の (d) がその例です。こちらは猫のどういった特徴が抽出されているかも可視化されています。

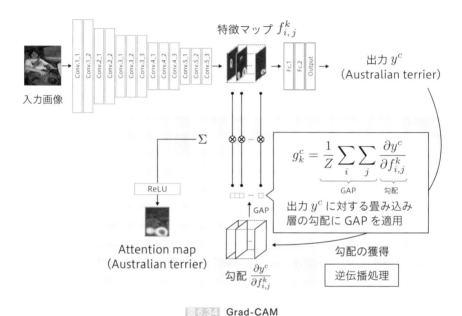

図6.34 Grad-CAM

(a) Original Image   (c) Grad-CAM 'Cat'   (d)Guided Grad-CAM 'Cat'

図6.35 Grad-CAMとGuided Grad-CAMの例

6-9. モデルの軽量化

組込み機器などでディープラーニングのモデルを利用する場合、モデルのコンパクト化が必要となります。コンパクト化の方法について見てみましょう。

1. 蒸留

　ディープラーニングは、ネットワークの層を深くすることで精度が向上します。しかし、計算コストが高くなるため、エッジデバイスなど計算リソースが限られた環境で扱う場合は、利用可能な計算リソースに合わせて軽量なモデルにする必要があります。

　蒸留では、層が深く高精度なネットワークが学習した知識を、層が浅く軽量なニューラルネットワークへ伝える方法です。これにより、あまり精度を損なわずにネットワークの圧縮を行うことができます。蒸留を行うことで、計算コスト減少のほかに精度向上や正則化効果、クラス数や学習データが多い場合の学習の効率化も期待できます。

　蒸留では、層が深く複雑な学習済みのネットワークを教師ネットワーク、教師の学んだ知識を伝える未学習のネットワークを生徒ネットワークと呼びます。入力データに対する教師ネットワークの事後確率を正解ラベルとして、生徒ネットワークの学習を行うことで知識を伝達します。

　図6.36 のように、通常の学習時に用いるone-hotな正解ラベルをhard target、教師ネットワークの事後確率をsoft targetと呼びます。soft targetには正解クラス以外の事後確率が0ではなく、何かしらの値として含まれます。この正解クラス以外の値は正解クラスとの類似度と捉えることができ、このような知識の獲得が汎化能力の向上へつながっていると考えられます。

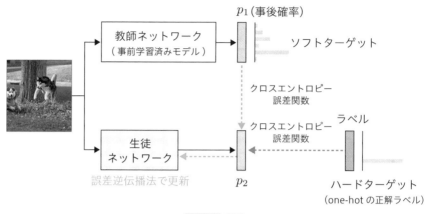

図6.36 蒸留

2. 枝刈り

　ニューラルネットワークの接続の一部を切断する、すなわち重みの値を0にする処理を枝刈りと呼びます。枝刈りの方法には、重みの値が一定より小さければ0にする方法（マグニチュードベース）と、勾配情報を利用する手法（勾配ベース）があります。

図6.37 枝刈り

　マグニチュードベースは、学習後の重みについて、絶対値の小さいものから順番に削除します。一方で、勾配ベースは、モデルにデータを入力して各クラスの確信度を出力します。正解クラスの確信度から誤差を逆伝播して、勾配情報から各重みの評価値を算出します。この評価値（感度とも言います）が小さいものから順番に削除します。

枝刈りは、モデル全体の学習と枝刈りを繰り返して、少しずつモデルサイズを圧縮することが多いです。いきなり多くの重みを削除してしまうと精度に悪影響を及ぼすからです。

　宝くじ仮説では、モデルを学習する際に、より良い初期値（当たりくじ）を持つサブネットワークがモデル全体の中に含まれているという考え方をしています。このサブネットワークが枝刈りしたモデルに相当します。この枝刈り後のモデルの初期値には、元のモデルの値を利用して、学習します。

　従来の枝刈りでは、モデルを初期化して学習し、枝刈りを行って学習します。このとき、枝刈り後のモデルの重みは初期化せず、繰り返し更新します。一方で、宝くじ仮説では、枝刈りを行って学習する際に重みを初期値に戻します。このように、学習と枝刈りを繰り返すよりも、重みを巻き戻した方が高い精度になることが示されています。

3. 量子化

　量子化は、重みなどのパラメータを少ないビット数で表現して、モデルを圧縮する方法です。使用するビット数を制限することでネットワークの構造を変えずにメモリ使用量を削減できます。

　ディープラーニングの学習では、誤差や勾配などの値は小さいため、32ビット浮動小数点数を使用しています。一方で、推論時はそこまで小さな値を必要としません。そこで、学習したモデルの重みを8ビット整数にして、メモリ使用量の削減を行っています。この機能は、ディープラーニングのフレームワークで採用されています。

章末問題

Google社によって開発された、Atrous convolutionを採用しているセマンティックセグメンテーションのモデルとして、最も**適切なもの**を1つ選べ。

1 ImageNet
2 GoogLeNet
3 DeepLabV3
4 VGG16

解答　3

解説

セマンティックセグメンテーションについての理解を問う問題です。DeepLabV3はセマンティックセグメンテーションのモデル、VGG16 と GoogLeNet は物体認識のモデル、ImageNet はデータセットです。

Fast R-CNNの説明について、最も**不適切なもの**を1つ選べ。

1 一枚の画像を分割してから、処理を行う。
2 画像に、畳み込み層と最大値プーリング層を適用することによって、特徴マップを作成する。
3 各物体の候補を、RoIプーリング層によって、特徴マップから固定長の特徴ベクトルに変換する。
4 Fast R-CNNは、R-CNNよりも学習やテストにかかる処理が比較的高速で、さらに検出精度も高い。

解説

　物体検出についての理解を問う問題です。Fast R-CNN は、R-CNN を高速化した手法です。両手法で利用されている Selective Search の利用方法がどのように違うのかを理解しておきましょう。

問題3

畳み込みニューラルネットワーク（CNN）を用いた画像認識のモデルに関する説明として、最も**不適切なもの**を1つ選べ。

1　VGGNetでは層が深くなるごとに特徴マップの縦横の幅は小さくなり、特徴マップの数は多くなる。
2　AlexNetは畳み込み層・プーリング層・全結合層を組み合わせたモデルである。
3　GoogLeNetは、複数の畳み込み層やプーリング層から構成されるInceptionモジュールと呼ばれるネットワークを積み重ねた構造をしている。
4　ResNetは、畳み込み層のみを積み重ねた構造をしている。

解答　4

解説

　CNN のモデルについての理解を問う問題です。ResNet は勾配消失問題を解消できるスキップ結合を導入していることを理解しておきましょう。

以下の文章を読み、空欄（A）（B）に最も**よく当てはまるもの**を1つ選べ。

（A）は画像検出タスクに用いられる1手法であり、（B）セグメンテーションに分類される。（A）は特徴マップを徐々に小さくしていくエンコーダと、逆に徐々に大きくしていくデコーダの間に、Pyramid Pooling Moduleと呼ばれるモジュールを有する。

1 （A）PSPNet 　（B）セマンテック
2 （A）PSPNet 　（B）インスタンス
3 （A）SegNet 　（B）セマンテック
4 （A）SegNet 　（B）インスタンス

解答　1

解説
　セグメンテーションタスクについての理解を問う問題です。セマンティックセグメンテーションとインスタンスセグメンテーションの違いについても理解しておきましょう。

問題5

以下の文章を読み、空欄に最も**よく当てはまるもの**を1つ選べ。

　LSTMで採用されている（　）は誤差を内部にとどまらせることを目的としており、リカレントニューラルネットワーク（RNN）の課題である時間の経過とともに過去の勾配が消えてしまう問題に対応している。

1 GRU 　　　　　　2 BPTT
3 CEC 　　　　　　4 Attention

解説

LSTM についての理解を問う問題です。LSTM を構成するメモリセル（CEC）、各種ゲートの役割を理解しておきましょう。

問題6

A-D変換の説明として、**不適切なもの**を1つ選べ。

1 空気の振動として波状に伝わる音声のアナログデータを、計算機で扱うためにデジタルデータに変換する。
2 入力信号は符号化、量子化、標本化の順に処理される。
3 パルス符号変調 (PCM) という方法が用いられることが一般的である。
4 連続値を離散的な値で近似するため、変換の誤差が生じる。

解答 2

解説

音声認識に用いる前処理についての理解を問う問題です。A-D 変換は入力信号を標本化、量子化、符号化の順に処理します。

問題7

ディープラーニングは音声認識の逆過程である音声合成においても利用されている。2016年に DeepMind 社により発表されたニューラルネットワークのアルゴリズムは従来に比べて圧倒的に高い質での音声合成に成功し、AIスピーカーが人間に近い自然な言語を話すことなどに大きく寄与している。このアルゴリズムの名称として、最も**適切なもの**を1つ選べ。

1 DQN	2 AlexNet
3 WaveNet	4 ResNet

解答　3

解説

音声合成に用いられるモデルについての理解を問う問題です。WaveNet は音声合成の代表的なモデルです。DQN は強化学習手法、AlexNet と ResNet は畳み込みニューラルネットワークのモデルです。

問題8

以下の文章を読み、空欄 (A)(B) に最も**よく当てはまるもの**を1つ選べ。

　周波数スペクトルの形状を表すものを (A) といい、音色を表す。これによって発話者の声質や発音の特徴を示し、話者の識別などを可能にする。なお、(A) を求める一般的な方法は (B) を用いるものである。

　1　(A)フォルマント周波数　(B)メル周波数ケプストラム係数(MFCC)
　2　(A)スペクトル包絡　　　(B)メル周波数ケプストラム係数(MFCC)
　3　(A)フォルマント周波数　(B)隠れマルコフモデル
　4　(A)フォルマント周波数　(B)スペクトル包絡

解答　2

解説

音声認識に用いる前処理についての理解を問う問題です。フォルマント周波数は、音声の共振周波数です。周波数のピークをフォルマントと呼びます。

問題9

キャプション生成の説明として、最も**適切なもの**を1つ選べ。

　1　入力画像を説明する自然言語文を出力する。
　2　文書に書かれている手書き文字などを読み取る。
　3　画像から対象物の位置を矩形領域で特定する。
　4　画素単位でクラス識別を行う。

解答　1

解説

　キャプション生成についての理解を問う問題です。2 は OCR、3 は物体検出、4 はセマンティックセグメンテーションです。

問題10

BERTについて、最も**不適切なもの**を1つ選べ。

　1　ラベルが付与されていないデータを用いて事前学習を行う。
　2　文章の冒頭から末尾までの一方の方向に対してTransfomerを適用している。
　3　Masked Langage Modelを利用している。
　4　Next Sentence Prediciton を利用している。

解答　2

解説

　BERT についての理解を問う問題です。BERT は文頭から文末までの順方向と文末から文頭までの逆方向の両方に対応した双方向の処理を行うことが特長です。

BoW（Bag-of-Words）に関する説明として、最も**適切なもの**を1つ選べ。

1 単語の出現回数によって言語分析を行うモデルである。
2 語順を考慮した言語分析を行うモデルである。
3 自然言語処理において、意味のある特定の熟語群を示す用語である。
4 自然言語処理において、相槌など文意に大きな影響を与えない単語群を示す用語である。

解答 1

解説

BoWについての理解を問う問題です。BoWは語順を考慮せずに単語の出現頻度を特長ベクトルとします。

以下の文章を読み、空欄（A）（B）に最も**よく当てはまるもの**を1つ選べ。

　音声認識に用いられるアルゴリズムの1つに（A）がある。リカレントニューラルネットワーク（RNN）を音声認識に用いる際、音声データを入力し、それに対応する（B）を出力させることで音声認識が実現できる。（A）は、どの（B）にも対応しない空文字を挿入し、同一の（B）を縮約することを行うことで、入力と出力の数を一致させることができる。

1 （A）CEC　（B）音素　　　　2 （A）CEC　（B）音韻
3 （A）CTC　（B）音素　　　　4 （A）CTC　（B）音韻

解答 3

音声認識についての理解を問う問題です。CTC により同じ音素が連続する場合で
も 1 つの音素にすることができます。

問題 13

CAM に関する説明として、最も**不適切なもの**を 1 つ選べ。

1 CAM は、2016 年に発表された手法であり、画像認識の判断根拠を可
視化する初めての手法として知られている。

2 CAM は、グローバルアベレージプーリング（GAP）を有する画像認識
モデルにおいてのみ適用可能である。

3 Grad-CAM は、2017 年に発表された手法であり、勾配情報を用いずに
判断根拠を可視化する手法である。

4 Grad-CAM は、グローバルアベレージプーリング（GAP）を有しない
画像認識モデルでも利用可能であるため、幅広いタスクで用いる。

解答 3

解説
CAM と Grad-CAM についての理解を問う問題です。CAM により判断根拠を可視
化できる層は GAP の手前だけです。Grad-CAM は GAP を有しないモデルにも適
用でき、勾配情報に対して GAP を行います。

問題 14

AI システムのエッジ提供方式における留意点についての説明として、最も
不適切なものを 1 つ選べ。

1 推論回数に応じてリソース利用料が増えるため、アクセス数やオートスケーリング設定に注意する必要がある。

2 必要に応じて各エッジのデータを収集して更新したモデルを配布するための、ネットワーク通信を用意する必要がある。

3 利用現場に配置した各エッジデバイスを、機器として長期間にわたり保守運用する必要がある。

4 コストや推論処理の速度など様々な制約条件に合わせて、適切なデバイスのスペックを選定する必要がある。

解答 1

解説

AIのエッジデバイスでの処理についての理解を問う問題です。エッジデバイスで処理することにより、クラウド側の負担がなくなります。一方で、エッジデバイスのスペックやモデルの更新方法、保守運用方法を考えておく必要があります。

問題15

ディープニューラルネットワーク（DNN）のパラメータを表現するビット数を削減することでモデルを圧縮する手法として、最も**適切なもの**を1つ選べ。

1 蒸留   2 プルーニング
3 量子化   4 正規化

解答 3

解説

モデルの軽量化についての理解を問う問題です。1は大規模なモデルの知識を規模の小さなモデルに伝える技術、2はモデル内の不要なパラメータを削除する技術、4は特徴マップの値をスケーリングする技術です。

第7章

AIの社会実装に向けて

7-1. AIのビジネス利活用

AIを社会実装するには、実際にAIを利活用するプロセスに従って、それぞれの領域でどのような課題があるのかを自ら確認できるようになることが求められます。

1.AIのビジネス活用の意義とは

　ディープラーニング、そしてその一分野であるLLM（Large Language Model）の発展によりAIが生み出す価値は加速度的に増加しており、これらの価値を社会で適切に利活用することができれば、大きなイノベーションを起こすことが可能となります。同時に、各企業はビジネスの中で、AIによる大きなインパクトを理解し、その恩恵を社会に提供することができるようになる必要があります。

　ビジネスにおいてAIを利活用する本質は、AIによって経営課題を解決し、利益を創出する点にあります。ビジネス的な成功と技術的な成功は車輪の両輪であり、一方だけを論点とすることはできません。AIの利活用は、どのような成功を導きたいのかという経営方針の検討にもつながります。自社既存事業へのAI利活用、自社新規事業へのAI利活用、さらには他社・他業種への横展開を考えてのAI利活用では、成功の指標が異なります。昨今ではプラットフォーム型ビジネスモデルがよく取り沙汰されますが、結局のところマネタイズポイントが明確でなく継続できなくなる失敗が多く起こっています。

　AI利活用によるビジネスインパクトを最大化するために、"5分が1分になること"ではなく、"5日が1分になること"に焦点を当てることが極めて重要です。部分最適としてAIを利活用しようとしているうちは、ビジネスインパクトを生み出すことは難しいでしょう。全体を最適化することで、5日費やされていたことが1分で実行されるようになれば、他のプロセスが連鎖的に改善され、他社を圧倒するバリューチェーン・サプライチェーン

を手に入れることが可能になります。

しかし、ビジネス利活用は、言うことは簡単ですが、実際に実行することは難しいことは明らかです。その中で、少しでも成功確率を上げるために企業として出来ることは、企業の文化を徐々に変革していくことです。

2. 本章の構成

ビジネスで利活用するAIサービス・プロダクト（以下AIシステム）を開発するにあたって解くべき課題は何か、その課題の解決手法はAIなのか、どの部分にAIを適用するのか、その目的に基づいたデータをどのように取得するのか、データの加工・分析・学習、実装とその評価をどのようにするのかなどを考える必要があります。さらには、実装した時に、そこから得た教訓を、運用の改善、システムの改修、次のAIシステム利活用へと循環させていくサイクルが重要です。また、同時にそのAIシステムが他者からどのように感じられているのかを考える必要があります。

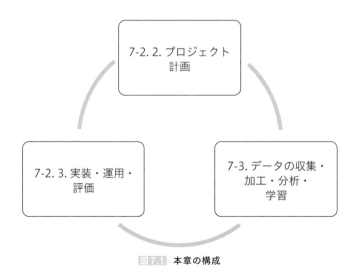

図7-1 本章の構成

3.本章のねらい

　AIのビジネス利活用に関する議論はいかに短期的に投資回収できるかという点にフォーカスされる議論が多いように思われます。しかし、AIの特徴上、一部短期で投資回収できるものもありますが中長期を見据えて方針を検討する必要があります。

　本章では、AIを企業において利活用することで具体的なビジネス成果を生み出すことに焦点を絞っています。しかし、「これさえ考えておけばよいというチェックリスト」ではありません。AIは発展途上の技術であり、今後も継続的な変革を起こすことは明らかです。常にキャッチアップを行うことでビジネス、ひいては私たちの社会における様々な価値を高めるきっかけになればと思います。

7-2. AIプロジェクトの進め方

AIシステムを開発するプロジェクト（以下、AIプロジェクト）の進め方として重要なことは、従来のシステムインテグレーター的なシステム開発（ウォーターフォール）とは異なっている点です。人が設計し、人の想定通りに稼働する従来のシステムとは異なり、全ての想定を当初から織り込むことは原理的に不可能となります。その前提を理解した上で全体像を把握し、アジャイル的なシステム開発を行わなければなりません。

1. AIプロジェクト全体像と注意すべき点

ここで検討するべきことは2点です。1点目は「そもそもAIを適用する必要があるのかを考察し、利活用した場合の利益計画を立てて投資判断を行う」ことです。2点目は「ビジネス・技術上に組み込むべきデータのフィードバックの機構をどのようなものにするかを検討する」ことです。

1点目について、「そもそもAIを適用する必要があるのか」とは、AIは手段の一つでしかなく目的ではないため、AIの特性を理解した上で判断する必要があります。例えば、新製品や新たな不良など"今後の発生パターンが多様"であると想定される場合であれば、初期の推論精度は期待できないことも多いですが、将来的にはディープラーニングを使った方が成功することが考えられます。または、初期はルールベースで、データが蓄積された後にディープラーニングを適用する、という考え方もあります。

「利活用した場合の利益計画を立てて投資判断を行う」についても同様です。利益という観点を含めると時間軸が重要になることが多く、利益が出るのは数十年後となる可能性もあります。そのため、ビジネス的には短期の試算に止まらず、初期のターゲットを定め、コストと推論精度のバランスを中長期で見ていく必要があります。これらを検討し、最終的に利益計画に落とし込み、投資判断をすることになります。

2点目は、データのフィードバックの機構をビジネス上も技術上も組み

込むことができるかにかかっています。データが蓄積され、データの フィードバックが行われ、そのデータをAIが継続的に学習することで、推論精度が向上し、より少ないコストで大きな成果を生み出すことができるサイクルのことです。時間軸に沿ったプロセスを組み込み、シミュレーションシートに落としてみることでイメージしやすくなります。初期から必要充分な推論精度を満たすことはまれであり、運用を継続しながら推論精度を上げていくことが現実的な進め方になります。

1.1 AIを適用した場合のプロセスを再設計する

　AIを利活用する場合はBPR（Business Process Re-engineering）が発生します。現業務プロセスがアナログ空間にいる"人"が実行することが前提のプロセスである場合、AIを利活用するプロセスに変更する必要があるためです。まずは、現プロセスのコストとAI導入後のコストを算出し、それぞれが乖離（特にAI導入後のコストが増大する）する場合は、AIの適用箇所と技術の連携範囲を再検討する必要があります。

　例えば、製造業における工場での外観検査の自動化の場合、アナログ空間（工場）で働く人は検査を行うのと同時にその製品を別の場所に運ぶという作業も行っている場合も多く、検査を行う部分のみをAI適用すると、そこから別の場所に運ぶという作業をそのまま人が行うことになり人件費削減にならない、といった事象が発生します。ただ、これは今までの業務プロセスをそのまま活かそうとしたために起きます。そうではなく、「検品＋移動」を別々に分けて考え、それぞれのプロセスを設計し直すことで解決することができます。また、AIシステムは進化するので、前述したフィードバックによるAIの推論精度の向上により業務プロセスを徐々に変化させることも必要です。

1.2 AIシステムの提供方法を決める

従来、システムを「納品」する形式が広く取られていました。しかし、この形式はAIプロジェクトには向きません。AIを用いたシステムを開発する場合には、サービスとして提供し運用することが望ましいのです。提供形態としては、クラウド上でWebサービスとして提供する方式や、エッジデバイスにモデルをダウンロードし、常に最新の状態となるように更新を続けるという方式があります。

クラウドを使うことで、必要な時に必要な量のリソースを利用することができます。モデルをサービスとして提供するための方法の一つとして、Web APIを用いてモデルに入力データを送り推論結果を返すという方法があります。Web APIとはネットワーク越しにシステム間で情報を受け渡す仕組みのことです。なお、クラウドをはじめとしたコンピューティングリソース上にモデルを置いて利用できるようにすることを「デプロイ」と呼びます。

エッジは、利用現場側に配備するリソースのことで、その場でモデルを実行します。エッジを利用したシステムを構成する場合は、計算機内でモデルを動かし、入力されたデータに対して推論結果を出力します。運用の中で、必要に応じてネットワーク環境を通し、データの蓄積やモデルの更新を行います。

表7.1 ではAIシステムを提供する際に、クラウドとエッジそれぞれを利用した場合のメリットとデメリットを比較表としてまとめました。

	メリット	デメリット
クラウド	モデルの更新が楽、装置の故障がない、計算機の保守・運用が不要	通信遅延の影響を受ける、ダウンしたときの影響が大きい
エッジ	リアルタイム性が高い、通信量が少ない、故障の影響範囲が小さい	モデルの更新が難しい、機器を長期間保守運用する必要がある

表7.1 クラウドとエッジのまとめ

■ 開発計画を策定する

　AIプロジェクトは、データを確認する段階、モデルを試作する段階（PoC）、運用に向けた開発をする段階にフェーズを細かく区切り、収集されたデータの中身や学習して得られたモデルの精度に応じて、柔軟に方針を修正できるような体制が望ましいです。

　なお、こうした特徴と開発計画に適した契約形式を採用し、適時適切にコミュニケーションをとって、プロジェクト管理することも必要になります。

■ プロジェクト体制を構築する

　AIプロジェクトは、開発段階から多岐にわたるスキルを保有する様々なステークホルダーを巻き込んだ体制づくりが必要となります。

　AIプロジェクトを推進するために必要となるスキルの範囲は非常に広く、AIに関する研究開発者・それを支えるシステムを構築する技術者だけではなく、ビジネス的な観点も踏まえて全体を把握・意思決定するマネージャや、システムを使う際のUI（User Interface）／UX（User eXperience）に関するデザイナー、AIモデルを開発するデータサイエンティストを含むトータルなチーム構成が重要となります。マネージャはプロジェクトにおいて最終的なゴールに対して、どのようなモジュールでシステムを構成し、どの部分をどの手法で解くかを検討します。デザイナーの役割は、AIのモデルが正しく更新されるように、UI設計する点にあります。AIシステムが推論精度を保証できない中では、例えばAIに加えて"人"がフィードバックすることで、業務を遂行しつつ継続的にモデルを更新し続けられるようなデザインが重要となります。また、UIの構成が悪く、それを確認するためのコストが大きくなってしまうと、ROIが悪くなってしまいます。このような課題をデザイナーが解決します。昨今、UI／UXの重要性が再認識され求められる役割も重要度が増しています。データサイエンティストは、AIを用いて、対象データの分析やモデルを構築する役割を担います。アルゴリズムとデータは密接に紐づくため、早い段階からプロジェクトに参画し、どのようなデータを利用すべきか、どのようにラベルを作成するか

に関する設計にも携わることもあります。

実際にサービスやプロダクトとしてAIシステムを世に出す局面では、ステークホルダーが増えます。想定外のステークホルダーがいないか改めてチェックし、攻めと守りにつなげていきましょう。

2. 各フェーズの進め方（プロジェクト計画）

実際にAIそのものを開発するフェーズは、AIプロジェクト遂行における一部でしかなく、前後に膨大なプロセスが存在します。さらに、実はその前後がAIプロジェクトを成功させる上でとても重要なプロセスになります。そうしたプロセスはいくつかフレームワークや概念（「CRISP-DM、CRISP-MLとはなにか？」「MLOpsとはなにか？」を参照）として体系化されています。

2.1 CRISP-DM、CRISP-MLとはなにか？

CRISP-DMとは、CRoss-Industry Standard Process for Data Miningの略で、データマイニングのための産業横断型標準プロセスのことです。SPSS、NCR、ダイムラークライスラー、OHRAなどが中心となった同名のコンソーシアムにて提唱しました。主にデータを分析することに主題を置いており、6つのステップに分割されています。

また、この6つのステップは完全に順に行われるわけではなく、大きな順序としての流れをたどりながら、相互に行ったり来たりをするプロセスが発生することになります。

また、最近はこのCRISP-DMを発展させたCRISP-MLの概念も出現しています。Business UnderstandingとData Understandingが統合され、Monitoring and Maintenance（監視・保守）が追加され6つのステップとされたものです。

2.2 MLOpsとはなにか?

MLOpsとは、Machine LearningとOperationsを統合した造語であり、AIを本番環境で開発しながら運用するまでの概念です。DevOps（DevelopmentとOperationsを統合した造語）から派生しています。NIPS2015にて発表されたHidden Technical Debt in Machine Learning Systemsという論文の中で、AIモデル構築部分は、全体のAIプロジェクトの中で極めて小さく、その周辺領域がとても大きいこと（ 図7.2 ）が示されているのですが、この全体の仕組みをシームレスに連携し、実際の本番環境でAIを活用するための仕組みやシステムなどが概念に横断的に組み込まれています。

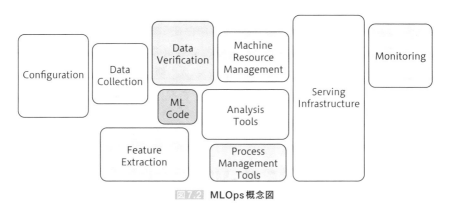

図7.2 MLOps概念図

MLOpsは明確なプロセスの定義というもので示されてはいません。最も重要なことは、AIをビジネスで活用しようとした時、全てのプロセスを1回だけやれば良いということではなく、システム運用時でも継続してプロセスを回すことで、より推論精度が高く安定したシステムとすることを示している点です。

AIプロジェクトは不確かな状況でのプロジェクト推進になるため、そもそも何を作りたいのかと、実現方法の各論点を事前に明確化することが重要です。

■ サービス化

サービス化、プロダクト化に必要な本番環境において構築すべき仕組みとしては、推論を行う環境、データを継続的に蓄積する環境、再学習をするための環境が挙げられます。

クラウドを利用する際は、所定の推論用のサーバを立ち上げておき、利用時はサーバ上に用意したAPIにアクセスすること等でモデルを動かします。ディープラーニングのモデルを動かすには、大きな計算コストが掛かるため、立ち上げておくサーバの数も検討する必要があります。サーバの数が少なすぎると安定してサービスを供給できず、また多すぎるとコストが増加してしまいます。エッジで処理を行う場合は、通常は1台の機体に対して1つのモデルを割り当てるため、処理する計算負荷は固定と考えられます。エッジの場合は、モデルをアップデートする場合には、遠隔で更新する仕組みの開発や、装置が故障した場合の運用体制が重要となってきます。

3. 各フェーズの進め方（実装・運用・評価）

AIシステムのサービス化、プロダクト化は必ずしも自社内のみのクローズドの環境で行うものではなく、例えば産学連携を行うことで、プロジェクト構成メンバーを分散させるのも1つの手段です。大学からデータサイエンティストを出し、事業会社がデータを提供する、ベンチャー企業が環境を提供する、等です。

また、外部のアイデアや技術と結合しオープンイノベーション化を計るのもイノベーションを生み出すスピードを向上させ、コストやリスクを低減させることに有効であると考えられます。例えばCiscoは有望なスタートアップへの出資やM&A、協業関係を築くなど外部資源を積極的に活用することで自社内に研究拠点を持たずとも効果的な新技術の開発、さらには市場化を成し遂げました。

昨今のリードタイムの短縮化、顧客要望に応えるためのより付加価値の高い製品の開発が求められるようになりました。より顧客の要望を取り入れることが重要な局面になってくると、オープンイノベーションの議論も単なる研究開発領域に留まらず、技術の商用化やビジネスモデルの領域にまで及ぶようになってきています。欧州では、これまでは大学・産業界・政府の産学連携ネットワークを中心とする"Triple Helix model"がイノベーションの概念として一般的であったのが、"Citizen"（ユーザー）も参画し相互に関連し合いイノベーションを促進する概念が浸透してきています。

　このようにさらに様々なステークホルダーを巻き込みサービス化、プロダクト化を検討する必要があります。

3.1 プロジェクトの計画に反映する

　AIシステムは作ったら終わりではなく、そこから得た教訓を運用の改善やシステムの改修、次の開発へと循環させていくサイクルが重要です。また、技術発展が早い中、法的、社会的、倫理的、文化的な課題などで明確な答えや線引きがないものも多く発生するでしょう。

　想定外の事件や事故を起こさないためにも、技術の開発段階から以下のようなことを考えていくことが求められています。

- このAIシステムで恩恵や影響を受けるのは誰か。
- 想定外のユーザーはいないか。
- 判断や最適化を行うときの基準は何か。
- 判断や最適化などを機械で行うことの正当性はどんな根拠に基づいているか。
- AIシステムやサービスを、現在の文脈以外に悪用される危険性はあるか。それを防ぐ対策は取られているか。

これらの問いのいくつかには、絶対的な解があるわけではありません。また文脈などによって答えも変わってくるでしょう。それでもAIシステム開発のどの段階でも、これらの質問を繰り返していき、必要に応じて対策を取ったり、ユーザーへの説明をしていくことが重要です。

　また、このような知見や経験を次のAIシステム開発のデザインに反映するだけではなく、研究会や勉強会などで共有、議論していくことで、研究開発がしやすい環境づくりへとつながっていくでしょう。

7-3. データの収集・加工・分析・学習

AIプロジェクトを成功させるためには多くの要素が重要となり、データの量と質や、学習から運用までの幅広いプロセスにそれぞれ気をつける必要があります。
ここでは、適切なデータ収集の方法からアノテーションのようなデータ加工のプロセス、開発環境の準備、学習から推論について説明します。

1. データの収集方法および利用条件の確認

　AIプロジェクトは、特にデータの量と質が重要となります。データの収集先として、オープンなデータセットを利用する、自身で集める、外部から購入するなどが挙げられます。

　オープンデータセットとは、企業や研究者が公開しているデータセットです。利用条件が決められている場合もありますが、本来高いコストで集めなくてはいけないような大量のデータが利用可能で、適切に使えばプロジェクトを早く進めることができます。研究の対象として扱われることの多い、人の認識や文の特徴量といった広範な利用が可能なテーマや、多くの応用先が考えられるテーマに関するものが多く揃っています。例えば、コンピュータビジョン分野であればImageNet、PascalVOC、MS COCO、自然言語処理であればWordNet、SQuAD、DBPedia、音声分野であればLibriSpeechなどが挙げられます。なお、商用利用が出来ない場合もあるため、利用の際はライセンスに注意を払う必要があります。

　オープンなデータが利用できない場合、自身で作成する必要があります。作成方法の1つとして、自身でセンサを利用し環境の情報を計測するアプローチがあります。センサとしては、カメラなどのイメージセンサ、マイクロフォン、形状を計測する3Dセンサなど様々なものがあります。対象

物の形状を認識しようとした場合は、カメラを利用するよりは、3Dセンサのような質・量ともに豊富な情報を得られるセンサを利用した方がモデルの精度が上がりやすくなります。

ただし、広く普及していないセンサの場合、高価になりがちです。プロジェクトのROIを踏まえた上でセンサを選定する事が重要となります。計測データ以外にも、テキストデータを解析することで得られる情報や、時間的な変動を捉えるための時系列データ、アンケートやインタビューから得られるユーザーのフィードバック、Webサイトのログデータ、ソーシャルメディアの投稿データなど様々なデータがあります。これらのデータから得られる情報は、それぞれ異なる側面や観点からの情報を提供するため、認識すべき対象に合わせてデータを収集する事が大事です。さらに、こういったデータを利用してディープラーニングによる学習を通して高い精度を達成するためには、膨大な量のデータの用意が必要となることもあり、その蓄積方法についても考慮する必要があります。

2. 学習可能なデータを集める

データを収集する際には、AIのモデルを訓練できるデータとなるように気を付けなければなりません。

まず、データには認識すべき対象の情報が十分に含まれている必要があります。例えば、画像を通じて人物を検出したい場合、収集する画像には人物がはっきりと写っていることが重要です。もし人物がぼやけている、または背景と同化しているような画像ばかりをデータとして収集してしまうと、AIモデルは十分な学習を行うことができず、精度の低い結果となる可能性が高まります。したがって、データの質とその内容がモデルの性能に直接影響を与えるため、適切なデータ収集は極めて重要です。

次に、データの偏りをなくすことが必要です。データの偏りとは、訓練

データが現実世界のデータの分布を適切に反映していない状態を指し、これがバイアスの問題を引き起こします。通常、ディープラーニングでは、全てのデータに関するロス（例えば推論値と真値の差分）を最小化することで学習を行います。このため、例えば分類問題を学習する場合、ロスを最小化するだけでは大量に集まったクラスを優先して学習をすることになってしまい、データの少ないクラスの精度が低くなることがあります。このためデータの偏りがあると、モデルが特定のタイプの結果に偏った出力をしたり、一部のデータパターンに過剰適応してしまう原因となります。オープンデータセットのように十分に大量のデータが用意されている場合は、多少の偏りがあり相対的にデータ数が少なくとも一定程度の精度を出すことはできます。しかし、自身でデータを集める場合など、十分な量のデータを集めることが難しい場合は、偏りの問題がクリティカルになることがあります。出現頻度の低いデータでも重要な場合は多いため、そのようなデータについても十分な量を収集し、バランスの良いデータセットを構築することが重要です。

データの網羅性についても重要です。全く学習したことのない状況において、適切に推論することは難しいです。これはデータからモデルを学習しているため、データ自体がない状況では適切にモデル化ができないからです。転移学習などを利用することで、ある程度はデータ数の少ない状況に対する精度も上げられるものの、十分な精度を確保することはやはり難しいです。そのため、安定した推論精度を得るためには、可能な限り広い状況を網羅できるようにデータを準備しておく必要があります。

3. データを加工する

収集した生のデータは、不要な情報や、データ間で形式の違いがあり、そのまま学習に利用できることは少ないでしょう。そこで、前処理としてデータを加工します。例えば、カメラで動画として集めたデータを静止画に切り分けるようなデータの変換や、複数のデータベースのテーブルに蓄

積したデータを、学習環境にダウンロードして集約することなどがあります。カメラで撮影したエリアの中において、認識する対象のエリアがあらかじめ決められているなら、そのエリアを事前に切り抜くなどして問題を簡単にするといった事前加工などもあります。また、文章データの場合、文字をそのままの形式で学習に利用せず、文字や単語を一意の数字やベクトルに変換しておくこともあります。

　教師あり学習の場合は、正解データを作成する必要があります。通常は、この正解データは人間によって作成されます。この作業をアノテーションと呼びます。必要となるデータ量が膨大であるため、このアノテーションは複数人で実施するのが一般的です。しかし、複数人で実施する際、アノテーションのばらつきが問題になります。その原因として、①アノテーション定義の曖昧さ、②アノテーション実施者の感性、③作業の専門性、④認知容量を超える規模、⑤ケアレスミスなどが挙げられます。この解決のため、アノテーションの要件を正しく決め、作業者のアサインメントを調整し、レビュープロセス等の仕組みを作ることが大切です。

　要件を決める際には、マニュアルを作成することで、アノテーション作業者がその要件を理解できるようにします。マニュアルの作成時には、特にアノテーションの判断軸とそのサンプルの提示、作業精度の明確化をしなければなりません。AIが対象とするような問題はルールでの記述が難しい場合が多いため、人が正解を設定する場合もその判断軸が曖昧になりがちです。アルゴリズムまで明確にルール化できていなくとも、言語で記述できる範囲で判断軸を明確にし、言語で伝わらない場合は事例も載せることで、曖昧さを減らすことができます。

　さらに、例えば画像上の物体を矩形で囲む場合など、アノテーションすべき値を一定の範囲内に収めたい場合に、マニュアルにおいて、どの程度の誤差を許容するかを明確化します。加えて、ルールを改善しマニュアルの精度向上を行います。特にディープラーニングのように大量のデータを扱う場合には、人的コストに特に気をつけなくてはいけません。大量のア

ノーテーションを短期間で実施するためには、外部へ委託することも1つの手段となります。

　分析のために収集したデータの中には、様々な種類の個人情報が含まれることがあります。例えば、アンケートに記載した氏名や住所情報や、店頭に設置したカメラに写った来店者の顔画像などが挙げられます。これらの情報の保持は、法的リスクやプライバシー侵害、セキュリティリスクにつながり得ます。これを避けるため、個人情報を含むデータに対して、匿名加工を行います。匿名加工では、個人を特定できないように情報を加工することで、プライバシー保護を図ります。これには、氏名等の個人識別につながる情報の削除やマスキング、データの集約化などが含まれます。また、画像や音声などのメディアデータの場合は、元データに復元できないような特徴量のデータにしつつ、生データは削除するといった対応が考えられます。

4. 開発・学習環境を準備する

　AIモデルを開発する際に用いられるプログラミング言語としては、C、C++、Python、Java、R、Matlabなど様々なものがありますが、その中でもPythonが一番多く使われています。

　Pythonには多種のライブラリ（様々な機能を簡単に使えるツール群）が揃っており、機械学習だけではなく、データの分析やWebアプリケーション開発など様々な事が可能になります。特にディープラーニングに関するライブラリは多く揃っており、実装済みのコードがオープンソースとして多数公開されています。Pythonを利用して、複数人で開発したり、実装済みのコードを利用したりする場合には、Python自体とそれらのライブラリのバージョンを合わせる必要があります。ライブラリのバージョンが異なることでプログラムの挙動が変わる可能性があるため、プロジェクトごとにライブラリやPythonのバージョン等の環境を切り替えられる事が望ましいです。環境を切り替えるためのツールとしては、pyenvやvirtualenv、 pipenv、poetryなど様々なものがあります。また、Dockerのような仮想環境を利用することで、OSのレベルから環境の一貫性を保つこともできます。

　Pythonコードを作成するための開発環境として、テキストエディタを使う方式、IDE（統合開発環境）を使う方式、さらにJupyter NotebookやGoogle Colaboratoryというブラウザ上でPythonコードを編集・実行し結果を管理する方式に分けられます。テキストエディタとしてはVimやEmacsが広く使われています。どちらのエディタについても編集を容易にするためのツールが多数公開されており、効率よくコードを書くという点ではたいへん優れています。IDEはプログラムを開発するための様々な機能が搭載されており、例えばプログラムの実行を特定の行で止め変数の中身を確認するというような、開発を容易にする機能が搭載されています。Jupyter Notebookは厳密には開発環境ではありませんが、1行ずつ実行しデータと結果を確認できるため、データを分析する用途で広く使われており、AI開発においても多くの場面で利用できます。Google Colaboratoryは、Jupyter NotebookをベースにしたGoogleが提供する開発環境です。

　PythonでAIを開発する上では、既存のオープンソースのライブラリを利用することで、開発効率を上げることができます。よく使われるものを 表7.2 にまとめました。数値計算やデータ解析などの基本的な算術ライブラリから、ディープラーニング以外の機械学習ライブラリ、ディープラーニングを支えるライブラリ、さらにタスクを解くのに特化したライブラリなどもあります。

名称	用途	概要
Numpy	数値計算	数値計算を効率的に行うためのモジュール。ベクトルや行列操作や、様々な数学関数を提供する。
Scipy	数値計算	科学技術計算に利用できる多様なツールボックス。最適化や統計処理、特殊関数等の機能がある。
Pandas	データ解析	データ解析を支援する機能を提供する。特に、表や時系列データを操作するデータ構造や演算を提供する。
Scikit-learn	機械学習	SVM、ランダムフォレスト、k近傍法などを含む様々な分類、回帰、クラスタリングアルゴリズムを備える。
LightGBM	機械学習	決定木アルゴリズムに基づいた勾配ブースティングの機械学習フレームワーク。
XGBoost	機械学習	LightGBMと並ぶ、決定木アルゴリズムに基づいた勾配ブースティングの機械学習フレームワーク。
Pytorch	機械学習	機械学習、特にディープラーニングのためのオープンソースのPythonライブラリ。
Tensorflow	機械学習	Pytorchと並ぶ、機械学習、特にディープラーニングのためのオープンソースのライブラリ。
Pytorch lightning	機械学習	学習・推論・検証など、複雑なディープラーニングの様々な機能を簡潔に書くためのPytorchをベースとしたフレームワーク。
Optuna	最適化	機械学習のハイパーパラメータの自動チューニングを行うライブラリ。
TensorBoard	実験管理	モデルや学習の履歴の可視化、途中過程で生成されるメディアの表示などを行える。
MLFlow	実験管理	機械学習ライフサイクル(実験・再現・デプロイ)を支援するためのツール群。
CUDA	高速化	GPU上での汎用的なプログラムを開発するためのライブラリ。
TensorRT	高速化	推論時においてNVIDIA GPUのパフォーマンスを引き出すための高速化ライブラリ。
DeepSpeed	並列・分散	ディープラーニング最適化ライブラリで、大規模なモデルのトレーニングを効率的かつスケーラブルに行うためのツール。
transformers	目的特化	自然言語処理に特化したライブラリ。BERTやGPTなどの最先端のアルゴリズムや、多様な事前学習モデルに対応。
mmdetection	目的特化	最新の物体検知手法が実装されたライブラリ。

表7-2 広く使われるライブラリ

5. AIモデルを学習する

　AIモデルの学習において、初期段階ではパラメータの設定が甘くモデルの精度が低い所から始まるため、モデルの調整によって大きな精度向上が

見込めます。ただし、ある程度パラメータが調整できてくると、実験で得られる精度向上の差分が小さくなってきます。それでも精度を向上させようとする場合は、最新の論文を参考にしてモデルを改善する、データ量を増やす、一度の学習で回すループの数を増やすなどの方針が挙げられます。しかしながら、これらの方針はどれもコストが掛かりやすい上、ある程度の精度が出た後では、大幅な精度向上が難しくなってきます。仮に半年の期間を掛けて数％精度が向上しても、それ自体によるビジネス的なインパクトは非常に小さいため、ビジネスにおける目標に対して精度とコストの折り合いを付けて進める必要があります。

　既存の学習済みモデルを用いて転移学習をすることも考えてみましょう。転移学習は、あるタスクで学習されたモデルを、新しいタスクに適用する手法のことを指します。具体的には、大規模なデータセットで学習済みのモデルの知識を、関連するがデータが限られた新しいタスクに利用することで、効率的に良好な性能を達成することが期待されます。転移学習により、少数のデータしかない場合でも、ゼロから学習するのに対して学習が安定したり精度の向上が見込めます。転移学習を利用する際には、元となったタスクと、解くべきタスクがある程度関連しているかどうかに気をつけましょう。

　AIモデルを学習する際には、その精度を正しく検証することは重要です。モデルの性能を確かめるためには、学習に用いたデータ以外のテストデータを用いて検証を行うことが一般的です。AIモデルの開発においては、精度が高くなるようにモデルの構成やパラメータを調整しますが、その過程でテストデータの結果を見ながら調整を繰り返してしまうと、結果的にモデルはテストデータに過度に適合してしまい、実際の未知のデータに対しての性能が低下するリスクが高まります。これを避けるためには、バリデーションデータを用意し、モデルの調整はバリデーションデータの結果をもとに行い、最終的な性能評価のみテストデータで行うという方法が推奨されます。

さらに、データリークという問題にも注意が必要です。データリークとは、モデルが学習時に本来知るべきでない情報にアクセスしてしまう現象を指します。例えば、過去のデータを使って未来の事象を予測するモデルを学習させる際に、未来の情報がモデルの学習に漏れ込んでしまうケースなどが考えられます。このようなリークはモデルの評価が過度に高くなってしまう原因となり、実際の運用時に予期しない誤差を生じる可能性があるため、十分な注意が必要です。

6. 推論を行う

　AIモデルが学習された後の[1]ステップは、そのモデルを用いて実際の推論を行うことです。この推論モデルは、学習モデルを基にして作成され、実際のデータに対して予測や分類を行う役割を担います。

　学習の際には、高い計算能力を持つGPUを使用して効率的にモデルの最適化を行いますが、運用時にはコストの問題やデプロイ先の環境制限により、CPUやエッジデバイスを用いて推論を行うことが一般的です。このような場合、学習時と推論時でハードウェアの違いが生じるため、モデルの最適化や軽量化が必要となることがあります。

　また、モデルを実際の環境で運用する中で、時間の経過や環境の変化によって、当初の学習データとは異なるデータが増えてくる可能性があります。このような状況下では、モデルの精度が徐々に低下するリスクが考えられます。そのため、定期的にデータを再収集し、モデルを再学習あるいは微調整することが推奨されます。これにより、モデルの性能を一定の水準以上に維持し、適応的に環境の変化に対応することが可能となります。

章末問題

問題 1

以下のAIのビジネスへの利活用に関する文章のうち、最も**適切なもの**を選べ。

1 AIは社会をより良くしていくために利活用されるべきであり、ディープラーニングの発展によりAIが生み出す価値は加速度的に増加しており、これらの価値を社会で適切に利活用することができれば、大きなイノベーションを起こすことが可能となっている。

2 AIの利活用においては、革命的なレベルでビジネスの構造を変革することが必須でROIを合わせる必要はない。

3 AIの利活用は技術的な要素が大きいため、どのような成功を導きたいのかという経営方針とは分離して検討するべきである。

4 ビジネスにおいてAIを利活用するときに最も重要な検討事項は技術的な成功が可能かである。

解答 1

解説

2 ディープラーニングを活用することで革命的なレベルでビジネスの構造を変革することが可能となりましたが、ROI（費用対効果）を合わせることは必須です。

3 AIの利活用において最も重要な一つとして、どのような成功を導きたいかの定義であり、目的によって成功の指標が異なります。

4 ビジネス的な成功と技術的な成功は車輪の両輪であり、一方だけを論点とすることはできません。

AIプロジェクト進行に関する文章のうち、**適切なもの**の組み合わせを1つ選べ。

（ア）　AIプロジェクト遂行はAIそのものを開発するフェーズのみで成立している。

（イ）　CRISP-DMと　は、CRoss-Industry Standard Process for Data Miningの略で「Business Understanding（ビジネスの理解）」「Data Understanding（データの理解）」「Data Preparation（データの準備）」「Modeling（モデリング）」「Evaluation（評価）」「Re-learning（再学習）」の6つのステップからなる。

（ウ）　MLOpsとは、Machine LearningとOperationsを統合した造語であり、DevOps（DevelopmentとOperationsを統合した造語）から派生しているAIをシステムの中で本番で運用する（ビジネスで運用する）までのパイプライン概念のことです。

（エ）　MLOpsにおいて、最も重要なことはAIシステムを本番で活用しようとしたとき、全てのプロセスを一回だけやれば良いということではなく、本番でのシステム運用時でも継続してプロセスを回すことである。

1　（ア）と（イ）
2　（ア）と（イ）と（エ）
3　（イ）と（ウ）
4　（ウ）と（エ）
5　（ア）と（ウ）と（エ）

解答　4

解説

（ア）AIそのものを開発するフェーズはAIプロジェクト遂行における一部でしかなく前後に膨大なプロセスが存在します。

（イ）「Re-learning（再学習）」ではなく「Deployment（展開）」です。

問題3

AI適用の検討およびプロセス再設計に関する文章のうち、**適切なもの**をいくつでも選べ。

1 AI適用の検討において必要なことは、1点目は「そもそもAIを適用する必要があるのかを考察し、利活用した場合の利益計画を立てて投資判断を行う」ことと「技術上に組み込むべきデータのフィードバックの機構をどのようなものにするかを検討する」である。

2 投資判断は、初期でROIが合うかで判断するべきで中長期的な検討はAIの特性から不要である。

3 投資判断は、精度100%を前提としたAIシステムによるビジネスモデルを検討したうえで行うべきである。

4 AIの特性を活かしたフィードバック機構をビジネス上も技術上も組み込むことができるかが重要である。

5 現業務プロセスを変更することはビジネス上難しいため、AIを利活用する場合は現業務プロセスに組み込みやすいAIの適用箇所を検討するべきである。

6 AIを利活用する場合は、現プロセスのコストとAI導入後のコストを算出し、AI導入後のコストが増大する場合は、AIの適用箇所と技術の連携範囲を再検討する必要がある。

解答 4 、 6

解説

1 「技術上に組み込むべきデータのフィードバックの機構をどのようなものにするかを検討する」ではなく「ビジネス・技術上に組み込むべきデータのフィードバックの機構をどのようなものにするかを検討する」である。

2 ビジネス的には短期の試算に留まらず、初期のターゲットを定め、コストと精度のバランスを中長期で見ていく必要があります。

3 精度100%を前提としたAIシステムによるビジネスモデルを構築することはやめるべきで、精度を求めるのではなく、結果としての精度ありきでどう活かすかを検討することが重要である。

4 正解。フィードバック機構とは、データが蓄積され、データのフィードバック
  が行われ、そのデータを AI が継続的に学習することで、AI の精度が向上し、よ
  り少ないコストで大きな成果を生み出すことができるというサイクルを指し
  ます。
5 AI を利活用する場合は、BPR は必須となります。

問題4

クラウドとエッジの違いに関する以下の文章のうち、**適切なもの**を全て選べ。

1 エッジは装置が手元にあるためモデルの更新や設定が容易であるの
  に対して、手元に装置がないクラウド環境は更新・設定に大きな工数
  を要する。

2 クラウドを利用した場合、クラウド自体がダウンしたときの影響が
  大きいのに対して、エッジは機器単位での故障の対応をすれば良く
  影響の範囲が小さい。

3 クラウドはモデルのスループットとしてネットワーク遅延の影響を
  考える必要があるのに対して、エッジはネットワークの遅延を考え
  る必要はない。

4 クラウドではモデルを更新する必要があるのに対して、エッジでは
  モデルを更新する必要がない。

解答 2、3

解説
1 クラウドはネットワーク越しに一元的にサービス単位でモデルを管理できる
  ため扱いが容易なため誤り。
4 エッジにおいても精度を上げるためにはモデルを更新する必要があるため
  誤り。

AIプロジェクト体制を構築する際の説明として、**適切なもの**を選べ。

1 AIを内製する場合、プロジェクトチーム内にはAIモデルを構築する役割のみが必要となる。

2 運用時において、AIのモデルの推論結果を修正したりモデルを更新したりするためのインタフェースを構築するためのデザイナーは必要ない。

3 データを大量に集めればAIのモデルを適切に構築できるため、マネージャーはデータを集めることを中心に考えるべきである。

4 AIの研究開発およびそれを支えるシステムを構築するエンジニア、マネージャーやデザイナーなどトータルな構成が重要である。

解答 4

解説

AIモデルの開発には、AIの研究開発体制およびそれを支えるシステムを構築するエンジニアの他に、ビジネス・テクノロジー両面から方針を検討できるマネージャー、教師データを作成するためのインタフェースを開発するデザイナーなど、トータルな構成が重要です。

運用フェーズの説明に関する以下の文章のうち、**適切なもの**を選べ。

1 一度モデルを構築した後は、運用時にはなるべくモデルを更新しない方が良い。

2 クラウドでサービスを提供する場合は、オートスケールなどの仕組みを利用し計算資源の自動調整を行うべきである。

3 AIシステムのサービス化、プロダクト化は重要なことなので自社内のみのクローズドの環境行った方が良い。

4 AIシステムやサービスは不明確なことが多いため、現在の文脈以外に悪用される危険性はあるか。それを防ぐ対策は取られているか等の検討は不要である。

2

1 運用フェーズにおいては、多くの場合モデルの精度を向上させるために再学習をしてモデルを更新します。
2 クラウドでサービスを提供する場合、事前にアクセスの量を決められないことも多く、オートスケールの仕組みを入れておくことが望ましいです。
3 AIシステムのサービス化、プロダクト化は必ずしも自社内のみのクローズドの環境行うものではありません。例えば、産学連携を行う等も手段の一つです。
4 AIシステムは作ったら終わりではなく、そこから得た教訓を運用の改善やシステムの改修、次の開発へと循環させていくサイクルが重要です。また、技術発展が早い中、法的、社会的、倫理的、文化的な課題などで明確な答えや線引きがないものもが発生する可能性もあり検討は必要です。

ディープラーニングの学習の際に、データセットが原因で学習できない場合の理由として**適切なもの**を全て選べ。

1 データのラベルが偏っている場合。
2 データの数が少ない場合。
3 データの質（画質・音質など）が悪い場合。
4 データの数が多すぎる場合。

1、2、3

機械学習のモデルを構築する際には、なるべく偏りがなく、大量の品質の良いデータがあることが望ましいです。

モデルを学習する過程で、適切なパラメータの調整が行われないとどのような問題が生じる可能性があるか、次の選択肢から**正しいもの**を全て選べ。

1 実行ごとに結果が変化してしまう。
2 モデルが未知のデータに対して一般化できない。
3 学習が不安定になり結果が不規則。
4 プログラムが異常終了しやすくなる。

解答 2、3

解説

不適切なパラメータを用いると、「過学習」というモデルが訓練データに対して過度に最適化され、新たなデータに対する予測能力が低下する状態になる場合があります。これは、パラメータが訓練データの特性に固執するあまり、一般的なパターンを学習できなくなるためです。
また、学習率やバッチサイズなどのパラメータが適切でない場合、学習プロセスが不安定になり、訓練中の損失関数が不規則に振動することがあります。これにより、モデルの収束が遅れたり、局所的な最小値に陥ったりするリスクが増大します。

問題9

データリークが発生するとどのような問題が起こる可能性があるか、次の選択肢から**正しいもの**を全て選べ。

1 未知のデータに対する予測精度が低下する。
2 モデルの学習時間が不必要に長くなる。
3 モデルが特定のデータセットに過度に適合してしまう。
4 モデルの学習が完全に停止する。

解答 1、3

解説

データリークは、モデルが本来知るべきではない情報にアクセスしてしまい、それが学習過程に影響を与える現象です。例えば、精度検証に用いるべきテストデータを学習してしまうことで、本来精度が低いモデルでも、テストデータに対する検証で不当に高い精度となってしまいます。その結果、未知のデータに対し、想定していた予測精度が出なかったり、学習に利用したデータでしか性能のでないモデルになってしまう可能性があります。

問題10

カメラからの画像認識システムを運用する中で、もしも徐々に精度が低下していったとしたら、**その原因として考えられるもの**を全て選べ。

1 モデルの劣化。　　　　　　2 計算機の劣化。

3 カメラの劣化。　　　　　　4 撮影対象の変化。

解答 3、4

解説

通常は学習したモデルや計算機自体は時間が経っても劣化はせず同じ結果を返すと想定されます。一方、カメラ等の計測デバイスにおいては、場合によっては一部のデータが欠損し、そのデータを用いることで推論精度が落ちる場合があります。また、撮影対象についても、周囲の環境や被写体の条件が変わることで、精度が低下することもあります。精度が低下する原因を即座に特定することは難しいものの、問題が発生したときには、まずは入力されたデータが適切かどうかをチェックすると良いでしょう。

第 **8** 章

AI の法律と倫理

8-1. AIの法律と倫理

本節では、本章の全体構造の説明を行い、なぜ法律と倫理を学ぶ必要があるのか、企業等のレピュテーションの保護と同時に、AIの品質という点から説明します。

1. 全体構造の説明

この章では、AIに関する法律と倫理を扱います。

8-2.では、AIに関する法律を扱います。AIに関する法律といっても、AI自体を直接規制する法律は2023年8月現在存在していません。このため、個人情報保護法や知財関係の法律など、AIの開発利活用において重要な法律を扱います。なお、自動運転においては道路交通法など、AIの適用ドメインによっては適用される法律が多数存在しますが、それらの法律は扱わずに、①個人情報保護法、②知的財産法、③契約、④不正競争防止法、⑤独占禁止法などの比較的頻繁に遭遇する法律のみ解説します。

次に、8-3.ではAI倫理やAIガバナンスと呼ばれている分野を取り扱います。法律上違法でないとしても、倫理的な観点から開発や利活用において注意すべき点があります。例えば、採用AIにおいて男女で合格率に差があるような場合です。このような合格率に差があることが直ちに違法とまでは言えませんが、このようなAIの開発や利活用を控えた方がよいことは多くの人が納得することでしょう。本書では、このようなAI倫理の問題として、どのような問題が存在しており、これに対してどのように対処してゆくべきか（AIガバナンス）を簡単に説明します。

2. 法律・倫理の必要性

　では、なぜ技術だけではなく、法律や倫理を学ぶ必要があるのでしょうか？　それはAIの開発や利活用に必要不可欠だからです。学習用データ収集に違法な行為が存在すると、AI開発を行うことができません。もちろん、法律は法務部署や弁護士が詳しいのですが、これらの人たちは開発活動の1つ1つを全て確認することができません。開発や利活用を実際に行う人が法律や倫理を知っていないと、違法な行為を発見することができず、後になって法律違反が判明し、AIの開発や利活用が頓挫することになりかねません。また、倫理については、企業内にAI倫理の専門家がいないことが普通であり、AI開発者の皆さんが倫理の対応を行う必要があります。もし、倫理的な点に十分な配慮がなされていないとユーザーなどから批判を浴び、サービスの停止などに陥る可能性もあります。さらに考えてみると、通常の場合、男女で合格率に大きな差があるような採用AIを使いたいと思う人はいないはずです。つまり、AI倫理をしっかり行うことは、会社のレピュテーションを守るだけではなく、プロダクトの品質を高めることでもあるのです。AIの品質は、精度等だけではなく倫理的な要素も含むものであるということです。そして、このような倫理的にしっかりとしたAIを作ることが社会や顧客に受け入れられ、利用してもらえるAIを作ることになるのです。

　AIの法律や倫理を学習する際には、上記のような点をしっかり意識して学ぶことが重要です。また、本書では紙幅の関係上、最低限の事項と説明しかできません。G検定における法律と倫理をより詳しく知りたい人には、日本ディープラーニング協会監修・古川直裕他著『ディープラーニングG検定法律・倫理テキスト』(2023年、技術評論社)を参考として推薦しておきます。

　また、法律および倫理も、AIの技術と同じく日々新しいルールや倫理上の課題が生まれています。書籍の性質上、執筆時点(2023年8月)時点以降の話題を掲載することができません。このため、日々のニュースの確認や、ディープラーニング協会の研究会が発表している報告書などを読んでおくことは非常に重要です。

8-2. AIの法律

本節では、AIに関する基礎的な法律として、著作権法、特許権法、不正競争防止法、個人情報保護法、独占禁止法を扱い、またAI開発に関する契約の基礎事項を取り扱います。

1. 著作権法

1.1 著作権とは

　AI開発では、しばしば著作権が問題になります。特に、開発を委託先に委託した場合の納品物の著作権の帰属や、学習用データの著作権、Githubなどでアップロードされているコードを利用する場合のライセンスなどが典型でしょう。

　まず、著作権とは何なのでしょうか？　所有権との違いから考えてみますと、所有権は有体物（固体、液体、気体）に対する権利であり、手で触れることのできる物に対する支配権です。対して、著作権は、本という手で触れることのできる物に対する権利ではなく、本に書かれている文章という情報に対する権利です。このため、本の所有権とは別に、本に書かれている文章に対する著作権が存在するわけです。

　もう少し厳密に著作権を定義すると、著作物を保護するための権利であり、著作物とは「思想又は感情を創作的に表現したものであつて、文芸、学術、美術又は音楽の範囲に属するもの」を言います（著作権法2条1項1号）。では、著作権はこのような著作物に対するどのような権利なのでしょうか？　実は、著作権法に定められた、複製権、公衆送信権などをひとまとめにしたものを著作権と呼んでいます。つまり、著作権とは、このような権利の束というわけです。そして、一度著作権が発生すると、複製や公衆送信を行うことができるのは著作権者とライセンスを受けた者だけということになります。つまり、著作物に対する一定の独占的権利が著作権者に生じます。

1.2 著作権の基本

■ 著作物性

　では、どのような場合に著作権は発生するのでしょうか？　答えとしては、先ほど述べた著作物を満たすものを著作した場合に発生することになります。なので、著作物とは何かが真の問題ということになります。この点について著作権法は「思想又は感情を創作的に表現した」という点を著作物のポイントとしています（著作権法2条1項1号）。創作的というのは、作者の個性が表れていればよく、例えば子供が描いた絵であっても著作物になります。芸術性の高いものを指すわけではありません。また、著作物は表現である必要があり、事実やアイデアは表現ではないため著作物ではありません。

　ニュースについて見ると、「アメリカでAIを規制する大統領令が発布される」という事実に対するニュース記事が様々な報道機関から出されています。扱っている事実は同じですが、ニュースの文言は全く異なるはずです。この場合、あくまで創作性があるのはニュースの記事のみです。事実自体には、作者の個性というものが存在しませんし表現でもありませんので、創作性がありません。つまり、ニュースを見て、事実を知って、それに基づいて自分で記事を書いた場合、著作権侵害にはなりません。

　また、プログラムで言うと、アルゴリズムや数学的手法は、誰が書いても同じような表現になるうえに、アイデアのため著作権の保護の対象外です（著作権法10条3項3号参照）。たとえば、Dropoutの手法に関する、あるコードが存在するとして、あくまで保護対象は、当該コードの表現です。当該コードをコピーしたり、コピーまでいかなくともかなり類似しているコードを書くことは、著作権侵害となりますが、当該Dropoutの手法をもとに自分独自でコードを書くことは、当該Dropout手法自体は著作権の保護の対象ではないため、適法です。

　また、データについては通常、単なる事実でしかありませんので、著作権の保護の対象ではありません。ただし、データベースについては、情報の選

択や体系的な構成に創作性が認められる場合は特別な規定により著作権が認められています（著作権法12条の2）。

　また、著作権が帰属するのは著作物の創作を行った者（著作者）です。

■ 著作者人格権

　著作権といっても、大きく2つの権利が存在しています。1つは、財産権としての著作権であり、もう1つが著作者人格権です。前者は、複製権、公衆送信権、譲渡権などの財産的な権利です。後者は、著作者の精神が傷つけられないように保護する権利です。公表権、氏名表示権、同一性保持権などからなります。著作者人格権は財産権とは異なり人格のための権利ですので、譲渡できません。

■ 職務著作

　従業員等が職務上行う著作を職務著作と言い、著作権法は、職務著作については、法人等の発意に基づいていること、法人等が自己の名義で公開するものであることなどの要件を満たせば、会社等の法人に著作権が原則として帰属することを定めています（著作権法15条1項）。また、プログラムについては外部に公表を予定していないことも多いため、法人等が自己の名義で公表するものであることは不要と定められています。

　ただし、あくまで従業員等による著作の場合のみが対象のため、業務委託先が行った著作の著作権は発注者ではなく業務委託先に帰属することになります。

■ 著作権法30条の4

　著作権は著作者が一定の独占を得る権利であり、時に過剰な権利となることがあります。このため著作権の例外を、著作権法は多数定めていますが、その中で重要なのはAIに関する著作権法30条の4です。これは、コンピュータによる情報解析に利用するような場合には、複製等を認めるという規定です。

1.3 データと著作権

　AIの学習用データとして様々なデータが存在しますが、代表的ないくつかについて著作権の成否を解説します。なお、いずれの場合も、データベース著作権が別途発生する可能性があることには注意が必要です。

■ テーブルデータ

　表形式のテーブルデータの場合、データの内容は男性女性、年齢のような客観的な事実の場合がほとんどです。データの内容がこのような客観的事実の場合は、著作物といえず著作権が発生しません。また、アノテーションの内容も、ある商品を購買したかのような客観的事実のことが多く、このような場合にはアノテーションにより著作権が発生することはありません。

■ 画像データ

　画像データについては、人間がカメラを使って撮影した場合は原則として、著作権が発生しますが、工場における設置カメラによる自動撮影のような場合は、発生しません。また、画像に対するアノテーションは、通常、あるオブジェクトが映っている領域などの客観的事実の記述でしかありませんので、アノテーションにより別途著作権が発生することもありません。

■ テキストデータ

　テキストデータについては、人間が当該テキストを執筆した時点で著作権が発生します。アノテーションについては他のデータと同じです。

1.4 プログラムと著作権

　プログラムも著作物として認められていますので、プログラムのコードを書いた人に著作権が発生します。もちろん、第三者のコードをコピーしたような場合は、その部分については、著作権は発生しません。

　対して、パラメータは計算の結果得られた数字の羅列ですので、著作物

とは言えず著作権の対象ではありません。

1.5 生成AIと著作権

続いて生成AIに関する著作権の問題を解説します。

■ 学習用データへの利用

著作物を生成AIの学習のためにコピー等することについては、すでに解説した30条の4により原則的に適法です。

■ AI生成物の著作権

生成AIが生成したコンテンツ（AI著作物）については、AIは人間ではないため創作性が認められず著作権は成立しません。チンパンジーが描いた絵と同じというわけです。ただし、人間がAIを道具として創作したような場合やAI生成画像を作ったような人間に創作的寄与が認められる場合には著作権の成立が認められます。

■ AI生成物による著作権侵害

既存著作物に類似していることを理由に著作権侵害が成立するためには、既存著作物に依拠している必要があります。例えば、人間の場合は既存著作物を見ながら絵を描いたなどが依拠性の典型です。AI生成物がどのような場合に既存著作物に依存しているといえるのかについては、特に学習用データに存在するデータに類似するコンテンツを生成した場合を中心に大きな議論になっています。

2. 特許法

2.1 特許権とは

特許権とは、アイデアを保護する法制度です。特許権が与えられると該

当するアイデアを排他的・独占的に利用することができます。このため特許権者から**ライセンス**を受けないと第三者がそのアイデアを使うことができません。

　また、特許の対象となったアイデアを利用することを実施といいます。そして、特許権のライセンスはこのような実施権の付与という形をとります。このようなライセンスは他の第三者にも実施権の付与を行う**通常実施権**と、独占的排他的な権利を付与し特許権者自身も実施できないこととなる**専用実施権**が存在します。

2.2 特許権の基本

　では、どのようなアイデアが特許権により保護されるのでしょうか？

　まず、特許法上は、アイデアが発明というためには自然法則を利用していることなどが必要になります。また、特許法は、発明のうち、①産業上の利用可能性、②**新規性**、③**進歩性**を主要な要件として、これらを満たすものを特許権の対象としています。

　特許権については、特許庁に出願をし、特許庁の審査と登録を受けて初めて権利として成立します。この点、創作により登録など不要で権利を取得できる著作権とは異なりますので注意が必要です。この点について、同一の発明を行った者がいる場合に、日本の特許法は**先願主義**という先に出願した方に特許を与えるという制度が採用されています。このため、すでに第三者が出願済みの同一発明を出願しても特許庁により特許が拒絶されることになります。

　また、従業員が職務に関して行った発明について、一定の場合には特許権が使用者である企業等に帰属する旨を特許法は定めています。つまり、契約や就業規則で使用者があらかじめ特許を取得する旨を定めていればよいのです。ただし、適切な対価を従業員に支払う必要があります。

3. データの保護と不正競争防止法

データはAIにとって不可欠なものです。著作権法等で保護されるデータであればよいのですが、保護されないデータも多数存在し、これらのデータを盗むことなどが放置されてよいわけがありません。

不正競争防止法は、営業秘密と限定提供データという2つの類型のデータについて保護を与えています。

3.1 営業秘密

①秘密管理性、②有用性、③非公知性を満たす情報を、不正競争防止法は営業秘密として保護し、不正競争行為と呼ばれる情報の窃取などを処罰しています。営業秘密に該当するかで、しばしば争いになるのが秘密管理性です。これは従業員等に何が営業秘密なのか分かるようにするため、単に企業が「営業秘密だ」と主観的に思っているだけでは足りず、秘密管理の意思が秘密管理措置によって明示されている必要があるというものです。具体的な秘密管理措置としては、情報の性質や企業の規模、従業員の職務などに依存しますが、例えば、営業秘密が他の情報から区別されている（別ファイルになっているなど）ことや、マル秘などの表記の付与、営業秘密のリスト化、閲覧のためのパスワード設定などが挙げられます。

3.2 限定提供データ

例えば携帯電話会社が集めた携帯電話の位置データに基づく人流データをイベント企業などに提供する等、自社のデータを第三者提供禁止を条件に、IDパスワードを施して提供することがあります。このような場合、条件を満たせば誰でもデータの提供を受けられるため秘密管理性がなく営業秘密によりデータを保護することができません。これでは、安心してデータを第三者に提供することができません。このため、限定提供データという法制度が設けられています。

なお、限定提供データで注意すべきことは、いわゆるビッグデータを事業の一環として提供することを念頭に置いているため、事業の一環としてデータを提供していること、相当量蓄積されているデータであること、電子データであることなどが要件になります。また、営業秘密に該当する場合には限定提供データには該当しないことと定められています。

　限定提供データについても、営業秘密と同じく不正競争行為と呼ばれる情報の窃取等を不正競争防止法は処罰しています。

4. 個人情報保護法

4.1 個人情報の分類

　個人情報保護法は、個人情報に関していくつかの類型を定めており、その類型ごとに規制を行っています。まず、基本的な個人情報の類型について説明します。

■ 個人情報
　個人情報の定義については、以下のように定義されています。

　生存する個人に関する情報であって、次の①②のいずれかに該当するもの。

① 当該情報に含まれる氏名、生年月日その他の記述等により特定の個人を識別することができるもの（他の情報と容易に照合することができ、それにより特定の個人を識別することができることとなるものを含む。）
② 個人識別符号が含まれるもの

　まず、①から説明します。個人を識別できるかという点がポイントになります。識別できるとは、簡単に言えば、情報の人物が誰かを特定できるこ

とといえるでしょう。氏名や顔写真は当然、どこの誰だか特定することができます。メールアドレスも、naohiro.furukawa@shoeisha.comのようなメールアドレスですと、翔泳社の古川直裕であると特定できるので個人情報に該当します。対して、電話番号や位置情報は単品であれば、どこの誰の電話か特定することができませんので、個人情報ではありません。ただし、単品ではなく氏名と一緒になっている場合には当然個人情報です。

　次に、①のカッコ書きの容易照合性について説明します。例えば、(ID、氏名、住所、購買履歴）というデータが存在したとします。この元データは「どこの誰の購買履歴」か特定できますので当然個人情報です。このデータから分析用に（ID、購買履歴）だけのデータをコピーして作成したとします。このデータ単品で見ると個人情報ではないように思えますが、IDにより元データと照合して、誰の購買履歴かを特定することができてしまいます。このため、この分析用データも個人情報として扱うということです。

　続いて、②の個人識別符号ですが、法令で定められた番号や記号などが該当し、具体的には、指紋やDNAなどの生体情報や、運転免許証番号やパスポート番号などの公的機関により与えられる番号が含まれます。顔認識に用いられる特徴ベクトルも前者の生体情報に該当し個人情報に該当します。

■ 個人データベース等
　個人データベース等とは、個人情報を含む情報の複合体であって、特定の個人情報を検索できるようにしたものです。注意が必要なのは、紙媒体によるデータベースも含まれるということです。名刺を五十音順に検索できるように並べたものも個人データベース等に該当するわけです。

■ 個人データ
　個人データとは、個人データベース等を構成する個人情報です。

■ 保有個人データ

保有個人データとは、開示、訂正、削除等の権限を有する個人データを指します。委託により預かっている個人データは保有個人データではありません。

4.2 類型ごとの規制概要

先ほど述べた個人情報の類型ごとにどのような規制がされているのかの概要と主な規制を紹介します。なお、個人情報⊃個人データ⊃保有個人データという関係にあります。このため、例えば、個人データですと、個人情報に関する規制と個人データに関する規制の両方が適用されます。

■ 個人情報に対する規制

①利用目的の特定等

個人情報の取り扱いには、利用目的をできるだけ特定する必要があります。原則として、あらかじめ本人の同意を得ることなくこの利用目的を超えて個人情報を取り扱うことはできません。

そして、この利用目的は、あらかじめ公表するか、速やかに通知または公表する必要があります。なお、通常の個人情報は取得の際に同意までは不要で、利用目的の通知または公表で足りますが、後に扱う要配慮個人情報の場合、取得には同意が必要です。

②不適正な利用の禁止等

個人情報は、偽りその他不正の手段により取得してはいけません。また、違法または不当な行為を助長し、または誘発する恐れがある方法により個人情報を利用してはいけません。

■ 個人データに対する規制

①取得利用に関する規制

個人データを正確・最新の内容に保ち、利用する必要がなくなった場合に、遅滞なく消去する努力義務が課されています。

②安全管理義務

個人データの漏洩、減失または毀損の防止その他の個人データの安全管理のために必要かつ適切な措置を講じなければなりません。

また、従業員に対する必要かつ適切な監督を行う必要があります。また、個人データの取り扱いを委託する場合は、委託を受けた者に対しても必要かつ適切な監督を行う必要があります。

③第三者提供規制

個人データを第三者に提供する場合には、原則として本人の同意が必要になります(オプトイン)。ただし、一定の条件を満たすと、第三者提供に反対をしなかった本人の個人情報を(同意なく)第三者に提供が可能です(オプトアウト)。

また、一見、第三者提供に見えるような場合でも、一定の場合には「第三者」への提供に該当しないとされている場合があります。この例外で最も重要となるのは、委託に関する例外です。これは、利用目的の達成に必要な範囲内において個人データの取り扱いを委託することに伴って個人データが提供される場合は、同意が不要というものです。例としては、AI開発を第三者に委託する場合に、開発会社に学習用データとして個人情報を提供することです。ただし、あくまで委託ですので、委託元の利用目的の達成に必要な範囲内でのみ個人情報の利用が可能です。

■ 保有個人データに対する規制

①開示請求

個人情報の本人は、自己に関する保有個人データの開示を請求することができます。企業はこれに原則として応じなければなりません。

②訂正等の請求権

また、本人は以下の事項を請求可能です。

- 内容の訂正、追加または削除
- 利用の停止または消去

4.3 要配慮個人情報、匿名加工情報、仮名加工情報、個人関連情報

ここでは、特殊な個人情報や、個人情報に類似する情報に関する規制について解説します。

■ 要配慮個人情報

要配慮個人情報とは、本人の人種、信条、社会的身分、病歴、犯罪の経歴、犯罪により害を被った事実などの特にセンシティヴな個人情報を指します。

要配慮個人情報に該当する場合、通常の個人情報としての規制に加えて、次のような規制が追加されます。まず、原則的に本人の同意なく取得することができません。また、オプトアウトの方法による第三者提供ができません。

■ 匿名加工情報

個人情報を自由に利活用したり、第三者提供するため、氏名などを削除するということが行われることがあります。しかし、氏名を削除したとしても、削除前のデータが残っていると容易照合性が認められ、相変わらず個人情報として扱われてしまい、自由な利活用が行えません。

そこで、個人情報保護法は、匿名加工情報という制度を設け、一定の匿名化した情報の比較的自由な取り扱いを認めています。

匿名加工情報とするには、特定の個人を識別することができないように加工する必要があります。例えば、氏名を削除する、住所を市町村レベルまで抽象化する、照合用のIDを削除する、116歳などの特異なデータを削除（90歳以上とするなど）するなどです。それ以外に対応表の破棄なども必要です。詳細な加工基準については、個人情報保護委員会が公開している個人情報の保護に関する法律についてのガイドライン（仮名加工情報・匿名加工情報編）をご参照ください（https://www.ppc.go.jp/personalinfo/legal/guidelines_anonymous/）。他の要件については、紙面の関係で割愛します。

匿名加工情報といっても、プライバシーに関する情報のため様々な義務が課されますが、一定の事項を公表した場合には、同意なく第三者提供が可能になります。

■ 仮名加工情報

匿名加工情報よりも匿名化の度合いが少ない情報として、個人情報保護法は仮名加工情報という制度を設けています。匿名加工情報が比較的自由に第三者提供できる制度でしたが、仮名加工情報は第三者提供が原則として禁止されており、事業者内部での利活用を想定した制度です。

仮名加工情報のための加工としては、氏名等の削除、クレジットカード番号などの財産的損害が生じる恐れのある記述等の削除などで足り、「116歳」など特異なデータの削除等までは必要ありません。

仮名加工情報といっても、元データと容易照合性が認められる場合は依然として個人情報に該当することがあります。この場合は、個人情報等に関する規制が課されることになりますが、仮名加工情報に該当する場合には、規制が一定緩和されます。その中で重要なのが、個人情報では利用目的を変更する場合には原則として本人の同意が必要ですが、仮名加工情報では変更に本人の同意が不要のため、事後的に利用目的を変更して利用することができることになります。この他にも様々な規制の緩和と反対に義務が課されていますが、省略します。

■ 個人関連情報

個人情報保護法は、個人関連情報という概念を設けています。個人関連情報とは、生存する個人に関する情報であって、個人情報、仮名加工情報及び匿名加工情報のいずれにも該当しないものをいいます。例えば、IPアドレス、閲覧履歴などがこれに該当します。つまり、誰か個人に関する情報ではありますが、これらだけでは個人情報等に該当するものではありませんので個人関連情報に該当するというわけです。

個人関連情報は、第三者に提供する場合、提供先の第三者が当該個人関連情報を個人データとして取得することが予測されるときは、提供元は、原則として、提供先が当該個人関連情報の提供を受けることについて本人から同意を得ていることを確認しなければなりません。先ほどの例ですと、(IPアドレス、購買履歴)のデータは当該データ単体だけでは個人関連情報ですが、当該データの提供先である第三者が(氏名、住所、IPアドレス)の個人データを持っており、IPアドレスを用いて照合することで、個人関連情報を個人データとすることができます。このような場合は提供先である第三者が、IPアドレスの提供を受けることについて、本人の同意を得ていることを確認する必要があるわけです。

4.4 GDPR

　最後に海外の法制度としてGDPRを紹介します。GDPRとはGeneral Data Protection Regulation(一般データ保護規則)の略で、EU領域内の個人情報の保護を目的とした法です。GDPRは、EUに事務所を設置している企業だけではなく、①EUの個人に商品・サービスの提供を行っている場合や、②EU域内の個人の行動を監視している場合にも適用されます。GDPRと日本の個人情報保護法を比較すると、①GDPRの方が保護が及ぶ範囲が広い部分がある、②データポータビリティ権など日本にない権利が定められている、③データ保護責任者の配置等の日本の個人情報保護法にはない義務が定められている、④データ移転に関して厳しい制限がある、⑤高額な制裁金があるといった特徴があります。

5. 独占禁止法

5.1 独占禁止法とは

　独占禁止法は、自由競争を阻害する行為を禁止することで公正かつ自由な競争を促進し、ひいては一般消費者の利益を保護等するための法律で

す。事業者間で競争があると、事業者は価格を安くし、品質を良くする努力をするようになります。これにより安価で高品質な商品等が国民に供給されることになります。対して、事業者同士が話し合って価格を決定するカルテルが行われると、競争がなくなり、価格はカルテルで自由に決め放題になってしまいます。このようなことを阻止するための独占禁止法なわけです。

5.2 AIやデータに関する独占禁止法の問題

では、AIやデータに関してどのような独占禁止法上の問題が指摘されているのでしょうか。少しだけ紹介します。

■ データの囲い込み

企業が取得したデータを誰にどのような条件で提供するかはその企業の自由です。ただし、市場支配力のある巨大な事業者が、当該市場における事業活動に不可欠で、代替的な取得が困難なデータを、競争者は以上の目的でデータへのアクセスを禁じたような場合は独占禁止法上の問題が生じるのではないかと議論されています。

■ AIとカルテル

また、AIを用いたカルテルに関する議論もなされています。例えば、すでに価格カルテルの合意が行われているときに、合意が守られているかを監視するAIを用いること、カルテル合意がなされている場合にその合意に従って価格を付けるように設定されたアルゴリズムをカルテルに参加している事業者間で用いることなどが議論されています。

5.3 デジタルプラットフォーム規制

近年、デジタルプラットフォームを用いた取引が増加している一方、取引の透明性や公平性に関する批判もなされています。このようなことから、一定のプラットフォーム事業者を対象に、取引条件等の開示や運営状

況の報告・評価等を義務付ける「特定デジタルプラットフォームの透明性及び公平性の向上に関する法律」が存在しています。

6.AI開発契約

6.1 契約について

契約については、民法という法律で基本事項が定められています。まず、契約における重要な原則が、契約自由の原則です。契約を行う・行わない、契約の内容等は基本的には契約当事者が自由に決めることができるという原則です。

■ 請負と準委任

民法では売買契約、賃貸借契約など様々な契約類型について定めが存在しますが、AI開発契約に関していえば、請負契約と準委任契約が重要です。

請負契約とは、仕事の完成を約束し、その結果に対して報酬が払われる契約です。典型的には、建物の建築で、設計図に従って家を建てるという仕事の完成を約束するわけです。対して、準委任契約は事務処理の実行を約束する契約で、仕事の完成を約束するわけではありません。典型的には医師による治療契約であり、診察や手術という行為の実施を約束するもので、患者の完治という仕事の完成を約束するわけではありません。なお、契約不適合責任（瑕疵担保責任）は、完全な目的物の引渡しや完全な結果の実現を前提にしているため、行為の実施のみを約束する準委任契約には適用がありませんが、仕事の完成を約束する請負契約では適用があります。

また、準委任契約には履行割合型と成果完成型と呼ばれる2つの類型が存在します。履行割合型は、事務の履行に対して報酬が支払われるのに対して、成果完成型は事務により得られる成果に対して報酬を支払うものです。成果完成型準委任は請負と似ていますが、請負契約では仕事を完成さ

8

AIの法律と倫理

せる義務が生じるのに対して、成果完成型準委任ではそのような義務は生じません。あくまで、成果の実現（典型的には納品等）を条件に報酬を支払うということになります。

6.2 AI開発契約に関するガイドラインと特徴

　AIの開発を第三者に委託するAI開発契約はどのようなものなのでしょうか。AI開発契約に関するガイドラインとして、経済産業省が「**AI・データの利用に関する契約ガイドライン**」（以下、「AI契約書ガイドライン」）を出しています。この他にも、特許庁・経済産業省「研究開発型スタートアップと事業会社のオープンイノベーション促進のためのモデル契約書」（以下「特許庁モデル契約書」）、日本ディープラーニング協会「ディープラーニング開発標準契約書」などが存在します。

　では、AI開発契約はどのような特徴を持つのでしょうか？　以下の事項を挙げることができます。

①モデルの内容や性能がデータの品質に存すること

　AIの品質は学習用データに大きく依存することは言うまでもないでしょう。

②性能保証が難しい

　学習用データにAIの性能が依存し、契約時点では性能がどの程度か予想できないこと、特に実運用段階での性能となると未知のデータに対する性能になり予測できないことから、事前に性能保証を行うことが難しいという特徴が存在します。

③ノウハウの重要性が高い

　学習用データの加工方法、ハイパーパラメータの設定、データの分析、その他様々なノウハウがAI開発では重要になってきます。また、委託者側のドメイン特有のノウハウも重要です。

6.3 開発の流れ

　AI開発契約を理解するには、AI開発の流れを理解する必要があります。まず、AIを導入して解決したい課題の整理、AI以外のソリューションの有無、AIが有効かといった点を確認する**アセスメント**というフェーズを行います。その結果、AIを用いて解決すべき課題があり、AIが有効であるということになれば、**PoC**（Proof of Concept：概念実証）というフェーズを行いAIの取扱い範囲の拡大や精度向上、AI導入により生じる様々な課題の解決などを図ります。その結果、実運用が可能であると判断されれば、実装（本開発）フェーズに移行し、実運用のためのAIの作成を行います。実環境にデプロイ後は、保守・運用に移行し、必要に応じて追加学習を行う追加学習フェーズとなります。

　各フェーズの名称や各フェーズで実施する内容等については開発者等によりバラつきがあり、また、事案によってはアセスメントを行わないということもあり得ますが、概ね上記のような開発を行います。

■ アセスメント

　アセスメント・フェーズでは、解決すべき課題の特定等を行うのであり、成果物は報告書であることが多いです。このため、準委任契約を利用することが通常です。なお、AI契約ガイドラインでは秘密保持契約（NDA）（だけ）を締結するとしていますが、同ガイドラインが想定しているのは簡易なアセスメントであり、実際のアセスメントではそれなりの工数が必要なことも多く、有料の準委任契約であることも多いです。

■ PoC

　PoCは実運用可能なモデルが作成できるか、モデルを実運用できるかを調査することが目的です。すなわち、調査が目的であり、準委任契約を締結します。成果物は、通常は調査結果をまとめた報告書です。

■ 実装

　実装フェーズも、準委任契約で行うことが多いです。これは、最終的にど

のようなモデルができるかは、予測ができないためです。成果物としては
モデル（推論用コードとパラメータ）であり、成果完成型準委任を利用する
こともあります。

■ 追加学習

追加学習フェーズについては、様々な契約の形が存在しています。保守・
運用契約の中で追加学習を行うこともあれば、ある程度規模の大きな追加
学習の場合は追加学習のための契約を締結することもあります。契約類型
としては準委任契約が一般的です。

なお、AIのモデルだけではなく、ユーザーがモデルを動かすための通常
のシステム部分の開発も同時で行うことが多いです。アジャイル形式での
開発の場合は準委任契約が通常は用いられますが、ウォーターフォール型
契約の場合は要件定義フェーズは準委任ですが、実装フェーズでは主に請
負契約を用いることが多いです。

6.4 知的財産権の帰属

AI開発を進めていく中で、AIに関するコード類、パラメータ、学習用
データセットなどの成果物が発生します。これらについて、著作権をはじ
めとする知的財産権が発生するかを判断や予測のうえ、その帰属について
AI開発契約で定めておく必要があります。

この際重要なことは、知的財産権の帰属交渉に時間をかけ過ぎても開発
遅延につながるだけで、得策とは言えないことです。著作権などの権利が
どちらに帰属するかにこだわり過ぎるより、一方に著作権などの権利を帰
属させつつ、他方に適切な利用権を与え、必要であれば著作権を取得した
側に権利の制限を加えるなどの利用条件を適切に設定していくことで処理
することが妥当です。

契約当事者双方の事情をよく配慮し、契約当事者にとって何をどう心配

しているのか、その懸念は妥当なのかということを考えながら、契約自由の原則で認められる範囲で自由に契約内容を決めていくべきでしょう。

6.5 秘密保持契約

相手方の秘密情報の守秘を約束する秘密保持契約（Non-Disclosure Agreement：NDA）は、AI開発契約の締結検討段階や簡易なアセスメントを行う段階で締結される契約です。

NDA締結のうえでの注意点としては、まず、NDAを締結する目的をはっきりと記載することです。AI開発契約締結の検討目的、アセスメントに関して提供される情報の保護目的などです。また、秘密とされた情報を第三者に開示・漏洩しないことは当然ですが、NDAの目的以外では利用しないという目的外利用の禁止も定める必要があります。つまり、他社から受託しているAI開発案件での使用や自社の営業目的での使用などを禁止することになるわけです。また、守秘義務の期間についても、提供される情報の要保護性や内容を考えて適切に定める必要があります。

7.AI利用契約

今までのAI開発契約は、特定の会社のために専用のAIを開発する場合の契約でした。ここではクラウド型のAIのような不特定多数のユーザーに提供されるAIの利用契約について紹介します。

このようなAI利用契約のモデル契約書として6.2で紹介した特許庁モデル契約書が存在します。

AI利用契約で気を付けるべき点は、追加学習に関する手当です。AI開発契約とは異なり、クラウド型のAIなどではサービス提供者側の判断で追加学習が行われます。このため、ユーザー側からすると知らないうちにパラ

メータが変わり、同じデータに対して昨日とは異なる出力がなされることや、ユーザー環境における精度が低下することがあります。これはやむを得ないことですので、このような点を契約書で説明しておき、サービス提供者側が責任を負わない旨を定めておくとよいでしょう。

　また、クラウド型AIではユーザーが入力したデータを用いて追加学習を行うことがあります。特に、複数のユーザーのデータを用いて1つのパラメータを更新する場合には、その旨をAI利用契約に明記しておくべきでしょう。

8-3. AIの倫理

AIの開発や判定が適法なものであることに加えて、社会的な正しさに合致している必要があります。このような**AI倫理**の問題について見ていきます。

1. 概要

AIの社会実装が進むにつれて、AIが社会に様々な影響を与えています。当然、その中には社会にとって望ましくない影響も存在します。ここでは、このような問題を扱っていきます。

このようなAIによりもたらされる望ましくない影響に対処しAIを倫理的にしてゆくということで、AI倫理という言葉を用いることがあります。**信頼できるAI**（Trustworthy AI）や**責任あるAI**（Responsible AI）という言葉も似たような意味で使われることがあります。

また、AIガバナンスという言葉も存在します。ここでは、概ねAI倫理上の課題に対応するために企業等の組織が行うべき仕組みを指すものとします。

なお、本書では、AI倫理は、AIに関する法律を遵守していることを前提に、プラスαとして守るべき社会的な正しさに関する議論であるとします。

2. 国内外の諸ルールと取組み

2.1 ソフト・ローとハード・ロー

ルールには、**ソフト・ロー**と**ハード・ロー**が存在します。ハード・ローは、典型的には法律であり、公的機関が定める遵守義務が生じるルールになります。対して、ソフト・ローは、公的機関だけではなく業界団体や学会も定める自主規制、ガイドラインなどであり、遵守義務が生じません。遵守義務

の生じないソフト・ローであっても、契約時に業務の実施基準とされたり、裁判時に善管注意義務違反の参考とされることがよくありますので、実務上は重要な意味を持ちます。

ハード・ローは、法的強制力がある一方で、成立や変更には議会の承認が必要で迅速なルール化が難しいことと、厳格な適用が認められるのに対して、ソフト・ローは、法的強制力はありませんが、迅速な変更が可能で、また個々の案件に即した柔軟な運用が可能です。

AIに関するルールとしては、AI法案が代表的なEUを除けば基本的にはソフト・ローです。ただし、EUのハード・ロー路線を採用する国が今後出てくる可能性も存在します。

2.2 日本政府によるルール

以下に日本政府等によるガイドライン等のルールを一部紹介しますが、内容を覚えている必要はありません。どのようなガイドラインが存在するか把握する程度で構いません。内容を知りたい人は、ガイドライン本文を読んでください。

■ 人間中心のAI社会原則

内閣府が「人間中心のAI社会原則」という、AIの社会実測を進めるため関係者が注意すべき基本原則を述べるガイドラインを定めています。ここで言う原則とは、プライバシー、公平性のような尊重すべき価値やAIにより引き起こされるリスクと言い換えてもよいでしょう。

■ AI利活用ガイドライン

総務省による「AI利活用ガイドライン」は、AIをビジネスに利活用する者が留意すべき原則を述べています。

■ 国際的な議論のためのAI開発ガイドライン案

　総務省による「国際的な議論のためのAI開発ガイドライン案」は、AI開発者が留意すべき原則について説明しています。

■ AI原則実践のためのガバナンス・ガイドライン

　経済産業省による「AI原則実践のためのガバナンス・ガイドライン」では、上記のような原則の実践を支援すべく、実施すべき行動目標を指示し、実践例や実務的な対応例を示しています。

■ 新AI事業者ガイドライン

　総務省、経済産業省は、今までのAIに関するガイドラインを統合したAI事業者ガイドラインを制定中です。2023年12月にはガイドライン案が公表されており、2024年3月に正式版の発表をしました。

2.3 外国政府によるルール

■ Blueprint for an AI Bill of Rights

　アメリカのホワイトハウスが出したガイドラインであり、AIの開発や利活用等をガイドする原則を説明するものです。

■ Executive Order on Safe, Secure, and Trustworthy Artificial Intelligence

　バイデン大統領はAIの安全性等に関して政府機関に対して研究を行うことなどの指示を大統領令として出しています。

■ AI RISK MANEGEMANT FRAMEWORK

　アメリカ商務省配下のNISTが定めたAIに関するリスク・マネジメントのためのフレームワークです。

■ AI法案等

　EUは、AIを直接規制する法であるAI法案を発表し、制定を目指してい

ます。AI法案では、AIのリスクに応じた規制を行うリスクベースアプロー
チが採用されています。またAI法案だけでなく、AIに関する賠償ルールを
定めるハード・ローであるAI責任指令案を公開し、制定を目指しています。

■ Ethics guidelines for trustworthy AI

　また、EUはAI法案より前に信頼できるAIのための必要事項（他のガイ
ドラインで言う原則と同じ）を解説するEthics guidelines for trustworthy AI
を出しています。

2.4 国際機関によるルールや国際連携

■ Recommendation of the Council on Artificial Intelligence

OECDは、信頼できるAIのための5原則と、政策決定者向けの推薦事項
として5つの事項を発表しています。

■ 広島AIプロセス

G7メンバー及び関連国際機関が立ち上げた広島AIプロセスは、「高度な
AIシステムを開発する組織向けの広島プロセスの国際指針」及び同国際行
動規範を定めています。

■ GPAI

Global Partnership On AI（GPAI）は、理論と実務の間のギャップを橋渡
しするための国際的な取り組みで、29か国が現在のところ参加しています。

■ ISO

国際標準化機構（ISO）は、AIのマネジメントフレームワーク（ISO/IEC
42001:2023）など、AIに関する国際標準を多数発表しています。

3. 公平性

3.1 公平性に関する概要

　AIの出力が公平でないために問題となることがあります。例えば、採用AIで女性よりも男性を優遇し合格率に差が生じたという事例や、顔認識で男女や肌の色で認識率に差があり、このため顔認識で容疑者を誤認識して誤認逮捕を行ったという事例など多数に及びます。

3.2 バイアスが生じる理由

　このような出力の差異、バイアスはなぜ生じるのでしょうか。アルゴリズムの方にバイアスの原因が存在することがありますが、基本的にはデータにバイアスが存在することが原因です。まず、そもそも人間自体が（意識しているかどうかは別として）バイアスだらけの存在だということが知られています。認知バイアスや無意識バイアスと呼ばれるものです。

　このようなバイアスが、データ生成、データ収集、アノテーション、前処理などありとあらゆる過程で入り込む可能性があります。

3.3 バイアスへの対応

　このようなバイアスに対応していくには、まず、開発や利活用しているAIにおいてどのようなバイアスを問題のあるバイアスと評価するかが重要です。融資の決定において年収でバイアスが生じることは当然ですが、年収等が同じでも男女で差が生じるのは問題があるでしょう。つまり、どのような属性（男女や肌の色など）をセンシティヴなものとするかであり、これはAIを適用するドメインや個別的な利活用の状況により異なります。また、国や年齢等によって、何が問題かの判断が変わることもあるでしょう。

　また、現在の人間による判断によるバイアスと比較してAIのバイアスを

考えるということは重要ですが、他方で、差別やバイアスの再生産という点に気を付ける必要があります。

4. 安全性

4.1 安全性と有効性

AIにおいては安全性が重要です。本書では安全性を「AIによって利用者や第三者の生命・身体・財産に危害が及ばないように配慮すること」とします。他方で、AIの有効性も重要です。本書では、有効性は、簡単に、AIがタスクに対して適切に判断ができることを意味するものとします。なお、精度が高いと安全性は通常は高まりますが、例えばガン判定において、ガンであるのに健康と判断することは、ガンがないのにガンと判定することよりも安全性の点からは問題です。全体の精度を下げたとしてもガンを見逃す誤判定を安全性のために回避することがあります。

4.2 対応方法

安全性については、ドメインによっては安全性基準などが存在します。その場合には、その基準に従うことが重要です。また、安全性においては人間がAIの判断を過度に信頼することが事故の原因となることがあります。適切な注意喚起や情報開示が重要です。

5. プライバシー

5.1 プライバシーとは

プライバシーの定義については様々な見解が存在しています。1人にしてもらうことという意味を超えて、自分に関する情報のコントロール（修

正や削除などを含む）、自己情報コントロールまで意味するという見解も主張されています。

5.2 データ収集段階でのプライバシー

　学習用データの収集においては、どのようなデータを収集して、どのようなAIの学習にデータを用いるかが問題になります。また、推論段階でのデータ収集においては、どのようなデータを収集して、どのような推論を行い、その推論結果をどのように利用するのかが問題になります。この際に課題になるのは、このような点が開示されていない（いくつかの事項の不開示は個人情報保護法違反になりえます。）ことや、開示されていても本人の気づかないような形で開示されており、本人の期待と収集範囲やデータの利用方法にギャップがあることです。

5.3 推論段階でのプライバシー

　推論段階では、データを用いた推論により他人に知られたくないようなセンシティヴな事項の推論や、あらゆる道路にカメラを設置して人々の動きを監視するような広範囲な推論が問題になります。AIの開発や導入の当初からこのようなプライバシー上の課題がないかを検討することが重要です。

　また、推論が誤っている場合、誤った情報が真実であるかのようなデータが保存されることになり、自己情報コントロールという点からはプライバシー上の問題だといえます。

5.4 対策

　プライバシー・バイ・デザインというシステムやAIの開発の仕様設計段階からプライバシー保護の取組みを行う考え方が有用です。また、カメラ画像を用いる場合には経済産業省の「カメラ画像利活用ガイドブック」などを参考に、推論の内容、利用目的、データの保存方法、周知の方法などを検

討するとよいでしょう。

6. 透明性とアカウンタビリティ

透明性という言葉で何を意味するかは、様々なガイドラインでも差異が存在するところです。本書では、情報の開示に関する事項を透明性として扱います。AIにおいて透明性が強く求められる理由の1つには、ディープラーニングなどの複雑なモデルは判断過程がブラックボックスとなり、どのような根拠で判断を行ったのか分からないという点が存在します。ただ、透明性といっても、それだけでは抽象的であり、どのような理由で、誰に対して、どのような情報を開示するのか検討する必要があります。

透明性として、様々なガイドラインで開示が求められることのある事項としては、AIを利用していること、判断の根拠、AIの目的や適切な利用方法、AIに関する責任者等、AIがもたらすであろう影響などです。また、データの来歴（データがどのように生成され、どのような処理がされてきたか等に関する事実）についても、開示の必要性が指摘されることがあります。

また、アカウンタビリティもAIの原則として挙げられることがあります。ただし、アカウンタビリティと言ってもその意味は明確ではなく、本書ではAIに関して責任を負うことを意味するものとします。AIの出力がもたらされた入力やパラメータ等が追跡できる追跡可能性、出力の原因を探ることのできる検証可能性、必要なドキュメントの文書化、AI倫理に関する事項を実施する責任者や担当組織の明確化などが重要です。

7. セキュリティ

AIに関するセキュリティも重要な価値です。通常のシステムにおけるデータの保護などのセキュリティとは異なり、AIモデル固有のセキュリティが

ここでは問題です。学習用データを汚染するデータ汚染攻撃、敵対的事例（Adversarial example）を用いた推論結果の操作、推論結果を集めることによる学習用データやモデルの推測、細工をしたモデルの配布というモデル汚染攻撃など様々な攻撃方法が存在しています。

8. 悪用の防止

AIの悪用は大きな問題になっており、悪用の防止は守るべき原則です。特に生成AIの悪用については現在大きな問題となっています。動画の顔をAIにより別人に変換できるディープフェイクによるポルノや偽情報やテキスト生成AIを利用した詐欺や危険物の製造方法の調査などが問題になっています。生成AI以外にもサイバー攻撃へのAIの利用などが懸念されています。

9. 仕事の保護

AIによる自動化により引き起こされる仕事の喪失から労働者を保護することも重要です。もちろん、AIによりある程度の仕事がなくなることはやむを得ず、仕事の喪失自体をなくすことはできませんが、それを最小化したり、仕事を失う労働者が容易に他の仕事に移行できるように手助けすることなどが重要です。

また、仕事の消滅により生じる影響が不公平になる可能性も指摘されており、若年層や女性が主に就いている仕事が消滅しやすい可能性も指摘されています。

他方で、現在のAIは特定のタスクを行うにすぎずどのような仕事がなくなるかというより、どのようなタスクが自動化できるか考え、人間が行うべきタスクは人間が行い、AIと人間の協働を考えてゆくべきだと指摘され

ています。

10.民主主義とその他の価値

　上記に挙げた以外にも個別的なAIの内容や利用場面に応じて様々な権利や原則を考える必要があります。例えば、生成AIにより生成された誤情報の拡散で選挙がゆがめられる、他国がAIを駆使してソーシャルメディア上で一定の層に有効なメッセージを送り選挙に介入するなどの民主主義への影響も着目されています。また、左翼的な人に左翼的なニュースをAIが推薦とすることで、より左翼的な人物となり、社会が二極化する恐れも指摘されています。他にも死者をAIを用いてデジタル上で復活させることに対する死者への敬意、AIの戦争利用の禁止など様々な問題が議論されています。他には、AIによる電力消費による環境への影響なども懸念されています。

11.生成AIにおける価値

　現在、大きなブームとなっている生成AIについては、本ユニットで別に扱います。まず、誤情報の問題が挙げられます。誤情報が広がると、先ほど述べたような民主主義への影響があり得ますし、経済活動にも影響を与えるでしょう。また、「女性は家庭に」というようなバイアスのかかったコンテンツが生成され、そのようなバイアスが強化・再生されることもあります。このようなバイアスだけでなく、わいせつ表現などを含めた不適切なコンテンツの防止も重要です。また、非公開の情報で学習した結果を、生成コンテンツ内で表示してしまうことによるプライバシーの問題や機密保護の問題も存在します。

12.AIガバナンス

最後にAIガバナンスについて言及します。本書では、AIガバナンスとは、上記したようなAIに関する価値や原則を実現するために企業が行うべき取組みという意味とします。AIガバナンスを適切に実現するためには以下のような事項の実施が求められます。

12.1 経営層の関与

まず、経営層がAIガバナンスを組織として行うことを意思決定し、関与していくことを明確にする必要があります。

12.2 AIポリシー

AIに関するポリシーであるAIポリシーを策定する必要があります。これは、上記したAIの価値や原則などの目的に対して、どのように取り組んでいくのかなどを述べるドキュメントで、プライバシーにおけるプライバシーポリシーに相当するものです。

12.3 責任者の特定

AIガバナンスに関する業務を実施する責任者や実施担当者・担当組織を任命する必要があります。

12.4 AIリスク・アセスメント

開発・導入しようとしている、または現在利用しているAIが自組織や利用者、社会にどのようなリスクを生じさせるかの検討であるAIリスク・アセスメントを行う必要があります。

また、それらのリスクが現実化する可能性の大小や、現実化した場合の

害の大小を考え、リスクの程度を特定しておくとよいでしょう。そのうえ
で、リスクの軽減方法を適切に採る必要があります。また、残存するリスク
は適切に受け入れる必要があります。

12.5 目標や手続の設定

　AI原則等を実現するために必要なAIの目標（精度等が典型だが、必ずし
も測定可能な目標とは限らない）を定め、その目標実現のための手続を定
める必要があります。

12.6 社内教育

　また、関係する従業員に対して適切な教育を行う必要があります。

12.7 文書化

　必要な文書を文書化して保存しておき、必要な者がいつでもアクセスで
きるようにしておくことも、重要な点です。

12.8 モニタリング

　デプロイ後のAIに対するモニタリングも必要です。どのような指標で、
どのような頻度やタイミングでモニタリングを行うのか検討する必要があ
ります。

12.9 内部監査、振り返りと改善

　AIに関する手続やルールが守られているかなどAIガバナンスの状況に
関する内部監査の実施も重要です。また、内部監査の結果等に基づいた振
り返りと改善も行う必要があります。

12.10 リスク低減のための措置の例

以下にリスク低減のための様々な措置のうちいくつかの例を紹介します。

■ 人間の関与

AIの出力等に対して人間が関与を行うことでAIの精度等が向上しリスクが低減することがあります。人間の関与の方法としては、AIの判断は参考とし人間が最終判断を下す（AIの出力を最終化前に全件人間が確認する）ものが典型ですが、その他の方法も存在し、最終化後に人間が事後的に出力を全件確認するなどの方法もあり得ます。

なお、人間を関与させることでAIの正しい判断を人間が修正してしまうことで、精度等が下がることもあります。このような場合は原則として、そのような人間の関与を行わない方がよいでしょう。人間を関与させるか、させるとしてどのような方法を取るべきかは個別的に考える必要があるでしょう。

■ フィードバック

ユーザーや社会からのフィードバックを得ることができるようにし、有用なフィードバックが適切に開発・運用担当者や経営者等に共有される体制を構築しておくことは重要です。AIのリスクは事前に全て予測しきることは難しく、漏れたものを速やかに発見し、改善することが重要です。

■ ステークホルダー関与

AI開発や導入においては、多様なステークホルダーの関与を得ることが重要です。これにより多角的な視点からAIのリスクを検討することができます。ステークホルダーの範囲は自明なわけではなく、また、AIの開発等が進むにつれ範囲が変化することもあります。

■ 多様性の確保

AIの開発チームやAIガバナンスの実施チームの多様性を確保することが重要です。性別、年齢等だけではなく、専門性（AI技術の専門家や法律の

専門家など)、バックグラウンドなど様々な点からの多様性を可能な限り確保することが重要です。

■ データの品質確保

　データの品質の確保も重要です。また、データについては、どのように生成されたのか等に関するデータの来歴も把握しておくことが重要です。

章 末 問 題

問題 1

個人情報の種別について、最も**適切なもの**を1つ選べ。

1. 仮名加工情報はいかなる手段でも、個人の識別が不可能かつ復元も不可能である。
2. 匿名加工情報を他の情報と照らし合わせることで、個人識別が可能になるが、元の状態に復元は不可能である
3. IPアドレスやCookieなどは個人識別符号に該当する。
4. 移動履歴や購買履歴も個人関連情報には含まれる。

解答 4

解説

個人関連情報とは、生存する個人に関する情報であって、個人情報、仮名加工情報及び匿名加工情報のいずれにも該当しないものをいいます。

問題 2

AIの学習済みモデルの著作権について、最も**不適切なもの**を1つ選べ。

1. 学習済みモデルといっても、その内容は不明確であるので、仮に著作権の対象として学習済みモデルという概念を用いるのであれば、具体的に何を指すのかの定義づけを行うことが望ましい。
2. 学習用のコードの著作権者は、職務著作を考えなければ、コードを記述した者になる。

3 推論用のコードの著作権者は、職務著作を考えなければ、コードを作成した者になる。

4 学習の結果得られる学習済みパラメータについては、コンピュータ上で学習の指示を行った者に著作権が成立するのが原則である。

解答 4

解説

パラメータについては単なる計算結果のため著作権が発生しません。

問題 3

経済産業省が公表した「AI・データの利用に関する契約ガイドライン」が推奨する開発方式の各段階に関する説明として、最も**不適切なもの**を1つ選べ。

1 「アセスメント段階」は、ユーザーから一定量のデータを受領し、学習済みモデルの生成可能性があるか否かを事前検証する段階である。

2 「PoC段階」は、基本的にはユーザーが保有している一定量のデータを用いて、学習済みモデルの生成・精度向上作業を行い、事後の開発の可否や妥当性を検証する段階である。

3 「開発段階」は、学習済みモデルを生成する段階である。ベンダーは、ユーザーの期待する精度等の要求を達成する保証をする責任がある。

4 「追加学習段階」は、ベンダーが納品した学習済みモデルについて、追加の学習用データセットを使って学習をする段階である。

解答 3

解説

AIの精度の保証は、精度がデータに依存するため事前に予測することができず、難しいです。

問題 4

AIにおけるバイアスへの対応として、最も**不適切なもの**を1つ選べ。

1 AIにおけるバイアスを排除するためには、対象とするセンシティヴ属性を選定する必要があるが、これについて統計的手法を用いて自動化する手法が実運用のレベルで採用されつつある。

2 バイアスを軽減する措置をとった結果、依然として一定のバイアスが残る場合には、その旨を利用者やAIの分析対象者に情報共有することが望ましい。

3 バイアスの低減と精度の確保はトレードオフの関係になることがあり、この場合には、適切な均衡点を探ることになる。

4 すでに存在するバイアスに基づいた判断をAIが行うことにより、ステレオタイプ化が進み、バイアスが再生産される可能性があることに注意が必要である。

[解答] 1

[解説]

センシティヴな属性の選定は人間の手によらざるを得ません。これを自動化する技術は実現していません。

問題 5

AIにおける安全性確保のために取るべき対応策について、最も**不適切なもの**を1つ選べ。

1 AIの点検・修理を行うことは重要であるが、一般消費者であるユーザーに、一部にせよこれらの実施を委ねることは認められない。

2 AIが想定外の動作を起こした場合でもフェールセーフに設計することで安全性を確保できるようにするべきである。

3 安全性を害する事故が発生した場合に備えて、事前に初動措置など
を整理しておくべきである。

4 重大な事故が発生した後には、調査委員会等による原因調査が重要
になる

解答 1

解説

提供者側で安全性に関する措置を全て行うことはできず、不審な挙動がないか等の
ある程度の点検は現場のユーザーに任せざるを得ない場合があります。

問題 6

AI倫理上の課題に取り組むための手法として、最も**不適切なもの**を1つ選
べ。

1 開発中のAIの倫理上の課題を調査する倫理アセスメントは、開発が
進むにつれて、再度実施すべき場合がある。

2 ステークホルダーの関与が重要であるが、開発当初にステークホル
ダーの範囲を決定したら、後日変更せず開発の安定を図ることが望
ましい。

3 AIに対する監査を行いAIが倫理上の課題を引き起こさないかを確
認することが考えられるが、どのような監査を行うべきかについて
は今後の議論が必要である。

4 実運用に供されたAIをモニタリングすることで、問題発生時に迅速
に対応できるようになる。

解答 2

解説

ステークホルダーの範囲は、開発等の進行に伴ない変化することがあります。

Appendix

事例集
産業への応用

A-1. 製造業領域における応用事例

製造業の分野では、各種センサデータや音声データなど様々なデータを対象としてディープラーニングが活用されますが、本節では画像データを対象とした事例を紹介します。

1. ものづくり

　ものづくりにおいては、検品や欠陥検査の作業を省力化するためにディープラーニングが力を発揮します。昨今では学習に必要な異常データを少なくする手法や、正常データのみで学習させる手法なども様々に進化しており、活用できるシーンが広がっています。

1.1 超音波による溶接部の欠陥検知

日立造船株式会社（2020年）

- 日立造船は2016年に、管端溶接部を対象とした超音波探傷試験装置を開発していたが、その探傷画像から溶接の欠陥を判定する工程は、検査員が1枚ずつ目視で担っていた。このため、検査コストや検査員への負担が課題となっていた。

- 欠陥検知の処理フローとしては、まずYOLOで探傷範囲を特定（物体検出）する。次に、対象範囲の画像における欠陥の有無をCNN・オートエンコーダ・画像処理の3種類の方法で判定し、結果をアンサンブルする。アンサンブルにより、ほとんど欠陥を見落ししないレベルまで精度を高めることができた。

- 実際の検査業務に適用した結果、従来比75%の検査時間削減に成功した。

- 日経クロストレンドと日経クロステックが主催する「第二回ディープラーニングビジネス活用アワード」にて大賞を受賞。

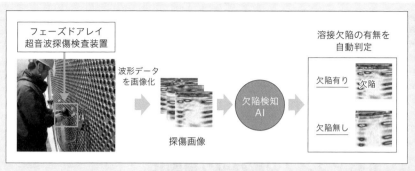

図A.1 探傷システムのイメージ

写真提供：日立造船株式会社

2. 廃棄物処理

ものを作る工程だけでなく、ものを廃棄する工程でもディープラーニングが活用されています。

2.1 産業廃棄物の自動選別

株式会社シタラ興産（2016年〜）

- ディープラーニングによる画像認識を用いた廃棄物選別ロボットを、業界に先駆けて導入。

- 売上高は導入前の2倍以上に伸びているが、ロボット導入等により人件費は導入前と比べて約10%低減できている。

- 2016年のロボット導入以来2万人以上が見学に訪れており、産廃処理の業界においてロボット導入を推進する事例となった。

図A.2 稼働中の選別ロボット

画像引用：https://newswitch.jp/p/34272

3. 製造設備の管理

設備の管理・監視においてもディープラーニングが活用されています。中でも、既存の管理システムに影響を与えずに導入できるユニークな監視システムを紹介します。

3.1 計器やランプの読み取り自動化

株式会社IntegrAI（2020年〜）

- ディープラーニングを用いてアナログメーター、デジタルメーター、ランプなどを認識するカメラを開発。

- 製造業の現場で、計器の監視や見回りの手間を削減する。異常を検知した際にはメール等で通知が送信される。

- 効果の一例として、熱処理加工を行う工場では、週あたり50時間以上の人手を削減できた。夜間や休日の出勤が減り、働き方改革にもつながっている。

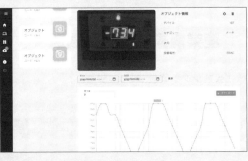

図A.3 計器を小型カメラで認識

写真提供：株式会社 IntegrAI

4. 食品の検品

　食品の検品におけるディープラーニング活用では、人手を減らすだけでなく、**フードロス**を減らすという新たな価値を生み出す事例が登場しています。

4.1 食肉加工時のフードロス削減

株式会社ニチレイ（2021年〜）

- 食肉加工において、鶏肉の血合いは食用しても問題ないものではあるが、不快に感じる消費者もいるという理由から除去している。しかし血合いは多数出現するため、目視確認に膨大な手間を要していた。また、手作業による血合いの除去は工程上ピンポイントに行うことが難しく、フードロスにもつながっていた。この課題を解決するため、ディープラーニングによる画像認識を用いて鶏肉の血合いを検出するシステムを開発した。

- 本システムでははじめに、鶏肉のてかりを抑えるため偏光フィルタを備えたカメラで鶏肉を撮影する。次に、撮影した画像からディープラーニングによる画像認識で血合いを検出する。最後に、独自開発した機器で血合いを自動的に除去する。

- このシステムにより、これまで食用に使えず飼料や肥料に回されていた鶏肉を、7割削減することに成功した。

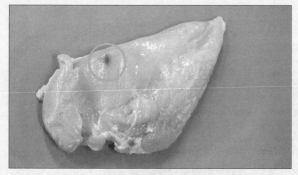

図 A.4　鶏肉の表面に現れる「血合い」

写真提供：株式会社ニチレイ

A-2. モビリティ領域における応用事例

公共交通機関におけるディープラーニング活用事例を紹介します。

1. 乗客の安全確保

　公共交通機関における自動運転の普及のためには、路上だけでなく車内の状況にも目を向ける必要があります。

1.1 自動運転バス車内の遠隔監視

BOLDLY株式会社

・ディープラーニングを用いた画像認識により、乗客がバスの車内で移動したことを検知するシステムを開発し、自動運転車両の遠隔管理プラットフォームに導入している。

・本システムは、バス車内に設置したカメラで乗客を撮影し、車両走行中の立ち歩きを検知して遠隔監視者に通知する。通知を受けた監視者は遠隔でアナウンスを流すなどの対応を行い、乗客の安全を確保する。

・もともと、乗客を真上から撮影できるような車高の高いバスには対応できていたが、開発を重ねることで、車高の低いバスでの斜め上方向からの撮影においても検知を可能にした。

図A.5
バス車内を歩く乗客（頭部）をトレースしている様子

画像提供：BOLDLY株式会社

2. 運行管理

　1台の車両の運行だけでなく、ダイヤの管理にもディープラーニングが活用できそうです。本項では、シミュレータと深層強化学習を用いたユニークな取り組みを紹介します。

2.1 鉄道ダイヤの復旧支援

日本電気株式会社（2023年）

- 鉄道において何らかのトラブルが発生した際、復旧用のダイヤを組む必要があるが、この作業は豊富な知識と経験を持つベテランの作業者を必要とする、難易度の高い作業となっている。この作業を省力化するため、復旧用のダイヤ作成を自動化するシステムを開発した。

- 「混雑の最小化」「時刻表とのずれの最小化」など様々な指標を報酬関数として取り込んだ深層強化学習によりシステムを実現している。深層強化学習における学習環境として、首都圏の鉄道運行を高精度に再現したシミュレータを独自開発して学習を行った。

- このシステムにより、復旧用ダイヤを数分で作成できるようになった。一部路線での実証検証にも成功しており、今後実用化のフェーズに取り組んでいく。

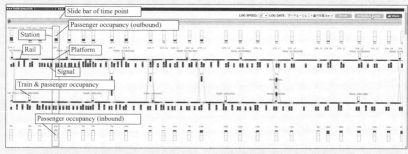

図A.6 独自開発したシミュレータ「AI学習用鉄道デジタルツイン」

出典：窪澤駿平 , et al「ダイナミックシミュレーションと強化学習による運転整理ダイヤ生成システム」交通・物流部門大会講演論文集 2021.30. 一般社団法人 日本機械学会 , 2021https://arxiv.org/abs/2201.06276

A-3. 医療領域における 応用事例

医療におけるディープラーニング活用には、性能や倫理、認可制度など様々なハードルがありますが、その活用範囲は着実に広がっています。

1. 診断支援

診断支援の分野ではディープラーニングの活用範囲が日々拡大しています。医師の負担を減らすことで医師がより高度な作業に時間を割けるようになったり、病気の予兆の見落しが減らせたりする効果はもちろんのこと、これまでにない診断機器が開発された事例や、医師にも難しい病状の進行予測に挑む事例などが生まれています。

1.1 喉の画像を用いたインフルエンザ診断

アイリス株式会社 (2022年〜)

- 従来のインフルエンザ診断は、鼻の奥に綿棒を挿入するなどの方法で行われることが多かった。また、診断結果が出るまでに時間もかかっていた。この課題に対して、咽頭の画像と体温等の診療情報からインフルエンザの判定を行う医療機器を開発した。

- 延べ100以上の医療機関、1万人以上の患者の協力のもと収集された、50万枚以上の咽頭画像を元に「インフルエンザ濾胞」などのインフルエンザに特徴的な所見を検出するAIモデルを開発した。画像のほかに体温を含む問診情報等を加味し、診断結果を出力する。

- 検査時の痛みが少なく、判定開始から判定結果が出るまでの待ち時間も数秒〜十数秒に短縮された。

- 2022年12月より保険適用の対象となっており、更なる普及が期待される。

図A.7 インフルエンザ検査機器「nodoca®」

写真提供：アイリス株式会社

1.2 関節の変形の進行予測

帝京大学、富士ソフト株式会社（2023年）

・痛みを伴い歩行に支障をきたす「変形性股関節症」について、進行を予測するAIの研究を実施。

・股関節のレントゲン画像から、CNNにより特徴量を抽出してベクトル化し、身長・体重等のデータとともに決定木に入力して、股関節の変形が何年後に手術が必要なレベルに達するかを予測する。

・進行を予測して手術のタイミングを適切に判断することは、患者のQoLの観点からも重要だが、この判断はベテランの整形外科医でも非常に難しい。将来的にはこの研究成果が、手術の判断を支援する整形外科医用のツールとして活用されることが期待される。

A

事例集　産業への応用

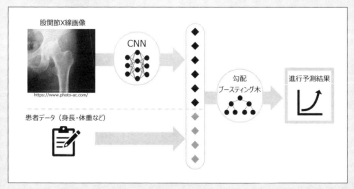

図A.8 変形性股関節症の進行予測AIのイメージ

2. 薬の処方における支援

　診断だけでなく薬の処方のチェックにおいても、ディープラーニングの活用事例が生まれています。

2.1 調剤の監査システム

株式会社コンテック（2023年〜）

- 薬剤師の負担軽減と調剤の過誤の防止のため、AIを用いた薬剤のチェックシステムを開発。複数の薬局で導入されている。

- 画像のほか、重量やバーコードの情報も用いて、薬剤の種類と量を監査している。

- 独自のAIを活用したシステムにより、新規の薬剤に対する再学習のコストを大幅に低減している。

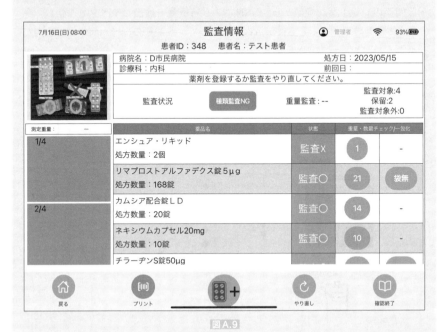

図A.9

画像提供：株式会社コンテック

3. ペットに対する医療

生成AIが、物言わぬペットの状況にアドバイスをもたらすかもしれません。

3.1 ペットの健康アドバイス

株式会社アニポス（2023年〜）

- ペット医療の保険請求を行うアプリに、保険請求の情報を踏まえたペットの健康へのアドバイスを生成する機能を開発した。

- 生成AIを用いて文章を生成している。また、ユーザーはアドバイスに対してチャット形式で質問を送ることが可能で、これについてもAIによる応答を実現している。

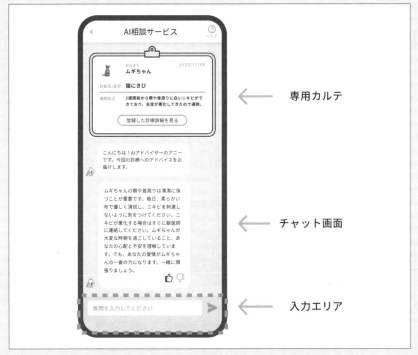

専用カルテ

チャット画面

入力エリア

図A.10 保険申請時のデータから生成されるアドバイスのイメージ

画像引用：https://anipos.co.jp/

A-4. 介護領域における 応用事例

少子高齢化により介護サービスの需要が高まる一方、働き手の負担は ますます大きくなっています。介護の領域では、ディープラーニングなど を用いた業務改善が期待されます。

1. 介護支援

　被介護者を手厚く見守りつつ、介護者の負担を減らすための取り組みが 始まっています。

1.1 介護用ベッドからの転落等の異常検知

ギリア株式会社、パラマウントベッド株式会社（2020年〜）

・介護の現場では、被介護者の状態を把握し転落等の異常を検知するために、ベッ ドやベッド周辺にセンサなどの機器を設置するケースが増えている。しかし、検 知漏れ防止と過検知防止のバランスをとることが難しく、被介護者や現場への負 担が増大する一因となっていた。より高度な検知システムを実現するため、 ディープラーニングを活用した。

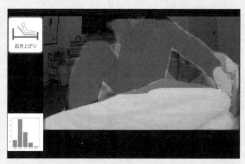

図A.11 システムが被介護者の状態を認識している様子

画像提供：ギリア株式会社

410

- 画像認識モデルのほか、複数のAIアルゴリズムを組み合わせることにより、人物の動作を正確に認識。より速く、かつ過検知を抑えたシステムを実現した。

- 今後はプライバシー保護の観点からマスク処理を施すなど、監視されているような抵抗感を被介護者に与えないシステムに進化させていく。

1.2 歩行機能の分析

株式会社エクサホームケア（2022年〜）

- 高齢者向けの自立支援サービス関連事業者において、動画から高齢者の歩行分析を行うAIアプリケーション「CareWizトルト」を展開。

- ディープラーニングによる姿勢推定技術を用いて、高齢者の歩行の様子を認識し、転倒リスクに関する指標で歩行を分析。歩行の様子を5メートル分スマホで撮影してアップロードすると、2分後には分析結果の作成が完了する。

- 大がかりな機材を必要とせず客観的に歩行の評価が実施でき、個々人の歩行機能に合わせたケアの提供に役立っている。

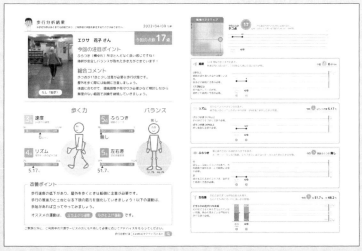

図A.12 分析結果の出力イメージ

画像提供：株式会社エクサウィザーズ

A-5. インフラ・設備管理の 領域における応用事例

全国的にインフラの老朽化が進んでいますが、保守点検の人材不足が懸念されます。ディープラーニングの活用が期待される領域です。

1. 点検作業の支援

　点検作業へのディープラーニングの活用を考えたとき、多くの場合には点検の対象について学習を行うプロセスが必要で、すぐに何でも点検できるようになるわけではありません。しかしどの点検作業が特に重要か、もしくは特にリソースを要するかを精査し、影響の大きな点検作業にフォーカスすることで、ディープラーニングを有効活用している事例が多く存在します。

1.1 送電鉄塔の点検

東北電力ネットワーク株式会社 / 株式会社SRA東北（2019年〜）

- 従来、送電鉄塔の腐食劣化度を判定する作業では、目視による点検が主流となっていたが、作業員個人によって判定にばらつきが生じる問題があった。また、多数の鉄塔に対して補修の作業計画を立てるプロセスにも時間を要していた。

- そこで、ドローンまたは専用アプリケーションで送電鉄塔を撮影し、ディープラーニングを用いた画像認識により腐食劣化の度合いを判定するシステムを開発。GPSによる位置情報などもあわせて収集し、統合的な送電鉄塔の保守管理システムを実現した。腐食劣化度の判定だけでなく、補修工事計画の策定も省力化され、社員5人で25時間かかっていた計画策定作業が社員2人・4時間程度で実施できるようになった。

- 国土交通省主催「第4回インフラメンテナンス大賞」において、経済産業大臣賞を受賞。

「腐食劣化度診断システム」の概要

【本システム導入によるメリット】

現状の課題	本システム導入後
送電鉄塔の腐食劣化度の判定は、作業員による目視点検などで行っており、判定に個人差が生じやすい。	撮影画像を基に、AIが送電鉄塔の腐食劣化度を瞬時に判定することができるため、判定に係る個人差を解消できる。
送電鉄塔の腐食箇所やその程度について、鉄塔1基ごとに管理しているため、塗装や部材取替などの補修工事計画の策定に、多くの時間と労力を要している。	GPSにより位置情報を自動取得し、当該鉄塔の情報を判定結果とともにデータベースへ送信することで、各鉄塔の腐食劣化度を一元的に管理することが可能。これにより、腐食状況を的確に反映した合理的な補修工事計画を短時間※で策定することができる。 ※従来社員5人がそれぞれ約5時間、計約25時間かかっていた作業を、社員2人がそれぞれ約2時間、計約4時間で実施できる。

【システム概要】

1. 現場での撮影	2. AIによる診断	3. データベースへの登録	4. 分析・工事計画立案

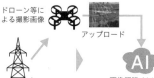

ドローン等による撮影画像
アップロード

画像認識AIにより撮影された部材の腐食劣化度を診断。

専用アプリケーション※による撮影画像
アップロード

AIによる腐食劣化度診断の結果、画像や鉄塔の位置情報などがデータベースに登録される。

腐食の進む鉄塔を腐食劣化度別に地図上に色分け表示。エリア内の鉄塔の腐食傾向が容易に確認でき、補修工事計画が短時間で策定可能になる。

※専用アプリケーション「JUDGE！」：株式会社SRA東北が、画像認識AIを活用し開発した、腐食の進行具合をAI診断するアプリケーション。

図A.13 点検システムの概要図

画像提供：東北電力ネットワーク株式会社

A

事例集　産業への応用

1.2 化学プラントの配管の劣化検知

三菱ガス化学株式会社、株式会社ABEJA（2022年〜）

- 化学プラントにおいて腐食配管の放置は重大事故につながる恐れがある。そのため、保守担当者は大量の画像を元に慎重なチェックを行っており、大きな負荷が発生していた。そこで保守担当者の負荷軽減のため、ディープラーニングを用いた配管の外観検査システムを構築した。

- 運転員が配管の画像を撮影すると、システムが腐食箇所と腐食度合いを判定し、記録する。HITL（Human in the Loop）のアプローチを取り入れたシステムとなっており、保守担当者がAIの判定結果にミスを見つけた場合は、システムにフィードバックを行うことでAIを再学習させることができる。

- 当該検査業務において、50％の省力化に成功している。

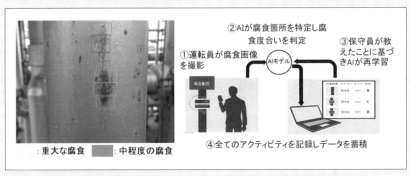

図A.14 HITLのアプローチを含む外観検査システムのコンセプト

画像提供：株式会社 ABEJA

2. 設備の運用支援

点検作業以外にも、設備の運用をサポートする場面でディープラーニングが活用されています。

2.1 ダムの運用支援ツール

国土技術政策総合研究所（2023年〜）

- ダムの運用における安全管理では、目視のほか漏水量・変形（変位）や揚圧力等の各種計測データの監視が異常検知の手段となっているが、今後そのようなノウハウを持った熟練職員が不足することが懸念されている。そこで、ダムの管理経験の少ない職員でも異常発生の判断ができるよう、支援ツールの技術開発を行った。

- ニューラルネットとしては LSTM を用いている。貯水量や外気温の時系列データを入力とし、変位や漏水量の予測を出力する。ダムに異常が発生していない状態のデータを学習させているため、出力は平常時を想定した予測結果となる。これが実測データと乖離した場合に、異常発生と判定する。

- 2023年9月現在、開発したツールをホームページ上で試験公開しており、全国での活用が期待される。

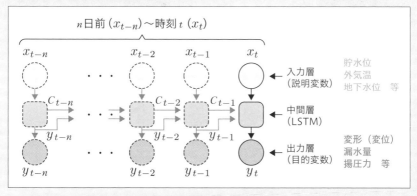

図A.15 LSTM モデルの概要

画像引用：出典：「AI を活用したダム安全管理用判断支援ツールの開発」、河川研究部 大規模河川構造物研究室 櫻井寿之、小堀俊秀、松下智祥（国土交通省 国土技術政策総合研究所）、https://www.nilim.go.jp/lab/bcg/siryou/2023report/ar2023hp067.pdf

2.2 作業者の装備のチェック

中部電力株式会社（2021年〜）

・原子力発電所の作業員が放射線管理区域に入る際、安全保護具を装備する必要があるが、従来は鏡や指差し呼称によるセルフチェックを基本としていたため、装備忘れが発生する恐れがあった。ミス防止のため監視役を常駐させることも考えられるが、コストがかかるため、AIによる装備品チェックのシステム開発に取り組んだ。

・物体検出モデルであるSSDを用いて実装している。学習には3,300枚ほどの画像を用いており、各装備品の検出においてmAPによる評価では0.9以上の精度をマークすることができた。

・今後はより多くの装備品への展開も期待される。

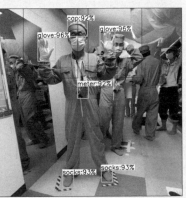

図A.16 装備品を検出している様子

画像提供：中部電力株式会社

A-6. サービス・小売・物流における応用事例

サービス・小売・物流において、ディープラーニングを活用した事例が急増しています。本節では、それらの様々な取り組みについて紹介します。

1. サービス領域への適用

　アートやブランドの真贋判定は、属人的になっている領域の一つです。ここでは、ディープラーニング技術を効果的に活用している事例を紹介します。

1.1 真贋判定

エントルピージャパン合同会社（2021年〜）

・アート作品や高価品の真贋判定を行うサービスを提供。美術市場の透明性を高めることを目的としている。

・ディープラーニング技術を活用して、絵画や彫刻の細部に至るまで分析。従来の手法では見逃されがちなディテールの識別が可能に。

・美術館やギャラリーでの展示前の真贋確認、オークションハウスでの出品前評価、個人コレクターの購入前鑑定など、多岐にわたる場面で利用されている。

図A.17
専用端末とアプリで
いつでも手軽に真贋を判定

画像引用：https://ja.entrupy.com/

駐車場管理においてもディープラーニングの活用が進んでいます。

1.2 ロックレス&スマート駐車場

株式会社アイテック、株式会社PKSHA Technology（2019年〜）

- 鍵やロックの不要なスマート駐車場システムを開発。利便性とセキュリティを高めながら、駐車場の管理と利用を効率化。

- ナンバープレート認識や車両の自動識別にディープラーニング技術を使用。これにより、入出庫の自動化と監視が可能に。

- 様々な車種やナンバープレートのデータを基に学習を行い、認識精度を向上させている。また、継続的なデータ更新により、新しい車種への対応も可能。

- 商業施設やオフィスビル、住宅地の駐車場など、様々な場所での導入が可能。特に、利便性とセキュリティが求められる場所での利用が想定されている。

図A.18 ロック板がない駐車場

画像提供：株式会社 PKSHA Technology

店舗の受付においても無人化が進んでいますが、それを支えている技術がディープラーニングです。

1.3 クリーニング店セルフ受付システム

株式会社エルアンドエー（2021年〜）

- クリーニング店において無人受付システムを導入。顧客の利便性を高めるとともに、店舗運営の効率化を図っている。

- TensorFlowを活用し、投資額30万円で実現。ディープラーニングを用いて顧客のアイテムを識別し、適切な処理を行う。また、顧客の好みや過去の利用履歴を分析してパーソナライズされたサービスを提供している。

- 事前にカメラで撮影した約2万5000枚の衣類の画像をTensorFlowで機械学習させた。衣類の種類によって精度は異なるが、Yシャツやズボンは99パーセントの識別精度を実現した。

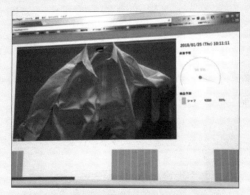

図A.19 衣類自動識別システム

画像引用：https://xtech.nikkei.com/atcl/nxt/column/18/00001/00337/

2. 小売領域への適用

スーパー、コンビニでは購買情報（POSデータ）のみならず、顧客の動線分析を行うことで商品配置や店舗レイアウトを最適化しています。また、動線分析に留まらずレジなしで商品を購入できる新しい形の店舗も現れてきています。

2.1 動線分析

株式会社トライアルホールディングス（2017年〜）

・店舗内の顧客動線分析を行うサービスを提供。店舗のレイアウト最適化や商品配置の改善に貢献し、顧客体験の向上を目指している。

・ディープラーニング技術を用いて、店内カメラから得られる顧客の動きのデータを解析。顧客の行動パターンや滞在時間、動線などを詳細に把握することが可能。

・カメラが撮影した動画データはクラウドには送らずエッジコンピュータで処理。通信データ量を800分の1に減らした。

・定期的にデータを収集し、それに基づいて学習を行う。顧客行動の変化やトレンドを捉え、分析精度を高めている。

・小売店やスーパーマーケットでの利用を想定。データ分析結果をもとに、商品配置やプロモーションの計画、店舗レイアウトの最適化などに活用。

図A.20 カメラを使って客の移動の流れを解析

画像引用：https://xtech.nikkei.com/it/atcl/column/17/090600369/090600004/

2.2 Lawson Go

株式会社ローソン（2020年〜）

- Lawson Go は、レジを通さずに商品を購入できる新しい形のコンビニエンスストアサービス。顧客が専用アプリでQRコードをかざして入店し、商品を持って店外に出ると、事前に設定した手段で決済が自動的に完了する。

- 店内設置のカメラで顧客の動きを確認し、商品が置かれた棚の重量センサと合わせることで、顧客がどの商品をいくつ手にとったのかをAIが判別し、店舗を出ると自動的に決済される。

- 商品認識の精度を高めるために、定期的にデータを収集し、学習を続けている。新しい商品や包装変更にも迅速に対応可能。

- 忙しい都市部の顧客や時間を節約したい顧客に特に適している。スムーズで手間のかからない買い物体験を提供し、店舗の効率化にも貢献。

図A.21 Lawson Go MS GARDEN店

画像提供：株式会社ローソン

3. 物流領域への適用

物流業界ではeコマースの拡大やオムニチャネル化などの進展によって、多品種少量配送のニーズが高まる中、ドライバー不足等の人材不足が深刻化しています。配送領域のデジタルを活用した効率化はもちろんのこと、庫内での自動化も進んでいる状況です。

3.1 ナンバープレート認識

株式会社モノフル、株式会社フューチャースタンダード（2019年〜）

- トラックのナンバープレート画像をディープラーニングで認識。荷待ち時間の短縮に貢献。物流施設内のトラックの正確な状態把握によりオペレーション効率化とドライバーの待機時間削減を実現。

- 映像解析AIを活用することで、ナンバープレート検知をより精度よく行うことができる。手法としては、深層学習を用いた画像分類や物体検出を用いている。画像分類では、ナンバープレートの画像を正解データとして用意し、それを元にAIモデルを学習させる。物体検出を利用すると、画像内に複数の車両が写っている場合でも、それぞれの車両のナンバープレートを個別に検出することができる。

- 交通監視、駐車場の管理、通行料徴収システム、自動車盗難の防止など、幅広い分野での応用が見込まれている。

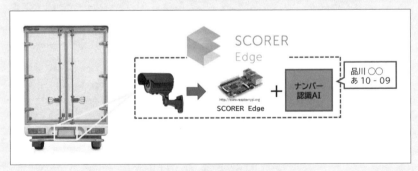

図A.22 ナンバー認識のイメージ

画像引用：https://www.scorer.jp/solutions/license-plate-recognition

A-7. 農林水産業領域における応用事例

農林水産業におけるディープラーニング活用では、人手不足への対応や熟練者の技能の移転などのほか、これまでになかった付加価値を生み出すことにも活用されています。

1. 農業

農業においては、ディープラーニングが省力化だけでなく作物の安全性や品質の向上にも役立てられています。

1.1 ピンポイントな農薬散布による農薬削減

株式会社オプティム

- ドローンによる農薬散布をピンポイントに行うことで、農薬の量を削減した。

- ディープラーニングによる画像認識により、ドローンが撮影した画像から病害虫の発生地点を特定。その地点にのみドローンで農薬を散布する。

- 大豆の栽培における特定の病害虫に対する農薬においては、90%以上の農薬量削減を実現した。

- 通常の動力噴霧器による農薬散布と比べて、作業時間についても90%以上の削減効果を発揮している。

図A.23 ドローンによるピンポイントな農薬散布の流れ

画像引用：https://www.optim.co.jp/agriculture/smartagrifood/technology

1.2 果樹の生育支援システム

鳥羽商船高等専門学校（2018年〜）

- ディープラーニングを用いて、品質の高いみかんを生産する管理システムを開発。

- ディープラーニングにより、果樹の画像から水分ストレスを推定。その結果からかん水（水やり）の量をコントロールすることで、みかんの糖度の向上につながっている。

- かん水のコントロールは、水分ストレスの推定結果等を入力とした強化学習により実現。

- 実際のかん水作業についてもスプリンクラーで自動化しており、従来比30%の作業時間削減につながっている。

- 糖度の向上により、みかんのブランド（等級）の合格率も上がり、生産者の利益率向上が期待できる。複数の果樹園で実際に導入されている。

図A.24 画像からの水分ストレス推定アプリケーション

画像提供：鳥羽商船高等専門学校

2. 畜産業

　畜産業からは、畜産業特有の重労働を回避できる活用事例が生まれています。

2.1 スマホカメラによる豚の体重推定

株式会社コーンテック（2021年～）

- 養豚場における従来の豚の体重測定は、豚を1頭ずつ体重計に乗せて計測する必要があり、作業に多大な労力を要していた。そこで、スマホで撮影した豚の画像から、AIが体重推定するアプリケーションを開発した。

- AIによる体重推定は豚の品種を問わず、枝肉重量（食肉の量）についても推定が可能。人の介在を減らすことで、人材不足をカバーできるほか、人から豚への感染症を減らす効果もあると考えられる。

図A.25 体重測定アプリケーション

画像提供：株式会社コーンテック

3. 漁業

　漁業においては、海の状態を正確かつ迅速に捉えることにもディープラーニングが活用されています。

3.1 漁場における気象衛星の情報を補完

株式会社オーシャンアイズ（2019年〜）

- 漁場の決定に当たり重要な要素である海水温のデータの配信サービス「漁場ナビ」を提供。

- 海水温は気象衛星「ひまわり」が計測したものが配信されているが、雲に隠れた部分などでは海水温のデータが取得できない。「漁場ナビ」はGenerative Adversarial Network（GAN）により、雲に隠れた海域の海水温を推定し、1時間毎に配信する。

- このサービスの活用により漁場探索の効率が上がり、燃料代の削減も期待できる。さらに、海水温などの二次元パターンと過去の漁獲量を学習データとした、漁場そのもののAI予測も提供している。

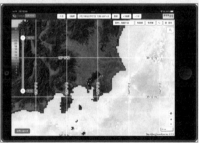

図A.26　タブレット上で稼働する「漁場ナビ」

画像提供：株式会社オーシャンアイズ

3.2 赤潮の発生予測

長崎県五島市、長崎大学、KDDI株式会社、システムファイブ株式会社（2019年）

- 養殖クロマグロを赤潮の被害から守るため、赤潮を早期に検知するシステムを開発。

- 従来は船舶からの目視で海面の着色状況を監視し、海水を採取して顕微鏡で有害プランクトンの量を計測することで赤潮の発生を判断していた。しかし迅速な対応ができないことが課題となっていた。

- 本システムでははじめに、空撮用のドローンにより養殖を行っている海域の着色を検知する。次に採水用のドローンで複数の深度から海水を採取する。採取した海水にディープラーニングを用いた画像認識を行い、有害プランクトンの識別と計数を行うことで、赤潮の発生を判断する。赤潮発生の可能性がある場合は、漁業者に通知を行う。

- 実証において、採水から漁業者への通知までの所要時間を、従来比98％削減でき、迅速な対応が可能になった。

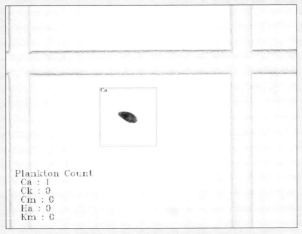

図A.27 プランクトンの識別と計数

画像提供：システムファイブ株式会社

A-8. その他の領域における 応用事例

前節までに紹介した領域以外でも、広くディープラーニングの活用が進んでいます。

1.LLM（Large language Models）活用事例

2023年にブレイクスルーを迎えた大規模言語モデルを活用した事例も出てきています。

1.1 大規模言語モデル

株式会社サイバーエージェント（2023年）

- サイバーエージェントが自社開発した約130億パラメータの大規模言語モデル、ChatGPTのAPIを既存の生成システムに組み合わせることにより、「極予測AI」において「広告コピー自動生成機能」を実装。

- 画像の内容や様々な配信ターゲットに合わせた広告コピーを生成することが可能となっている。

- 結果、「20代女性」のような性別/年齢等のターゲティングに加え、「朝が忙しい働く人」といった特性や状態を指示として受け取ることで、よりターゲットを考慮したテキストを生成することが可能となった。

- オンライン広告の最適化、顧客サポートの自動応答、コンテンツの自動生成、ソーシャルメディア分析など、幅広い業務に応用されている。

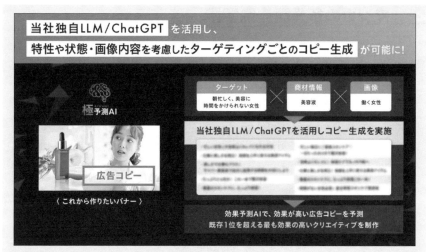

図A.28 利用イメージ

画像引用：https://www.cyberagent.co.jp/news/detail/id=28828

2. レジャー・エンタメ領域への適用

　レジャー領域で顔認証を活用することでユーザーへの利便性を追求した例やエンタメ領域での翻訳事例などもあります。

2.1 マンガの多言語自動翻訳

Mantra株式会社（2020年）

- 機械翻訳を活用しマンガを複数の言語に効率的に翻訳するサービスを提供。マンガのグローバルな普及と多文化間の理解を促進することを目指す。

- ディープラーニング技術を用いて、テキストだけでなく、マンガの文脈や登場人物の感情を理解し、翻訳の精度を高めている。結果、自然で読みやすい翻訳が可能。

- 大量のマンガデータと翻訳データを用いてモデルを訓練し、継続的にデータを更新して精度を向上させている。特に、スラングや文化的表現に対する理解を深めている。

- マンガ出版社やデジタルコンテンツプロバイダーによって利用され、世界中の読者にマンガを提供している。異なる言語話者間でのマンガの共有と楽しみが広がっている。

図A.29 利用イメージ

画像提供：Mantra 株式会社

3. 学生による活用アイデアの創出

2020年より開催されている、高等専門学校のディープラーニング活用コンテスト「DCON」では、学生がコンテストに出した作品から実際にビジネス化や起業に進んでいる事例もあります。

3.1 D-Walk

一関工業高等専門学校、磐井AI株式会社、DCON（2022年）

- 「D-Walk」は、認知症の推定を容易に行うシステム。特に、認知症の早期発見や予防に焦点を当てている。

- ディープラーニング技術を活用して、小型の加速度・角速度センサから得たデータに基づき、認知症の度合いを検知するモデルを開発。1D-CNN（1次元畳み込みニューラルネットワーク）を用いてスコアを学習する。

- 実際の歩行データを用いてモデルの訓練を行い、MCI（軽度認知障害）判定の正解率が85.5％に達するほどの精度を実現。

- 認知症の予防とモニタリングを目的とする。特に、MCI段階での適切な運動や対処により、およそ40%の快復が期待されるため、この段階での早期発見に貢献することが期待されている。

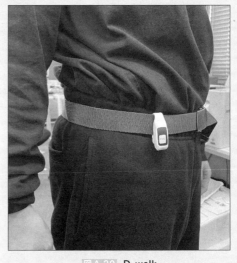

図A.30 D-walk

画像提供：磐井AI株式会社

4. 自治体での適用

　近年自治体での取り組みも活発になってきており自治体DXが進んでいる状況です。

4.1 自治体事例

高山市、名古屋大学、NECソリューションイノベータ株式会社（2022年）

- ICTを活用したまちづくりをテーマとした共同プロジェクトを実施している。地域を元気にする観光DXを掲げ、データ分析による都市の持続可能な発展を目指している。

- ディープラーニング技術等を用いて、観光エリアの交通量や歩行者量、気象データなどを分析し、まちづくりに関する洞察を得て、より効果的な政策立案や営業戦略が可能となる。

- 収集されたデータの利活用や分析について、様々なステークホルダーが集まり継続的に議論を重ね、データを活用したまちづくりを行っている。

- 具体的に、市内の商店街付近などに計14台（2023年3月時点）のAIカメラを設置し、時間帯別、性別、年代別、通行人数などのデータを収集・分析し、市内の飲食店に「土曜日の閉店時間を現在よりも30分延長してみたら」と提案したところ、延長した時間帯の売り上げが最大で27％増加した。

- 行政の効率的な意思決定、観光地域の混雑緩和、商店街の営業最適化など、市民生活の質の向上と地域経済の活性化に貢献。

図A.31 AIカメラを活用した人流計測の様子

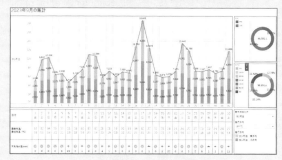

図A.32 今年8月の人流データのグラフ

画像提供：高山市

索引

著者紹介

山下 隆義（やました たかよし）

中部大学工学部情報工学科教授、九州大学客員教授。博士（工学）。2002年 オムロン株式会社入社、2021年より現職。日本ディープラーニング協会有識者会員、および人材育成委員会委員。著書に『イラストで学ぶディープラーニング』（講談社サイエンティフィック）。人の理解に向けた動画像処理、パターン認識・機械学習の研究に従事。画像センシングシンポジウム高木賞（2009年）、電子情報通信学会 情報・システムソサイエティ論文賞（2013年）、画像の認識・理解シンポジウム（MIRU）長尾賞（2019年、2020年）、電子情報通信学会論文賞（2020年）受賞。

担当：第5章5-1、第6章 6-1、6-5～6-9

猪狩 宇司（いがり たかし）

富士ソフト株式会社 技術管理統括部 先端技術支援部 AIインテグレーション室室長。画像認識AIエキスパート。2017年の第1回G検定に合格後、日本ディープラーニング協会事務局に出向し、G検定・E資格を含む協会活動の運営に従事。富士ソフト帰任後は、医療画像診断AIの開発や官公庁向けの自然言語処理AIの検証、社内外での生成AI利活用のための調査研究等でリードを担当。また、江東区主催のAI講座での登壇や、高専ディープラーニングコンテスト（DCON）の一次審査員を務めるなど、日本におけるAI利活用の推進をミッションとして活動中。

担当：Appendix

今井 翔太（いまい しょうた）

2024年、東京大学大学院工学系研究科 技術経営戦略学専攻松尾研究室博士課程にて博士（工学）を取得。人工知能分野における強化学習の研究、特にマルチエージェント強化学習の研究に従事。ChatGPT登場以降は、大規模言語モデル等の生成AIにおける強化学習の活用に興味。生成AIのベストセラー書籍『生成AIで世界はこう変わる』（SBクリエイティブ）著者、その他著書に『AI白書2022』（角川アスキー総合研究所）、訳書にR. Sutton著『強化学習（第2版）』（森北出版）など。X（旧Twitter）：@ImAI_Eruel

担当：第6章 6-4

巣籠 悠輔（すごもり ゆうすけ）

株式会社MIRA代表取締役。東京大学大学院工学系研究科を修了後、電通・Googleニューヨーク支社勤務を経て、株式会社MICINを共同創業。CTOとして、医療分野におけるディープラーニング・アプリの開発に従事。Forbes 30 Under 30 Asia およびForbes 30 Under 30 Japan 特別賞受賞。傍ら、東京大学招聘講師として、ディープラーニングの講義を担当。現在は国内のベンチャー企業のアドバイザーを多数務める。著書に『Java Deep Learning Essentials』（Packt Publishing）、『詳解ディープラーニング』（マイナビ出版）等がある。日本ディープラーニング協会有識者会員。

担当：第3章、第4章、第5章 5-4

瀬谷 啓介（せや けいすけ）

至善館大学教授、慶應義塾大学特任准教授、東北大学特任教授、開志専門職大学客員教授。株式会社zero to one取締役・CTO。博士（システムエンジニアリング学）・修士（理学）。日本テキサス・インスツルメンツ半導体グループ技術主任、日本AMD次世代製品開発センター部長などを歴任。『アジャイルソフトウェア開発の奥義』、『C++のからくり』、『まるごと学ぶiPhoneアプリ制作教室』（以上、SBクリエイティブ）、『DSP Cプログラミング入門』（技術評論社）、『ディジタル信号処理のキーデバイス：DSPプログラミング入門』（日刊工業新聞社）、『ゼロから学ぶロボット製作教室』（日経xTECH）など、技術関連の著書・翻訳書多数。小型飛行機免許・米国PMI認定 PMP資格所有。人工知能学会、情報処理学会、日本ディープラーニング協会所属。

担当：第1章、第2章

徳田 有美子（とくだ ゆみこ）

大阪大学卒業後新卒でアビームコンサルティングに入社。ERP導入からIT構想策定、業務改革等幅広く従事。10年以上の経験を経て、戦略コンサルティングファームに入社。その後個人コンサルタントとして独立。新規事業戦略、マーケティング戦略やデータ分析による業績向上、IT中期経営計画策定等の戦略立案を得意とする。2016年より株式会社ABEJAに参画。ABEJAでは製造業・小売業・物流業・金融業界など様々な業界でのDX戦略策定、AIを活用した新規事業や産業構造変革を伴うコンサルティングを手掛け、対象商品の売上+43%増、特定事務領域のオペレーションコストを80%削減などの実績を残す。2020年12月より日本ディープラーニング協会人材育成委員に就任。

担当：第7章、Appendix

中澤 敏明（なかざわ としあき）

東京大学大学院情報理工学系研究科で修士号を、京都大学大学院情報学研究科で博士号を取得後、京都大学特定研究員および特定助教、科学技術振興機構研究員、東京大学特任講師を経て、現在は東京大学特任研究員。専門は自然言語処理、特に機械翻訳で、多数の国際会議にて成果を発表。機械翻訳に関する正しい知識の共有と機械翻訳の普及のために、様々な媒体で機械翻訳に関する記事を寄稿している。共著にコロナ社の自然言語処理シリーズ『機械翻訳』、解説に森北出版の『機械翻訳：歴史・技術・産業』がある。

担当：第5章 5-2〜5-3、第6章 6-2〜6-3

藤本 敬介（ふじもと けいすけ）

2005年電気通信大学電気通信工学科卒業、2010年同大学大学院電気通信学研究科情報工学専攻前期後期課程修了。同年(株)日立製作所入社。基礎研究所、中央研究所にて自律制御ロボット、コンピュータビジョン、3次元形状処理の研究開発に従事。関東地方発明表彰など各種賞を受賞。2016年よりABEJAに入社、研究開発チームに所属。少数データからの画像認識をはじめとした新規技術開発、機械学習技術の社会課題への応用、サービスの立ち上げを行う。

担当：第7章

古川 直裕（ふるかわ なおひろ）
弁護士、株式会社ABEJA。東京大学法学部、東京大学法科大学院を卒業後、弁護士事務所所属の弁護士を経て、インハウス弁護士に転身。その後、約3年間にわたり弁護士業務と並行してAI研究・開発に従事。2020年2月から現職。AIに関する法務および倫理を主に取り扱い、AI倫理コンサルティングの提供を行っている。AI法研究会設立者、代表。Global Partnership on AI専門家委員。日本ディープラーニング協会人材育成委員会G委員。AI事業者ガイドラインWG委員。主な著書に、『ディープラーニングG検定〈ジェネラリスト〉法律・倫理テキスト』（編著、技術評論社、2023年）、『Q&A AIの法務と倫理』（編著、中央経済社、2021年）、『サイバーセキュリティ法務』（共編著、商事法務、2021年）、など。
担当：第8章

松尾 豊（まつお ゆたか）
1997年 東京大学工学部電子情報工学科卒業。2002年 同大学院博士課程修了。博士（工学）。産業技術総合研究所研究員、スタンフォード大学客員研究員を経て、2007年より、東京大学大学院工学系研究科准教授。2019年より、教授。専門分野は、人工知能、深層学習、ウェブマイニング。人工知能学会からは論文賞（2002年）、創立20周年記念事業賞（2006年）、現場イノベーション賞（2011年）、功労賞（2013年）の各賞を受賞。2020-2022年、人工知能学会、情報処理学会理事。2017年より日本ディープラーニング協会理事長。2019年よりソフトバンクグループ社外取締役。2021年より新しい資本主義実現会議 有識者構成員。2023年よりAI戦略会議座長。

松嶋 達也（まつしま たつや）
東京大学大学院工学系研究科特任研究員。人間と共生できるような適応的なロボットの開発や、生命性や知能を構成的に理解することに関心がある。現在はロボット学習の研究を行う。
担当：第6章 6-4

装丁・本文デザイン 松田剛・石倉大洋（Tokyo 100millibar Studio）
組　版 株式会社シンクス

深層学習教科書

ディープラーニング
G検定（ジェネラリスト）
公式テキスト 第3版

2018年10月22日　初版 第1刷 発行
2024年 5 月27日　第3版 第1刷 発行
2024年 9 月20日　第3版 第2刷 発行

監　修　一般社団法人 日本ディープラーニング協会
著　者　山下 隆義（やました たかよし）、猪狩 宇司（いがり たかし）、今井 翔太（いまい しょうた）、
　　　　巣籠 悠輔（すごもり ゆうすけ）、瀬谷 啓介（せや けいすけ）、徳田 有美子（とくだ ゆみこ）、
　　　　中澤 敏明（なかざわ としあき）、藤本 敬介（ふじもと けいすけ）、古川 直裕（ふるかわ なおひろ）、
　　　　松尾 豊（まつお ゆたか）、松嶋 達也（まつしま たつや）
発行人　佐々木幹夫
発行所　株式会社 翔泳社
　　　　https://www.shoeisha.co.jp
印　刷　昭和情報プロセス株式会社
製　本　株式会社国宝社

ISBN978-4-7981-8481-4　Printed in Japan